住房和城乡建设部"十四五"规划教材

工程造价数字化应用"1＋X"职业技能等级证书系列教材

建 筑 工 程 计 量

广联达科技股份有限公司　组织编写

何　辉　刘　霞　主编

中国建筑工业出版社

图书在版编目（CIP）数据

建筑工程计量/广联达科技股份有限公司组织编写；何辉，刘霞主编. —北京：中国建筑工业出版社，2021.11（2024.11重印）
住房和城乡建设部"十四五"规划教材　工程造价数字化应用"1＋X"职业技能等级证书系列教材
ISBN 978-7-112-26690-6

Ⅰ．①建…　Ⅱ．①广…②何…③刘…　Ⅲ．①建筑工程-计量-职业技能-鉴定-教材　Ⅳ.①TU723.32

中国版本图书馆 CIP 数据核字（2021）第 209053 号

本教材为工程造价数字化应用"1＋X"职业技能等级证书系列教材之一。主要内容包括：概论、数字化建模及工程量计算准备、数字化工程量计算、清单工程量计算及报表等知识点。

本教材适用于职业院校"1＋X"工程造价数字化应用职业技能等级证书考试人员、造价工程师、预算员以及建筑业各类技能型及应用型的从业人员。

为了便于本课程教学，作者自制免费教师课件资源，索取方式为：1. 邮箱：jckj@cabp.com.cn；2. 电话：（010）58337285；3. 建工书院：http://edu.cabplink.com；4. QQ交流群：1049790326。

"1＋X"工程造价
数字化应用
教师交流群

责任编辑：司　汉　李　阳
责任校对：党　蕾

住房和城乡建设部"十四五"规划教材
工程造价数字化应用"1＋X"职业技能等级证书系列教材

建筑工程计量

广联达科技股份有限公司　组织编写
何　辉　刘　霞　主编

*

中国建筑工业出版社出版、发行（北京海淀三里河路9号）
各地新华书店、建筑书店经销
霸州市顺浩图文科技发展有限公司制版
建工社（河北）印刷有限公司印刷

*

开本：787毫米×1092毫米　1/16　印张：19¼　字数：478千字
2021年11月第一版　2024年11月第七次印刷
定价：**49.00**元（赠教师课件，含配套图集）
ISBN 978-7-112-26690-6
（38101）

出版说明

　　党和国家高度重视教材建设。2016 年，中办国办印发了《关于加强和改进新形势下大中小学教材建设的意见》，提出要健全国家教材制度。2019 年 12 月，教育部牵头制定了《普通高等学校教材管理办法》和《职业院校教材管理办法》，旨在全面加强党的领导，切实提高教材建设的科学化水平，打造精品教材。住房和城乡建设部历来重视土建类学科专业教材建设，从"九五"开始组织部级规划教材立项工作，经过近 30 年的不断建设，规划教材提升了住房和城乡建设行业教材质量和认可度，出版了一系列精品教材，有效促进了行业部门引导专业教育，推动了行业高质量发展。

　　为进一步加强高等教育、职业教育住房和城乡建设领域学科专业教材建设工作，提高住房和城乡建设行业人才培养质量，2020 年 12 月，住房和城乡建设部办公厅印发《关于申报高等教育职业教育住房和城乡建设领域学科专业"十四五"规划教材的通知》（建办人函〔2020〕656 号），开展了住房和城乡建设部"十四五"规划教材选题的申报工作。经过专家评审和部人事司审核，512 项选题列入住房和城乡建设领域学科专业"十四五"规划教材（简称规划教材）。2021 年 9 月，住房和城乡建设部印发了《高等教育职业教育住房和城乡建设领域学科专业"十四五"规划教材选题的通知》（建人函〔2021〕36 号）。为做好"十四五"规划教材的编写、审核、出版等工作，《通知》要求：（1）规划教材的编著者应依据《住房和城乡建设领域学科专业"十四五"规划教材申请书》（简称《申请书》）中的立项目标、申报依据、工作安排及进度，按时编写出高质量的教材；（2）规划教材编著者所在单位应履行《申请书》中的学校保证计划实施的主要条件，支持编著者按计划完成书稿编写工作；（3）高等学校土建类专业课程教材与教学资源专家委员会、全国住房和城乡建设职业教育教学指导委员会、住房和城乡建设部中等职业教育专业指导委员会应做好规划教材的指导、协调和审稿等工作，保证编写质量；（4）规划教材出版单位应积极配合，做好编辑、出版、发行等工作；（5）规划教材封面和书脊应标注"住房和城乡建设部十四五规划教材"字样和统一标识；（6）规划教材应在"十四五"期间完成出版，逾期不能完成的，不再作为《住房和城乡建设领域学科专业"十四五"规划教材》。

　　住房和城乡建设领域学科专业"十四五"规划教材的特点，一是重点以修订教育部、住房和城乡建设部"十二五""十三五"规划教材为主；二是严格按照专业标准规范要求编写，体现新发展理念；三是系列教材具有明显特点，满足不同层次和类型的学校专业教学要求；四是配备了数字资源，适应现代化教学的要求。规划教材的出版凝聚了作者、主审及编辑的心血，得到了有关院校、出版单位的大力支持，教材建设管理过程有严格保障。希望广大院校及各专业师生在选用、使用过程中，对规划教材的编写、出版质量进行反馈，以促进规划教材建设质量不断提高。

住房和城乡建设部"十四五"规划教材办公室

2021 年 11 月

序

2021 年是"十四五"的开局之年，践行"十四五"加快数字化发展的方针，用数字技术来降低企业的推广成本、渠道成本、人力成本和管理成本。每一个传统产业都有机会借助数字技术转变成技术驱动的现代产业，从而迎来颠覆性的产业变革。无可否认，我们已经处在了由数字化驱动的崭新时代。工程造价领域正值市场化变革与数字化转型升级的窗口期，随着《住房和城乡建设部办公厅关于印发工程造价改革工作方案的通知》（建办标〔2020〕38 号）等相关政策的颁布，不断对工程造价领域市场化改革方向提出了要求。在此发展趋势下，利用大数据、人工智能等科技手段赋能变革已经成为领域共识，"数字造价管理"集领域共识，树立"双化驱动，释放数据新动能"的主题方针，形成领域新范式。

教育是当下数字时代蓬勃发展的关键，基础教育正走向以核心素养为本的变革期。未来的学习场所将遍布在课堂、课间、工作中等闲暇时间，教育也不会以学历作为终点，持续学习是个人在科技高速发展的数字化社会下需要具备的必要特质，满足数字时代的个人能力建设需求是未来教育的关键路径。2019 年，国务院颁布并实施了《国家职业教育改革实施方案》，正式提出了"1＋X"证书制度，将证书培训内容有机融入专业人才培养方案，旨在通过育训结合、课证融通，培养出符合市场需求的复合型高素质技术技能人才。在工程造价数字化应用职业技能等级证书发布的背景下，工程造价数字化应用"1＋X"职业技能登记证书系列教材的出版恰逢其时，该套教材是造价领域双化驱动下相关人员能力建设的必备学习资料，符合职教特色，按照项目化教学模式，以真实项目为载体，分解学习任务，理论与实践结合，旨在培养学生的核心素养，更好地助推造价数字化的发展。

相信，业务与教育携手，将不断提升造价领域的人员素养，助力工程造价领域转型升级，实现"科技，让造价更美好"！

广联达科技股份有限公司高级副总裁

前　言

　　住房和城乡建设部在 2014 年、2017 年先后发布《关于进一步推进工程造价管理改革的指导意见》《工程造价事业发展"十三五"规划》等文件，提出需大力推进 BIM 技术在工程造价事业中的应用，大力发展以 BIM、大数据、云计算为代表的先进技术，提升信息服务能力，构建信息服务体系。这些造价改革的顶层设计，为工程造价行业明确指出了以数据、数字化应用为核心的发展方向。

　　从近年来行业总体从业人员情况来看，我国工程造价咨询行业总体从业人员和专业技术人员的规模虽均逐年上升，但专业技术人员占总体从业人员的比例却连年下降。可见行业整体技术力量增长乏力，面临着高端技术人才供给乏力的风险。在大数据蓬勃发展的环境下，工程造价领域数据分析和利用工作已明显滞后，工程造价从业者数字化应用的培养和提升已迫在眉睫。

　　2020 年 12 月，教育部职业技术教育中心研究所发布了《关于受权发布参与 1＋X 证书制度试点的第四批职业教育培训评价组织及职业技能等级证书名单的通知》，工程造价数字化应用职业技能等级证书作为众所期待的证书之一，弥补了造价专业对口"1＋X"证书的缺乏问题。为了推动"学历证书"与"职业技能等级证书"深度融合，同步促进教师教材教法改革，广联达科技股份有限公司组织编写了本教材。教材注重落实立德树人根本任务，促进学生成为德智体美劳全面发展的社会主义建设者和接班人。教材内容融入思想政治教育，推进中华民族文化自信自强。

　　教材以 GTJ2021 为操作平台，分为概论、数字化建模及工程量计算准备、数字化工程量计算、清单工程量计算及报表四个模块，主要内容包括工程造价数字化、工程算量基础、数字化建模准备、数字化结构工程量计算、数字化建筑工程量计算、模型校核、清单工程量计算、清单工程量报表等知识点。教材具有以下特点：

　　1. 教材结构体系完整，契合性、针对性强

　　教材编写以工程造价职业岗位标准为导向，注重理论联系实际，注重课程证书融合，注重造价数字赋能，做到通俗易懂，简明实用，符合职业院校的教学模式以及学生学习和自学特点。教材可作为职业院校造价、建筑专业的教材，也适合作为"1＋X"工程造价数字化应用职业技能等级证书的培训教材，还可供 GTJ 软件建模人员参考。

　　2. 教材内容翔实适用，可操作性、前沿性强

　　教材以实际的工程案例图纸为建模基础，以初级证书的技能目标为依据，从新建项目、新建楼层及轴网、工程设置入手，介绍柱、梁、板、楼梯、基础、土方、砌体墙、门窗、过梁、圈梁、构造柱、室内外装修、屋面防水、台阶、散水、坡道、建筑面积等构件的建模方法及工程量计算方法，同时引入云检查、云指标等云功能，将大数据概念及应用引入学生的视野中。

3. 教材注重课程思政，思想性、创新性强

教材将造价专业人员在工作中获得的工作态度和人生感悟提炼为循循善诱的"造价师说"，将以造价人员为背景的人生哲理和职业素养融入教材，引导学生具备诚实守信、坚守原则的职业道德，形成敢于求解、敢于实践、敢于创新的全面人格，充分发挥课程的育人功能，将造价人员的工匠精神贯穿教材始终。

本教材由浙江建设职业技术学院何辉、苏州建设交通高等职业技术学校刘霞担任主编并统稿，汪政达、李宁、甘为众担任副主编，具体编写分工如下：

参 编 人 员	项 目 内 容
浙江建设职业技术学院 汪政达	任务 1.1.1
南京高等职业技术学校 甘为众	任务 1.1.2～任务 1.1.4
浙江中际工程项目管理有限公司 钱存宏	任务 2.1.1～任务 2.1.3、任务 2.2.2
南京交通职业技术学院 朱祥亮	任务 2.2.1、任务 2.2.3、任务 3.2.1
苏州建设交通高等职业技术学校 刘霞	任务 3.1.1、任务 4.2.1、任务 4.2.2
日照职业技术学院 刘永坤	任务 3.1.2、任务 3.2.2、任务 3.2.6
浙江建设职业技术学院 李修强	任务 3.1.3、任务 3.2.8
浙江建设职业技术学院 朱光维	任务 3.1.4、任务 3.3.1
苏州建设交通高等职业技术学校 沈瑜兰	任务 3.1.5、任务 3.1.6
北京经济管理职业学院 李宁	任务 3.2.3、任务 3.2.7
湖南城建职业技术学院 贾亮	任务 3.2.4、任务 3.2.5
江苏仁合中惠工程咨询有限公司 王斌	任务 3.3.2、任务 4.1.1、任务 4.1.2

注：本教材所附的课后理论题由对应各任务的编者编写。

本教材由广联达科技股份有限公司组织编写并提供技术支持。本教材的编者为教学、科研一线的教师和企业的专家，编者结合多年教学与造价管理实践经验，注重培养学生运用所学知识解决实际问题的能力。

由于编者水平有限，书中难免存在纰漏之处，恳请广大读者批评指正。

目　录

模块 1 概　　论

1.1 工程造价数字化

知识目标

1. 理解工程造价与计价的定义与特点；
2. 理解工程造价数字化与数字造价管理的含义；
3. 掌握工程造价数字化的应用；
4. 了解工程造价数字化的发展及意义。

能力目标

1. 能够理解基本建设不同阶段工程计价的内容；
2. 能够理解数字造价管理的内涵；
3. 能够掌握工程造价数字化在项目各阶段的应用；
4. 能够了解工程造价数字化的意义。

职业道德与素质目标

1. 能够适应造价行业的发展与变革，具有信息化技术的学习意识；
2. 能够具备健康心理和良好的身体素质；
3. 能够具备良好的思想品德和吃苦耐劳的职业素养。

工欲善其事，必先利其器。 工程量计算是工程计价的基础工作，造价人首先需要掌握工程量计算规则和工程量计算思路。借助软件算量是造价人算量的提速工具，可以提高算量速度和精度，但无论采用哪种方式，前提都是必须熟练掌握计算规则，对任务项目有清晰的计算思路。

1.1.1　工程造价综述

1. 工程造价

工程造价一般有以下两种含义：

（1）第一种含义

工程造价是指建设一项工程预期开支或实际开支的全部固定资产投资费用；是从投资者——业主的角度来定义的；是投资者通过项目评估进行决策，然后进行设计招标、施工招标直至竣工验收等一系列投资管理活动。在投资活动中，所支付的全部费用构成了工程造价。从这个含义来看，工程造价就是工程投资费用，建设项目工程造价就是建设项目固定资产投资。

（2）第二种含义

工程造价是指工程价格，即为建成一项工程，预计或实际在土地市场、设备市场、技术劳务市场以及承包市场的交易活动中形成的建筑安装工程的价格和建设工程总价格。通常，人们将工程造价的第二种含义认定为工程承发包价格。承发包价格是工程造价中一种重要且典型的价格形式，它是在建筑市场通过招标投标，由需求主体——投资者和供给主体——承包商共同认可的价格。因为建筑安装工程价格在项目固定资产中占有 50%～60% 的份额，又是工程建设中最活跃的部分，而建筑企业又是建设工程的实施者，有着重要的市场主体地位，故工程承发包价格被界定为工程造价的第二种含义。

2. 工程造价的特点

工程建设的特点决定了工程造价有以下特点：

（1）工程造价的大额性

能够发挥投资效用的任何一项工程，不仅实物形体庞大，而且造价高昂，动辄数百万、数千万、数亿、十几亿元人民币，特大型工程项目的造价可达百亿、千亿元人民币。工程造价的大额性使其关系到参与各方面的重大经济利益，同时也会对宏观经济产生重大影响。这就决定了工程造价的特殊地位，也说明了造价管理的重要意义。

（2）工程造价的个别性、差异性

任何一项工程都有特定的用途、功能、规模。因此，对每一项工程的结构、造型、空间分割、设备配置和内外装饰都有具体的要求，从而使工程内容和实物形态都具有个别性、差异性。产品的差异性决定了工程造价的个别性差异。同时，每项工程所处地区、地段都不相同，使这一特点得到强化。

（3）工程造价的动态性

任何一项工程从决策到竣工交付使用，都有一个较长的建设期间，而且由于不可控因素的影响，在预计工期内，许多影响工程造价的动态因素会发生变化，如工程变更、设备材料价格、工资标准以及费率、利率、汇率变化，这种变化必然会影响到造价的变动。所以，工程造价在整个建设期中处于不确定状态，直至竣工决算后才能最终确定工程的实际造价。

（4）工程造价的层次性

造价的层次性取决于工程的层次性。一个建设项目往往含有多个能够独立发挥设计效能的单项工程（车间、写字楼、住宅楼等）。一个单项工程又由能够各自发挥专业效能的多个单位工程（土建工程、电气安装工程等）组成。与此相适应，工程造价有三个层次：建设项目总造价、单项工程造价和单位工程造价。如果专业分工更细，单位工程（如土建工程）的组成部分——分部分项工程也可以成为交换对象，如大型土方工程、基础工程、装饰工程等，这样工程造价的层次就增加了分部工程和分项工程而成为五个层次。即使从造价的计算和工程管理的角度看，工程造价的层次性也是非常突出的。

（5）工程造价的兼容性

工程造价的兼容性首先表现在它具有两种含义，其次表现在工程造价构成因素的广泛性和复杂性。在工程造价中，首先，成本因素非常复杂；其次，为获得建设工程用地支出的费用、项目可行性研究和规划设计费用、与政府一定时期政策（特别是产业政策和税收政策）相关的费用占有相当的份额；最后，盈利的构成也较为复杂，资金成本较大。

3. 建筑工程计价的概念

建筑工程计价是指对建筑工程项目造价（或价格）的计算，亦称为工程造价计价。由于每一个工程项目建设都需要按业主的特定需要单独设计，在具体建设过程中又具有生产的单件性，生产周期长、价值高，受气候、施工方案、施工机械影响较大，因此使得工程项目的造价形成和计取与其他商品不同，只能以特殊的程序和方法进行计价。工程计价的主要特点就是将一个工程项目分解成若干分部、分项工程或按有关计价依据规定的若干基本子目，找到合适的计量单位，采用特定的估价方法进行计价，组合汇总，得到该工程项目的工程造价。

4. 工程计价的特征

由于工程造价具有大额性、差异性、动态性、层次性、兼容性等自身特有的特点，这些特点使工程计价具有以下特征：

（1）单件性计价

建筑产品生产的单件性决定了每个工程项目都必须根据工程自身的特点，按一定的规则进行单独计算工程造价。

（2）多次性计价

由于建设工程生产周期长、规模大、造价高，因此必须按基本建设规定程序分阶段分别计算工程造价，以保证工程造价确定与控制的科学性。对不同阶段实行多次性计价是一个从粗到细、从浅到深、从概略到精确、逐步接近实际造价的过程。

1）投资估算。投资估算是指编制项目建议书、进行可行性研究阶段编制的工程造价。一般可按规定的投资估算指标，类似工程的造价资料，现行的设备、材料价格并结合工程的实际情况进行投资估算。投资估算是对建设工程预期总造价所进行的核定、计算、优化及相应文件的编制，所预计和核定的工程造价称为估算造价。投资估算是进行建设项目经济评价的基础，是判断项目可行性和进行项目决策的重要依据，并作为以后建设阶段工程造价的控制目标限额。

2）设计概算。设计概算是在初步设计阶段，在投资估算的控制下，由设计单位根据初步设计或扩大初步设计图纸及说明、概算定额或概算指标、综合预算定额、取费标准、设计材料预算价格等资料编制和确定建设项目从筹建到竣工交付生产或使用所需全部费用的经济文件，包括建设项目总概算、单项工程综合概算、单位工程概算等。

3）施工图预算。施工图预算是施工单位在工程开工之前，根据已批准的施工图，在预定的施工方案（或施工组织设计）的前提下，按照现行统一的建筑工程预算定额、工程量计算规则及各种取费标准等，逐项计算汇总编制而成的工程费用文件。

4）承包合同价。承包合同价是指在招标、投标工作中，经组织开标、评标、定标后，根据中标价格，由招标单位和承包单位在工程承包合同中按有关规定或协议条款约定的各种取费标准计算的用以支付给承包方按照合同要求完成工程内容的价款总额。根据合同类型和计价方法的不同，有按总价合同、单价合同、成本加酬金合同、交钥匙统包合同等计算的承包合同价。

5）竣工结算。竣工结算是指一个单位工程或单项工程完工后，经组织验收合格，由施工单位根据承包合同条款和计价的规定，结合工程施工中设计变更等引起的工程建设费增加或减少的具体情况，编制经建设单位或其委托的监理单位签认的，用以表达该项工程最终实际造价为主要内容的作为结算工程价款依据的经济文件。竣工结算方式按工程承包合同规定办理。为维护建设单位和施工企业双方权益，应按"完成多少工程，付多少款"的方式结算工程价款。

6）竣工决算。竣工决算是指建设项目全部竣工验收合格后，编制反映实际造价的经济文件；竣工决算可以反映交付使用的固定资产及流动资产的详细情况，还可以作为财产交接、考核交付使用的财产成本以及使用部门建立财产明细表和登记新增资产价值的依据。通过竣工决算，可以显示完成一个建设项目实际花费的总费用，是对该建设项目进行清产核资和后评价的依据。

从投资估算、设计概算、施工图预算、工程量清单计价到承包合同价，再到各项工程的结算价和最后在结算价基础上编制竣工决算，整个计价过程是一个由粗到细、由浅到深，最后确定工程实际造价的过程，计价过程中各个环节之间相互衔接，前者制约后者，后者补充前者。

（3）组合性计价

由于工程项目层次性和工程计价本身特定要求决定工程计价从分部分项工程或基本子项——单位工程——单项工程——建设项目依次逐步组合的计价过程。

（4）计价形式和方法多样性

工程计价的形式和方法有多种，目前常见的工程计价方法包括定额计价法和工程量清单计价法。定额计价法通常理解为工料单价法；工程量清单计价法理解为综合单价法。

（5）计价依据的复杂性

由于影响工程造价的因素很多，因此计价依据种类繁多且复杂。计价依据是指计算工程造价所依据的基础资料总称。它包括各种类型定额与指标、设计文件、招标文件、工程量清单、计价规范、人工单价、材料价格、机械台班单价、施工方案、取费定额及有关部门颁发的文件和规定等。

5. 信息化技术在工程计量与计价中的应用

随着计算机技术的进步和互联网应用领域的扩展提升，工程计价也从手工算方式计量、计价向信息化应用、数字化造价管理快速升级转型。

工程造价行业与计算机技术的"携手"是从计价文件的生成开始的，通过计价软件内设定额库的方式实现了定额套用、换算、工料分析、取费等在计算机技术上的开发应用，将造价人员从繁重的计价基础工作中解脱出来，极大地提高了计价工作效率。在工程量清单计价和定额计价并存的时代，计价软件在工程量清单编制、招标控制价和投标报价编制、预结算编制与审核等方面的应用已经是造价人员基本的计价技能。此阶段，软件尚不能完成工程量的自动计算工作。

20世纪末到21世纪初，计算机技术的发展使得自动计算工程量实现了可能，由开始的电子表格运算功能代替手工计算逐步发展到软件自动算量。在算量软件中完成工程量计算规则的设置后，只要完成工程电子图的手工输入或自动识别建模，计算机就可以实现工程量的自动计算，解决了造价人员工作量最大、要求最高、耗时最久的一项基础性造价工作。

近年来，随着建筑信息模型（Building Information Modeling）技术的提出和不断发展成熟，BIM技术以其可视化、模拟性、优化性和可出图性等特点使工程建设的设计、施工、运营等各参与方都可以基于BIM进行协同工作，实现了在工程建设项目全生命周期内提高工作效率和质量，并能减少和降低工作错误和风险的目标。

目前，我国建筑产业数字化在不断推进发展，BIM技术、云计算、大数据等数字信息技术与建筑业的融合也在日趋深入。造价专业人员在工程计价过程中需要大量人力算量、列项、组价等实务工作将通过数字化平台，将不同阶段的BIM模型、工程造价数据库等，利用"云＋网（物联网）＋端（智能终端）结合大数据＋AI（人工智能/算法）"的DT技术，实现智能列项、算量、组价、定价。造价行业原有传统的算量、组价、审价等具有一定基础性、重复性、程序性的工作将很大程度上被人工智能所取代，传统的工程造价管理也将向数字造价管理转型升级。

课后练习题 🔍

一、单选题

1. 下列不是影响工程造价动态性的因素是（　　）。

A. 工程变更
B. 材料价格变动
C. 建筑产品的多样性
D. 人工价格变动

2. 设计概算的作用是（　　）。

A. 确定工程造价
B. 工程最终造价
C. 招标控制价
D. 控制工程造价

3. 下列不属于招标控制价编制依据的是（　　）。

A. 工程量清单计价规范
B. 招标文件

C. 施工图纸　　　　　　　　　　　D. 概算指标

二、多选题

1. 广义工程造价包含（　　　）费用。

A. 建安工程费　　　　　　　　　　B. 土地费用

C. 建设期贷款利息　　　　　　　　D. 设备费

E. 建设单位管理费

2. 施工图预算的编制依据有（　　　）。

A. 初步设计图纸　　　　　　　　　B. 预算定额

C. 施工取费标准　　　　　　　　　D. 施工组织设计

E. 其他费用定额

3. 工程计价的依据包括（　　　）。

A. 预算定额　　　　　　　　　　　B. 施工方案

C. 材料价格信息　　　　　　　　　D. 计价规范

E. 钢筋抽样送检单

1.1.1

习题答案

1.1.2　工程造价数字化的含义

随着信息类数字技术的不断发展，数字技术向各个行业不断渗透和融合，IDC（互联网数据中心：Internet Data Center）的数据显示，到 2025 年，中国将有 80% 以上的组织成为技术组织，数字化转型成为未来一段时间内所有行业发展的主旋律，数字经济已成为当前新经济形态。

工程造价行业在数字经济浪潮中也在不断调整自身发展思路和发展模式，结合全面造价管理的理论与方法，建立以新计价、新管理、新服务为代表的理想工作场景，构建一个开放、共享、共赢的生态系统。数字技术已逐渐成为造价专业进行模式创新和业务突破的核心力量。

1. 工程造价数字化的概念

工程造价数字化的概念分为狭义数字化和广义数字化。

（1）狭义工程造价数字化

主要是指工程造价咨询的具体业务、场景利用数字技术进行数字化改造。实现各个工作场景的业务在线化与成果数字化，对工程造价业务起到降低本，提高效率的作用。如 BIM 算量、云计价、电子招标投标交易系统等。

（2）广义工程造价数字化

主要是指数字造价管理，利用 BIM 技术、大数据和云计算、物联网、移动互联网、人工智能、区块链等技术集成创新和融合，对工程造价的业务模式、运营方式，对企业、组织进行系统的、全面的变革，围绕工程建设全生命周期业务，重构开放、共享的产业链生态圈。数字造价管理强调的是数字技术对整个组织体系的重塑。狭义工程造价数字化是广义工程造价数字化的组成部分。

2. 数字造价管理的内涵

数字造价管理的内涵总结为"三全""三化"和"三新"。

（1）数字造价管理的"三全"

是指全面工程造价管理的全过程、全要素、全参与方。

（2）数字造价管理的"三化"

结构化、在线化、智能化是数字造价管理的典型特征。

1）结构化：通过对造价管理过程及成果进行结构化描述，构建完备的数据交互体系、造价业务标准，包括工程分类标准、工料机分类及编码标准、工程项目特征分类及分解与描述标准、数据模型标准、过程交付标准等。实现造价过程及造价成果可采集、可分析、可共享。结构化是数字造价管理的基础，保证了数据的有效性。

2）在线化：通过实时在线实现协同办公、数据分享、数据应用。各参与方通过在线化方式实时应用工程造价相关数据，包括 BIM 模型、交易数据、项目现场数据等大数据实现共赢，同时各参与方以在线化的方式协同工作、实时沟通，实现快速决策，并提高工作效率。在线化是数字造价管理的关键。

3）智能化：利用大数据和 AI（人工智能/算法），对历史数据进行分析，建立具有深度认知、智能交互、自我进化的造价要素数学模型，形成分析结果，从而进行智能组价、智慧预测、实时反馈，提升造价计价和核算工作的便捷性。智能化是数字造价管理的目标。

（3）数字造价管理的"三新"

1）新计价：以信息模型为基础，利用数字技术实现智能列项、智能算量、智能组价、智能选材定价、价值提升，有效提升计价工作效率及成果质量。

2）新管理：利用数字技术和数字资源，依据全面造价管理的理念，融合多方信息，通过数字化技术智能分析快速决策，实现造价管理愿景。在云端平台的作用下通过业务互补、技能互补、资源互补、信息互补的生态合作方式整合生态的优势资源服务于项目的管理过程，有效保障项目的成功。

3）新服务：精准化服务（专项监管到精准化服务）。首先，通过物联网智能设备、交易平台采集施工现场及交易数据，借助大数据分析技术形成准确动态的消耗量、人材机价格、指数、指标、项目、人员等数据，服务于市场主体；其次，是通过云端技术打造线上服务平台，打通发布、提问、答疑、修改的流程，在线化互动反馈修正促进数据的市场适用性，最后通过云端大数据库为投资决策、项目预警、诚信监督提供有效的数据依据。

课后练习题

一、判断题

1. 工程造价数字化，从具体业务层面上来看，主要是实现业务数字化与成果在线化。（　　）

2. 数字技术已逐渐成为造价专业进行模式创新和业务突破的核心力量。（　　）

3. 目前，算量软件是 BIM 技术应用最成功的应用软件。（　　）

二、单选题

1. 工程量清单编码标准体现了数字造价的（　　）特征。

A. 在线化　　　　B. 结构化　　　　C. 智能化　　　　D. 标准化

2. 数字造价管理强调的是数字技术对整个组织体系的（　　）。

A. 升级　　　　　B. 重塑　　　　　C. 改革　　　　　D. 推进

3. 数字造价管理的目标是（　　）。

A. 智能化　　　　B. 专业化　　　　C. 服务化　　　　D. 信息化

4. 下列不属于算量软件的特点是（　　）。

A. 快速组价　　　B. 高效　　　　　C. 易操作　　　　D. 准确率高

三、多选题

1. 数字造价管理的理想场景包括（　　）。

A. 新计价　　B. 新算量　　C. 新管理　　D. 新流程　　E. 新服务

2. 数字造价管理的典型特征包括（　　）。

A. 信息化　　B. 在线化　　C. 结构化　　D. 智能化　　E. 数字化

3. 数字造价管理的"三全"包括（　　）。

A. 全过程　　B. 全数据　　C. 全参与方　　D. 全业务　　E. 全要素

1.1.2
习题答案

1.1.3　工程造价数字化的应用

工程造价数字化是建造技术、计算机技术、网络技术与管理科学的交叉、融合、发展与应用的结果。近年来，随着 BIM 技术、云计算等新技术与建筑业的逐步融合，工程造价管理各参与方都积累了大量的工程造价成果数据，相关企业也积极研发工程项目配套软件，数字化应用逐步深入到造价管理的各个层面，成为推动数字造价发展的核心动力。不过，目前大部分技术在造价领域的应用仍处于探索阶段，与其他行业相比，工程造价行业数字化发展仍然相对滞后，造价行业需要通过数字化变革提高服务水平，通过数据共享积累数据，加快企业构建企业定额体系，提升市场竞争能力。

1. 工程造价数字化在项目各阶段的应用

（1）立项、初扩设计阶段的应用

多种设计方案以多维度模型方式进行虚拟建造，高效准确地估算各个方案的投资额，为项目的模拟决策提供基础。主要包括：价值工程分析、多方案比选、风险管理、精准估算、限额设计指标、设计优化等。

（2）施工图设计、招标投标阶段的应用

设计单位通过模型进行碰撞检查，减少不合理设计及缺漏引发的设计变更，施工单位也可以通过虚拟建造，合理安排施工方案，精确报价。主要包括：模拟清单编制；清单组价、校验；清标、回标分析；报价自动生成数据库等。

（3）施工阶段的应用

询价、认价；动态监控、目标偏差原因分析和责任追溯等。

（4）竣工阶段的应用

随着模型相关的合同、设计变更、现场签证、计量支付、材料管理等信息在施工阶段不断更新、录入，运用工程造价数字化结算系统，使得造价控制更为有效。

2. 工程造价数字化应用的主要工具软件

（1）工程量计算软件应用

主要包括：快速建模、智能算量。

（2）造价计算软件应用

主要包括：智能组价、快速形成价格。

（3）定额管理软件应用

主要包括：动态定额系统、企业定额编制管理软件等。

（4）BIM 全过程造价管理应用

主要包括：投资评审软件、成本解决方案、招标投标系统、工程造价数字化结算系统等。

（5）公共资源交易大数据应用

主要包括：造价指数、指标软件、材料价格平台等。

3. 数字造价管理的主要信息技术手段

（1）BIM 技术与图形处理技术的应用

借助有效的图像处理方式形成可视化、可模拟的 BIM 模型为施工人员和管理人员提供有价值的工程信息。

（2）大数据技术与人工智能的应用

大数据平台的建立为行业、企业、建设项目提供精准服务；通过人工智能算法实现对于以往所积累下来的数据的全面分析，从而为工程造价决策提供有力的数据支撑。

（3）物联网与智能终端的应用

借助相应的云技术平台，加强对于工程项目开展过程的细致管理，帮助管理人员全面掌握工程项目信息，保障数据信息的科学性和合理性。

课后练习题 🔍

一、判断题

1. 工程量计算软件应用是数字造价管理的主要信息技术手段。（　　）

2. 物联网与智能终端的应用为工程造价决策提供有力的数据支撑。（　　）

二、单选题

1. 虚拟建造多方案比选是工程造价数字化在项目（　　）阶段的应用。

A. 初步设计阶段　　　　　　　　　　B. 施工图设计阶段

C. 施工阶段　　　　　　　　　　　　D. 招标投标阶段

2. 虚拟建造精确报价是工程造价数字化在项目（　　）阶段的应用。

A. 初步设计阶段　　　　　　　　　　B. 施工图设计阶段

C. 施工阶段　　　　　　　　　　　　D. 招标投标阶段

三、多选题

1. 属于数字造价管理的主要信息技术手段有（　　）。

A. 大数据　　　　　　　　　　B. 云平台

C. 云计算　　　　　　　　　　D. 人工智能　　　　　　E. Excel

2. 算量软件的主要应用模式有（　　）。

A. 通过施工图纸建立三维模型算量　　B. 通过 CAD 导入识别构件建模算量

C. 通过 BIM 模型数据导入识别算量　D. 在 BIM 模型平台上直接算量

E. 采用表格算量

1.1.4　工程造价数字化的发展及意义

1.1.3
习题答案

2018 年，第九届中国建设行业年度峰会首次提出"数字造价管理"理念。2019 年，在中国国际大数据产业博览会建设工程数字经济论坛上，发布了《数字造价管理》白皮书，推动工程造价产业升级加速。2019 年 3 月，国家发展改革委联合住房和城乡建设部印发《关于推进全过程工程咨询服务发展的指导意见》。2020 年 7 月，住房和城乡建设部办公厅印发了《工程造价改革工作方案》，提出了五个方面主要任务，进一步推进了工程造价市场化的改革，从五个方面主要任务来看，数字化是造价改革的唯一选择，同时得到以下结论：

1. 政府管理机构依托数字化技术实现职能转变

（1）优化概算定额、估算指标编制发布和动态管理，取消预算定额组价，为利用数据库、造价指标指数等提升投资管理水平提供契机。

（2）改进工程计量和计价规则，修订工程量计算规范，统一工程项目划分、特征描述、计量规则和计算口径，全面推进了数字造价的结构化，为智能算量及计价奠定基础。

（3）完善工程计价依据发布机制，搭建市场价格信息发布平台，统一信息发布标准和规则，构建多元化信息服务体系，提升造价主管部门造价信息服务能力，实现精准化服务。

2. 各方参与企业依托数字化技术实现管理模式转变

企业将数据积累纳入战略管理层面，强化建设单位造价管控责任。建立国有资金投资的工程造价数据库，按地区、工程类型、建筑结构等分类发布人工、材料、项目等造价指标指数，利用大数据、人工智能等数据技术、互联网信息化手段为概预算编制提供依据。建设单位根据工程造价数据库、造价指标指数和市场价格信息等编制和确定最高投标限价，提高控制设计限额、合同管控等方面能力水平。工程总承包和全过程工程咨询，综合运用造价指标指数和市场价格信息，控制设计限额、建造标准、合同价格，确保工程投资效益得到有效发挥。

企业注重工程造价数据的积累和开发利用，建设企业级数据库，通过企业定额、信息平台、数据库、指标指数，企业管理云平台等，整合公司现有业务流程，统一各业务部门管理构架，推行自动化、无纸化办公，增强协同办公能力，实现企业数据云端存储、永久留痕、数据共享，以市场价格作为计价的主要依据；以管控造价这种思维方式来开展业务。

3. 造价数字化的发展引领造价师业务能力提升

结构化、在线化、智能化的计价平台让造价师从算量、计价等繁琐、重复、机械工作中脱离出来，大量减少了计算工作，可以更多地专注于自身专业的发展，造价师可以综合运用管理学、经济学等相关知识与技能，为建设项目的投融资、合同、成本等管理及管理要素的综合优化等提供服务，具备对于建设项目的设计、营销、成本、工程、财税的专业的协同管理能力。

课后练习题

一、判断题

1. 2019 年 3 月，住房和城乡建设部办公厅印发了《工程造价改革工作方案》。（　　）

2. 电子表格算量采用了手工计算的思路。（　　）

二、单选题

1. 4D、5D 算量属于（　　）。

A. 图形算量　　　　B. BIM 算量　　　　C. 智能算量　　　　D. 表格算量

2. 工程造价改革工作方案，引领企业应以（　　）思维方式来开展业务。

A. 管控造价　　　　B. 市场计价　　　　C. 大数据　　　　D. 企业定额

三、多选题

1. 目前，工程量计算经历的阶段有（　　）。

A. 手工算量　　　　B. Excel 算量　　　　C. 图形算量　　　　D. BIM 算量

E. 智能算量

2. 工程造价数字化的发展主要体现在（　　）。

A. 政府管理机构依托数字化技术实现职能转变

B. 各方参与企业依托数字化技术实现管理模式转变

C. 企业注重工程造价数据的积累和开发利用，以精确造价的思维方式来开展业务

D. 造价数字化的发展引领造价师业务能力提升

E. 人工智能将逐步取代造价师的工作岗位

1.1.4
习题答案

模块 2　数字化建模及工程量计算准备

2.1　工程算量基础

知识目标

1. 理解工程量算量的一般原理；
2. 掌握数字化算量的基本步骤；
3. 掌握数字化算量的方法和技巧。

能力目标

1. 能够理解工程量的含义；
2. 能够掌握数字化算量的主要流程；
3. 能够掌握建模的方法和技巧。

职业道德与素质目标

1. 能够遵守国家法律、法规和政策，能够执行行业自律性规定；
2. 能够具备较强的学习能力和信息获取能力；
3. 能够具备不断充实和完善自我的意识与能力。

造价师说

学然后知不足，教然后知困。 一个人只有在学习或者教人后才知自己尚有很多不足和困惑，必须要不断地学习。初学算量者在掌握工程量计算规则后，唯有通过不断的工程算量训练，才能熟练掌握工程量计算技能，加深对规则的正确理解，这也是工程计价经验积累必需的过程。

2.1.1 工程量算量的一般原理

1. 工程量的含义

工程量是指按照一定的工程量计算规则计算所得的、以物理计量单位或自然计量单位所表示的建筑工程各个分部分项工程、措施工程或结构构件的数量。工程量包括两个方面的含义：计量单位和工程数量。

计量单位：计量单位有物理计量单位和自然计量单位，物理计量单位是指以度量表示的长度、面积、体积和重量等单位；自然计量单位是指以客观存在的自然实体表示的个、樘、根、块、组等单位。计量单位还有基本计量单位和扩大计量单位，基本计量单位如 m、m^2、m^3、kg、个等；扩大计量单位如 10m、$100m^2$、$1000m^3$、10 个等。工程量清单一般采用基本计量单位，预算定额常采用扩大计量单位，应用时一定要注意单位换算。

实物工程量：应该注意的是，工程量≠实物量。实物量是实际完成的工程数量，而工程量是按照工程量计算规则根据尺寸形状计算所得的工程数量。为了简化工程量的计算，在工程量计算规则中，往往对某些零星的实物量作出扣除或不扣除、增加或不增加的规定。

工程量的计算力求准确，它是编制工程量清单、确定建筑工程直接费、编制施工组织设计、编制材料供应计划、进行统计工作和实现经济核算的重要依据。

2. 工程计量的内容

工程计量是工程量清单编制的主要工作内容之一，同时也是工程计价的基本数据和主要依据。计量的正确与否，直接影响清单编制的质量和工程造价的正确性。工程计量包括以下两个方面的内容：

（1）工程量清单项目的工程计量

清单项目的工程计量是依据计价规则中的计算规则，对清单项目确定其工程数量和单位的过程。是招标文件的组成部分，由招标人或招标代理机构编制。

（2）预算定额项目的工程计量

预算定额项目的工程计量是编制施工图预算的基础，也是清单计价模式下综合单价组价的基础。

3. 建筑工程算量的计算依据及相关规范

（1）《房屋建筑与装饰工程工程量计算规范》GB 50854—2013；

（2）《通用安装工程工程量计算规范》GB 50856—2013；

（3）施工设计文件；

（4）相关施工规范；

（5）施工组织设计；

（6）建筑工程预算定额。

4. 数字化建模及工程量计算

数字化建模及工程量计算就是运营计算机及相关软件，参照传统的手工计算的原理，将手工算量的计算方法嵌入到软件，依据相关规范的计算规则，通过画图确定构件实体的位置，并输入其构件属性，软件通过默认的计算规则，自动计算得到构件实体的工程量，自动进行汇总统计，得到工程量清单，从而实现工程量计算的程序化，加快计算速度，提高计算准确度。

数字化建模软件是利用多维度结构化数据库技术，对工程项目进行三维建模从而生成构件的各种属性和变量值，并按相应的工程量计算规则，计算项目的各类工程量的应用软件，它是数字造价管理中不可缺少的工具软件，符合时代发展需求，为企业节约成本创造利润。目前，市场主流为 BIM 数字化建模软件，无论在应用人数、应用工程数量、创造的价值等方面，数字化建模软件都是国内 BIM 技术应用最成功的。

数字化建模软件有以下特点：

（1）可视化、可模拟

即"所见所得"的形式，将以往的线条式的构件形成一种三维的立体实物图形展示在项目各阶段，采用"虚拟施工"的方式，构建三维模型，解决人工难以分辨的工作。

（2）智能、高效

软件通过智能分析电子图纸的信息，结合工程专业知识及有效的数据分析模型，能够快速、准确的完成各专业的计算，并进行智能检查，批量计算，使得计算更为快速。

（3）准确率高，便于修改

软件内置计算规则，利用精确的算法，实现三维空间实体的三维扣减。当发现错误或者图纸变更时，对模型稍做修改，就能重新确定相应项目工程量，避免了繁琐、重复的计算。强大的编辑功能，批量式修改，让操作平台更为灵活。

（4）易操作、易学习

软件采用快速灵活的输入方式、易学易用的设计，使用户容易理解并接受软件的工作模式和工作流程，使得操作的效率得到较大地提高。

5. 数字化建模软件与其他软件的关系

数字化建模软件能与其他软件实现数据上的共有与互导，关系如图 2.1.1-1 所示。

课后练习题 🔍

一、判断题

1. 清单计价规则中的工程量为实际完成的工程数量。（　　　　）

2. 工程量计量单位可以由清单编制人自主根据分项工程特点选用。（　　　　）

二、多选题

1. 数字化建模软件的特点有（　　　　）。

A. 可视化、可模拟　　　　　　　　　　B. 准确率高，便于修改

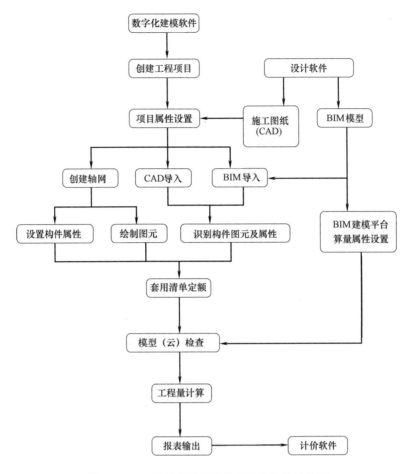

图 2.1.1-1　数字化建模软件与其他软件的关系

C. 智能、高效　　　　　　　　　　D. 易操作、易学习

E. 数字化

2. 算量软件的主要应用模式有（　　）。

A. 通过施工图纸建立三维模型算量　　B. 通过 CAD 导入识别构件建模算量

C. 通过 BIM 模型数据导入识别算量　　D. 在 BIM 模型平台上直接算量

E. 采用表格算量

2.1.1
习题答案

2.1.2　数字化算量的基本步骤

1. 数字化算量前准备

（1）熟悉图纸

在新建工程之前，应先查看相应的图纸，一套完整的图纸应包含：建筑设计说明、结构设计说明、建筑施工图、结构施工图和相应的详图等。具体应先首先熟悉设计说明，了解工程的概况，然后是再按结构施工图、建筑施工图来识读。结构施工图主要了解工程基础、主体的结构类型、结构层高、柱网平面布置、结构材料要求、基础埋深等结构信息。建筑施工图主要了解每层建筑布局、墙体布置、室内外装饰做法、屋面防水构造等。

（2）明确工程量计算规则

工程量的计算要有明确的计算规则。我国现行工程量计算规则有《房屋建筑与装饰工程消耗量定额》TY01-31-2015、《房屋建筑与装饰工程工程量计算规范》GB 50854—2013、各地预算定额工程量计算规则等，因而必须在正式算量前先明确项目所采用的计算规则、规范标准等。

2. 数字化算量主要流程

（1）新建工程

启动软件后，根据提示，依次输入工程名称、选择相应的计算规则、清单定额库、钢筋规则等。

（2）定义楼层信息

在楼层设置中插入楼层，输入层高，选择混凝土强度等级、砂浆强度等级及类型、混凝土保护层厚度等。

（3）建立轴网

新建轴网，依次输入上、下开间和左、右进深的数据。

（4）建模

一般情况下，构件建模分为三个步骤：新建构件→构件属性定义→绘图。

（5）套用做法

按照需求，对该构件进行清单和定额套用。

（6）汇总计算

通过汇总计算，可计算构件的混凝土、钢筋或装饰等工程量。

（7）查看工程量

可查看构件的工程量及计算式，可也通过报表，查看构件的清单和定额工程量。

课后练习题

一、判断题

1. 清单计算规则和定额工程量计算规则计算的工程量一致。（　　）

2. 数字化算量的计算规则无需设定，软件默认。（　　）

二、多选题

1. 数字化算量的主要流程有（　　）。

A. 新建工程　　B. 定义楼层信息　　C. 建立轴网　　D. 建模

E. 套用做法　　F. 汇总计算　　G. 查看工程量

2. 建模的基本步骤有（　　）。

2.1.2

习题答案

A. 新建构件　　　B. 构件属性定义　　C. 绘图

D. 选择计算规则　　E. 汇总计算

2.1.3 数字化算量的方法和技巧

1. 识读施工图

进行施工图的识读时，需要重点查找以下信息：

（1）了解工程的基本概况；

（2）了解工程的材料和做法；

（3）了解工程的结构形式，楼层高度等；

（4）了解各类构件表格、门窗表、装修表等。

2. 标记施工图

在进行工程量计算之前，首先应认真详细地读懂读透施工图纸，将有用的信息进行标注，便于后续快捷地查找到相关数据。

3. 建模的方法和技巧

（1）熟悉绘图方法

绘图方法有"点""直线""矩形""三点弧""圆"等。

1）"点"：通常用于布置"柱"、封闭区域的板、装饰等构件。

2）"直线"：通常用于布置"墙""梁"等线性构件。

3）"矩形"：通常用于布置矩形或多个矩形的面构件（如矩形板、矩形建筑面积、矩形地面等）或线构件等。

（2）遵守绘图顺序

1）绘图的基本顺序

一般按照"首层→第二层→标准层→顶层→地下室→基础层"的绘图顺序进行绘图。

2）构件的绘图顺序

① 砖混结构：墙体→门窗→过梁→柱→梁→板→楼梯→装饰→其他；

② 框架结构：柱→梁→板→墙体→门窗→过梁→楼梯→装饰→其他；

③ 框剪结构：柱→剪力墙→梁→板→填充墙→门窗→过梁→楼梯→装饰→其他。

（3）善于 CAD 识别

利用 CAD 图纸导入功能，提高绘图效率及准确度。

（4）巧用快捷命令

在绘图过程巧用快捷键，实现提高绘图效率的目的。

（5）多用复制、镜像等命令

可以利用"复制""复制到其他层""从其他层复制""镜像"等命令，实现快速绘制构件的目的。

（6）善用智能布置命令

可以利用"智能布置"命令，实现快速绘制构件的目的。

课后练习题

一、判断题

1. 数字化算量的方法和技巧多种多样，造价人员可以结合软件及工程的特点按不同的顺序绘制。（　　）

2. 不同结构类型构件的绘图顺序都一致。（　　）

二、多选题

1. 数字化算量软件常用绘图方法有（　　）。

A. 点　　　　　　　　B. 线　　　　　　　　C. 矩形

D. 三点弧　　　　　　E. 圆　　　　　　　　F. 采用表格算量

2. 建筑工程的结构类型有（　　）。

A. 框架结构　　　　　　　　　　　　B. 砖混结构

C. 框剪结构　　　　　　　　　　　　D. 木结构

E. 剪力墙结构

2.1.3
习题答案

2.2 数字化建模准备

知识目标

1. 通过识读施工图，掌握图纸基本信息；
2. 了解新建项目所涉及的规则；
3. 掌握楼层及轴网的含义。

能力目标

1. 能够新建项目并正确进行工程设置；
2. 能够利用手工建模的方式新建楼层及轴网；
3. 能够利用 CAD 识别的方式进行楼层识别及轴网识别。

职业道德与素质目标

1. 能够注重我国安全、节能、绿色建筑的相关政策；
2. 能够遵守"诚信、公正、敬业、进取"的工作原则；
3. 能够关注科技强国、数字建模的重要意义。

九层之台，始于垒土；千里之行，始于足下。造价行业初学者应明白九层高台是由一筐筐泥土堆积而成，行千里路也是从脚下一步一步开始的。作为工程计价基础工作的工程量计算，其前提就是要熟读施工图，不论是手算还是电算，都应该先读懂施工图，这是学习算量的第一步。

2.2.1　新建项目

工作任务

任务单：某工程的新建项目。

2.2.1　新建项目

任务单：

某工程的新建项目

1. 任务背景

本职业技能要求能够依据《房屋建筑与装饰工程工程量计算规范》GB 50854—2013和建筑行业标准、规范、图集，运用工程计量软件数字化建模。根据某工程图纸结构设计说明，钢筋平法规则为《混凝土结构施工图平面整体表示方法制图规则和构造详图》16G101 系列，项目所在地为北京，现项目部工程预算员接到监理指令，要求在规定时间内开始软件建模工作。

2. 任务分析

（1）资料准备

全套施工图、《房屋建筑与装饰工程工程量计算规范》GB 50854—2013。

（2）基础能力

1）工程所在地及工程名称查询

从本套图纸中，可以查询工程名称，并按项目所在地正确选择软件中的清单及定额版本。

2）软件中清单及定额规则的选择

数字化建模目的是生成清单工程量并为后续计价服务，工程造价具有地方性，主要体现各地区定额计算规则不尽相同。《房屋建筑与装饰工程工程量计算规范》GB 50854—2013 虽为全国统一规范，但建模软件为适应不同地区的定额规则而设置了相应地区的清单及定额规则。

图 2.2.1-1　新建工程

3）钢筋规则的选择

在工程造价业务中，钢筋工程量按照钢筋图示尺寸，即外皮汇总，北京地区对于钢筋不计算损耗。

3. 任务实施

新建项目的基本流程：新建工程→新建工程窗口信息输入。

（1）新建工程

双击打开数字化建模软件，一般在界面左上角工具栏有新建工程命令，在"开始"选项卡下点击"新建"命令，快捷键为 Ctrl＋N。如图 2.2.1-1 所示。

（2）新建工程窗口信息输入

点击新建命令后，软件跳出"新建工程"窗口，在框内输入或在下拉菜单中完成工程名称输入、计算规则选择、钢筋规则选择。计算规则选择后，软件会自动匹配清单、定额库。所有信息完成后点击【创建工程】，如图 2.2.1-2 所示。

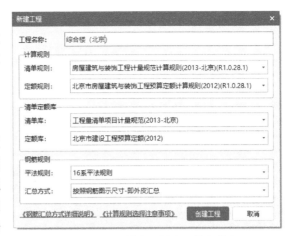

图 2.2.1-2　新建工程窗口信息输入

总结拓展

1. 在数字化建模中，新建工程是第一步，其工作步骤少，与办公软件等其他工具软件新建思路基本相同。

2. 在新建工程之前，需明确工作目的，本学习软件一般是用于工程计量和施工钢筋放样进行软件数字化建模。

3. 新建工程前需要了解工程所在地造价管理部门现行政策文件，结合建模作用来选择清单规则及定额规则。特别注意钢筋规则中平法及汇总方式的正确性。

课后练习题

一、判断题

1. 建模软件在不同地区设置了统一的清单及定额规则。（　　）

2. 在工程造价业务中，钢筋工程量按照钢筋外皮汇总。（　　）

二、单选题

1. 数字化建模软件新建工程的快捷键为（　　）。

A. F1　　　　　B. Ctrl＋N　　　　　C. Ctrl＋C　　　　　D. Ctrl＋V

2. 土建计量时采用数字化建模软件的名称最符合的是（　　）。

A. 云计价平台　　　　　　　　B. BIM 施工现场布置软件

C. BIM 土建计量平台　　　　　D. Excel

三、多选题

1. 数字化建模软件新建工程时不需要手动输入的内容是（　　）。

A. 工程名称　B. 清单计算规则　　C. 清单库　　　　　D. 定额库

E. 定额计算规则

2. 数字化建模软件新建工程文件可保存的路径有（　　）。

2.2.1

习题答案

A. 桌面　　　　B. 电脑 C 盘　　　　C. 外部存储设备　　D. 企业云空间

E. 以上都不对

2.2.2　工程设置

工作任务

任务单：某工程的工程信息、楼层及计算规则设置。

2.2.2　工程设置

任务单：

某工程的工程信息、楼层及计算规则设置

1. 任务背景

根据现行国标清单及工程所在地预算定额计算工程量，通过结构设计说明可知：抗震等级为三级，设防烈度为 6 度，共 5 层。要求在规定时间内申报已完成工程设置。利用工程量计算软件快速完成以上工程设置工作任务。

2. 任务分析

（1）资料准备：建筑、结构施工图，《混凝土结构施工图平面整体表示方法制图规则和构造详图（现浇混凝土框架、剪力墙、梁、板）》16G101-1，《房屋建筑与装饰工程工程量计算规范》GB 50854—2013 等。

（2）基础能力

1）工程信息识图

从本套图纸中，我们可以识读到结构类型、抗震等级、设防烈度、混凝土强度等级、墙体材料、砌筑砂浆强度等级、工程的层数、层高等基本信息，如下：

① 工程名称：综合楼；

② 建筑类型：办公楼；

③ 结构类型：框架结构；

④ 抗震等级：三级抗震；

⑤ 抗震烈度：6 度；

⑥ 设计室外地坪标高：−0.900m；

⑦ 混凝土强度等级：基础垫层 C15、桩承台 C30、基础梁 C30、构造柱 C25、圈梁（压顶梁）C25、框架柱 C30、框架梁 C30、现浇板 C30。

2）层高识图

通过识读建筑施工图的平面图、剖面图（建施 03～建施 13）可知，本工程整体为四层，局部为出屋面楼层，五层为楼梯间、职工活动区，六层为水箱间，均可读出各层层高。通过识读结构施工图结施 22 可知建筑标高与结构标高相差 0.030m，各层层高同建筑标高。识读结施 05 可知基础承台最低垫层底标高为−1.800m。

各层层高数据详见表 2.2.2-1。软件中的楼层设置应以结构标高为准。

各层层高数据表 表 2.2.2-1

楼层	层高(m)	结构底标高(m)	结构顶标高(m)
设备间屋面		24.00	
屋面	3.90	20.10	24.00
5层	3.93	16.17	20.10
4层	3.90	12.27	16.17
3层	3.90	8.37	12.27
2层	3.90	4.47	8.37
1层	4.50	−0.03	4.47
基础层	1.77	−1.8	−0.03

3. 任务实施

(1) 工程信息

点击"工程信息"命令，在弹出的"工程信息"窗口中，在"工程信息"中输入或选择：工程名称、项目所在地、建筑类型、建筑用途、地上层数、地下层数、裙房层数、建筑面积、地上建筑面积、地下建筑面积、人防工程、基础形式、抗震类别、抗震等级、设防烈度等，一般情况只要填上工程名称、结构类型、抗震等级、设防烈度、室外地坪和檐高，其余如项目所在地、建筑类型、建筑用途等与计算工程量无关的可以选填。如图2.2.2-1 所示。

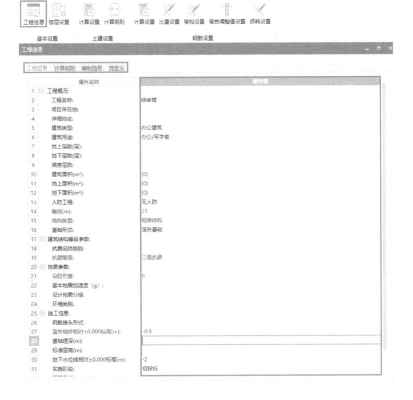

图 2.2.2-1 工程信息

"计算规则"在新建项目命令已经选择完成，此处只要复核查看即可，如图 2.2.2-2 所示。"编制信息"可以根据情况选填。完成后点击"×"关闭即可。

图 2.2.2-2　计算规则

（2）钢筋设置

1）计算设置-搭接设置

点击"钢筋设置"面板中的"计算设置"，在弹出的窗口中选择"搭接设置"需要根据图纸说明进行修改，图纸无说明则按当地清单及定额规则设置，如图 2.2.2-3 所示。

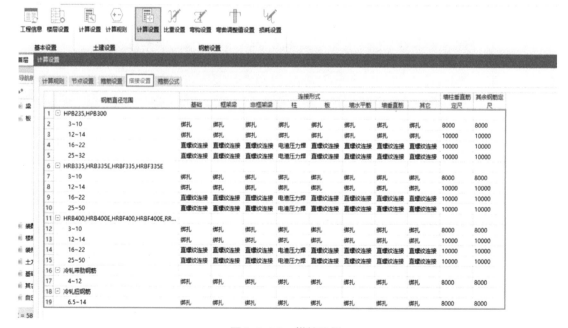

图 2.2.2-3　搭接设置

2）比重设置

点击"钢筋设置"面板中的"比重设置"，在弹出的"比重设置"窗口中查看普通钢筋、热轧带肋钢筋等的钢筋比重。由于市面上直径 6mm 的钢筋很少，下料直径都是

6.5mm，所以一般情况下需将钢筋直径6mm的比重修改为6.5mm比重。如图2.2.2-4所示。

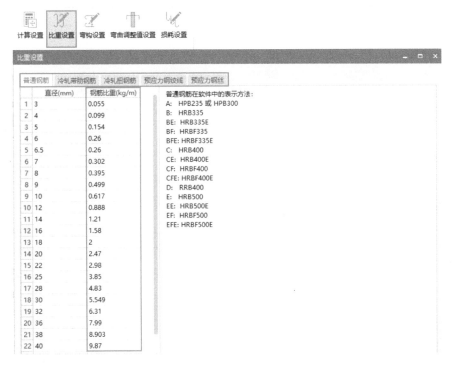

图 2.2.2-4　比重设置

（3）楼层设置

1）方法一：手工设置楼层

手工设置楼层的基本流程：楼层设置→输入首层数据→依次输入其他层层高数据→输入各层混凝土强度等级及其他数据。

① 楼层设置

在"工程设置"选项卡下点击"楼层设置"命令，如图2.2.2-5所示。

图 2.2.2-5　楼层设置

② 输入首层数据

在弹出的窗口中，选择"首层"的"层高（m）"处输入"4.5"，"底标高（m）"处输入"−0.030"，如图2.2.2-6所示。

首层	编码	楼层名称	层高(m)	底标高(m)	相同层数	板厚(mm)	建筑面积(m2)
☑	1	首层	4.5	-0.03	1	120	(0)
☐	0	基础层	1.77	-1.8		500	(0)

图 2.2.2-6　输入首层数据

③ 依次输入其他层层高数据

在选择首层的状态下，点击"插入楼层"，参照表2.2.2-1分别设置其他层数据（设备间屋面层高可参照女儿墙高度），如图2.2.2-7所示。

楼层设置

单项工程列表

+ 添加   删除

综合楼

楼层列表 (基础层和标准层不能设置为首层。设置首层后，楼层编码自动变化，正数为地上层，负数⋯⋯)

插入楼层   删除楼层   上移   下移

首层	编码	楼层名称	层高(m)	底标高(m)	相同层数	板厚(mm)	建筑面积(m2)
☐	7	设备间屋面	0.6	24	1	120	(0)
☐	6	屋面	3.9	20.1	1	120	(0)
☐	5	第5层	3.93	16.17	1	120	(0)
☐	4	第4层	3.9	12.27	1	120	(0)
☐	3	第3层	3.9	8.37	1	120	(0)
☐	2	第2层	3.9	4.47	1	120	(0)
☑	1	首层	4.5	-0.03	1	120	(0)
☐	0	基础层	1.77	-1.8	1	500	(0)

图 2.2.2-7　输入其他层层高数据

④ 输入高层各层混凝土强度等级及其他数据

由结施 01 可知，本工程混凝土强度等级不分楼层，砂浆的类型和强度等级地上、地下也一致，因此可先在首层中设置各构件混凝土强度、混凝土保护层厚度（楼梯可按一类环境板构件设置保护层厚度），更改后的数据为黄色显示，如图 2.2.2-8 所示。然后点击

	抗震等级	混凝土强度等级	混凝土类型	砂浆标号	砂浆类型	锚固 HPB235(A)	锚固 HRB335(B)	锚固 HRB400(C)	锚固 HRB500(E)	锚固 冷拔带肋	锚固 冷轧扭	搭接 HPB235(A)	搭接 HRB335(B)	搭接 HRB400(C)	搭接 HRB500(E)	搭接 冷拔带肋	搭接 冷轧扭	保护层厚度(mm)
垫层	(非抗震)	C15	预拌砼	M5	水泥砂浆	(39)	(38/42)	(40/44)	(48/53)	(45)	(45)	(55)	(53/59)	(56/62)	(67/74)	(63)	(63)	(25)
基础	(二级抗震)	C30	预拌砼	M5	水泥砂浆	(32)	(30/34)	(37/41)	(45/49)	(37)	(35)	(45)	(42/48)	(52/57)	(63/69)	(52)	(49)	(40)
基础梁/承台梁	(二级抗震)	C30	预拌砼	M5	水泥砂浆	(32)	(30/34)	(37/41)	(45/49)	(37)	(35)	(45)	(42/48)	(52/57)	(63/69)	(52)	(49)	(40)
柱	(二级抗震)	C30	预拌砼			(32)	(30/34)	(37/41)	(45/49)	(37)	(35)	(45)	(42/48)	(52/57)	(63/69)	(52)	(49)	(20)
剪力墙	(二级抗震)	C30	预拌砼			(32)	(30/34)	(37/41)	(45/49)	(37)	(35)	(38)	(36/41)	(44/49)	(54/59)	(44)	(42)	(15)
人防门框墙	(二级抗震)	C30	预拌砼			(32)	(30/34)	(37/41)	(45/49)	(37)	(35)	(45)	(42/48)	(52/57)	(63/69)	(52)	(49)	(15)
暗柱	(二级抗震)	C30	预拌砼			(32)	(30/34)	(37/41)	(45/49)	(37)	(35)	(45)	(42/48)	(52/57)	(63/69)	(52)	(49)	(15)
端柱	(二级抗震)	C30	预拌砼			(32)	(30/34)	(37/41)	(45/49)	(37)	(35)	(45)	(42/48)	(52/57)	(63/69)	(52)	(49)	(20)
墙梁	(二级抗震)	C30	预拌砼			(32)	(30/34)	(37/41)	(45/49)	(37)	(35)	(45)	(42/48)	(52/57)	(63/69)	(52)	(49)	(20)
框架梁	(二级抗震)	C30	预拌砼			(32)	(30/34)	(37/41)	(45/49)	(37)	(35)	(45)	(42/48)	(52/57)	(63/69)	(52)	(49)	(20)
非框架梁	(非抗震)	C30	预拌砼			(30)	(29/32)	(35/39)	(43/47)	(35)	(35)	(42)	(41/45)	(49/55)	(60/66)	(49)	(49)	(20)
现浇板	(非抗震)	C30	预拌砼			(30)	(29/32)	(35/39)	(43/47)	(35)	(35)	(42)	(41/45)	(49/55)	(60/66)	(49)	(49)	(15)
楼梯	(非抗震)	C30	预拌砼			(30)	(29/32)	(35/39)	(43/47)	(35)	(35)	(42)	(41/45)	(49/55)	(60/66)	(49)	(49)	15
构造柱	(二级抗震)	C25	预拌砼			(36)	(35/38)	(42/46)	(50/56)	(40)		(50)	(49/53)	(59/64)	(70/78)	(59)	(56)	(25)
圈梁/过梁	(二级抗震)	C25	预拌砼			(36)	(35/38)	(42/46)	(50/56)	(40)		(50)	(49/53)	(59/64)	(70/78)	(59)	(56)	(25)
砌体墙柱	(二级抗震)	C25	抗渗砼	M5	水泥砂浆	(34)	(33/36)	(40/44)	(48/53)	(40)		(48)	(46/50)	(56/62)	(67/74)	(56)		(25)
其它	(非抗震)	C25	预拌砼	M5	水泥砂浆	(34)	(33/36)	(40/44)	(48/53)	(40)		(48)	(46/50)	(56/62)	(67/74)	(56)		(20)
叠合板(预制底板)	(非抗震)	C25	预拌砼			(34)	(33/36)	(40/44)	(48/53)	(40)		(48)	(46/50)	(56/62)	(67/74)	(56)		(20)

基本锚固设置　复制到其他楼层　恢复默认值(D)　导入钢筋设置　导出钢筋设置

图 2.2.2-8　输入各层混凝土强度等级及其他数据

"复制到其他楼层"，在弹出的窗口中选择所有楼层，点击【确定】，即可批量调整全楼混凝土强度等级及其他参数。如图 2.2.2-9 所示。

2）方法二：CAD 识别楼层表

① 分割图纸

在识别楼层表之前，首先需要将 CAD 图纸导入软件中，具体流程如下：点击"图纸管理"下的"添加图纸"，在弹出的窗口中选择"综合楼建筑"和"综合楼结构"CAD 图纸，点击【打开】，如图 2.2.2-10 所示，CAD 图纸即可添加到软件中。之后在软件中双击"综合楼结构"，点击"分割"下的"自动分割"，如图 2.2.2-11 所示，软件即可将"综合楼结构"CAD 图纸分割成功，如图 2.2.2-12 所示。

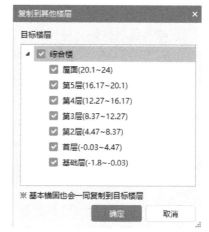

复制到其他楼层　✕

目标楼层

▲ ☑ 综合楼
　☑ 屋面(20.1~24)
　☑ 第5层(16.17~20.1)
　☑ 第4层(12.27~16.17)
　☑ 第3层(8.37~12.27)
　☑ 第2层(4.47~8.37)
　☑ 首层(-0.03~4.47)
　☑ 基础层(-1.8~-0.03)

※ 基本锚固也会一同复制到目标楼层

确定　取消

图 2.2.2-9　批量设置整楼混凝土强度等级及其他参数

图 2.2.2-10 导入 CAD 图纸

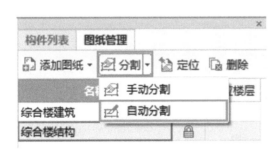

图 2.2.2-11 自动分割图纸

图 2.2.2-12 分割后的图纸

② 识别楼层表

通过识别楼层表新建楼层需要提取"楼层名称""层底标高""层高"三项内容,具体操作步骤如下:

首先,双击含有楼层信息表的 CAD 图(结施 11~结施 21 都可),找到楼层表,并将其调整到适当大小,如图 2.2.2-13 所示。

其次,在"建模"选项卡下,点击"CAD 操作"面板中的"识别楼层表"命令,如图 2.2.2-14 所示,鼠标左键拉框选择楼层信息表,右键确认。

最后,在弹出的窗口中,先通过"删除列"、"删除行"命令整理楼层表,再核对"名称""底标高""层高"三项是否与图纸一致,若不一致,则需要点击下拉菜单调整对应关系,之后输入基础层信

层高表			
设备间屋面层	24.000		C30
屋面	20.100	3.900	C30
5	16.170	3.930	C30
4	12.270	3.900	C30
3	8.370	3.900	C30
2	4.470	3.900	C30
1	-0.030	4.500	C30
-1	基础层顶面		
层号	标高H(m)	层高(m)	墙、梁砼等级

图 2.2.2-13 楼层表

027

息，点击【识别】，如图 2.2.2-15 所示，即可完成楼层表的识别。

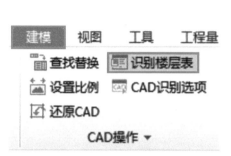

图 2.2.2-14　识别楼层表工具

图 2.2.2-15　调整楼层表

总结拓展

1. 楼层设置需要结合建筑施工图与结构施工图进行综合识图，注意基础层、屋面层层高的准确识读。同时注意对每层混凝土强度等级、砂浆种类、混凝土保护层厚度分别设置。

2. CAD 识别楼层，识别完成后及时复查。

3. 工程信息识图尤为重要，需要仔细审图，提取有用的信息，便于后续工程设置时能更加准确快捷。

课后练习题

一、判断题

1. 新建楼层时基础层层高可以在施工图中直接读出。（　　　）

2. 数字化建模软件中楼层设置的目的是在相应楼层高度范围内绘制图元。（　　　）

3. 施工图中各层层高建筑与结构一致。（　　　）

二、单选题

1. 新建楼层时仅需要读（　　　）。

A. 建筑施工图　　　　　　　　B. 结构施工图

C. 建筑和结构施工图　　　　　D. 施工合同

2. 新建楼层时设置首层层底标高一般以（　　　）为准。

A. 建筑标高　　　　　　　　　B. 结构标高

C. 二者均可　　　　　　　　　D. 室外地面标高

3. CAD 识别楼层表时，不能直接识别出（　　　）。

A. 首层底标高　　　　　　　　B. 首层顶标高

2.2.2

习题答案

C. 基础层层高　　　　　　　　　D. 顶层层高

三、多选题

1. 设置屋面层的目的一般是为了计算（　　）等工程量。

A. 女儿墙　　　　　　　B. 屋面梁　　　　　　　C. 屋面保温

D. 屋面防水　　　　　E. 基础

2. 新建楼层时可以同时设置每层的（　　）。

A. 混凝土强度等级　　　B. 混凝土保护层厚度　　C. 砂浆强度等级

D. 柱截面尺寸　　　　　E. 梁截面尺寸

2.2.3　新建轴网

工作任务

任务单：某工程的新建轴网。

2.2.3　新建轴网

任务单：

某工程的新建轴网

1. 任务背景

某工程（根据某工程全套图纸）现项目部工程预算员接到监理指令，要求在规定时间内开始软件建模工作。

2. 任务分析

（1）资料准备

建筑施工图、结构施工图。

（2）基础能力

1）轴网

轴网是在各楼层中确定构件水平准确位置的关键要素，轴网分直轴网、斜交轴网和弧线轴网。轴网由定位轴线（建筑结构中的墙或柱的中心线）、标志尺寸（用标注建筑物定位轴线之间的距离大小）和轴号组成。通常横向轴线编号为阿拉伯数字，分为上、下开间；纵向轴线编号为英文字母，分为左右进深。有主轴线和辅助网线之分，在建筑施工图、结构施工图均可识读，但是不同平面图轴网可能不完全相同。

2）轴网识图

查看本工程的轴网可知，本工程的轴网为正交轴网，辅助轴线较多，主轴线上下开间相同，左右进深相同，若采用手工建模的方法，应选择轴网较为全面的图纸，可选择结施12 "4.470m 梁配筋图"；若采用 CAD 识别的方法，可选择轴网较为简单的图纸，可选择结施 06 "基础顶－4.470m 柱配筋"。

（3）软件应用

软件将轴网分为正交轴网、圆弧轴网和斜交轴网三种，根据轴线的形式不同，又分为轴网和辅助轴线两种类型。

3. 任务实施

在"建模"选项卡下，在左侧导航树中点击"轴线"→"轴网"，如图 2.2.3-1 所示。

（1）方法一：手工建模轴网

手工建模轴网的基本流程为：在"构件列表"中新建轴网→双击构件"轴网-1"添加轴网的"开间"和"进深"→绘制轴网→修改轴号位置→添加辅助轴网。

1）新建轴网

在"构件列表"中点击"新建"的下拉菜单，选择"新建正交轴网"，如图 2.2.3-2 所示，则在"构件列表"中出现"轴网-1"。

图 2.2.3-1　轴网

图 2.2.3-2　新建正交轴网

2）添加轴网的"开间"和"进深"

① 下开间轴网定义

以结施 12 作为建立轴网的依据，双击构件"轴网-1"弹出"定义"窗口，根据图纸输入下开间数据。在"常用值"下面的列表中选择要输入的轴距，或者在"添加"命令下的输入框输入相应的轴网间距；单击"添加"命令或者点击回车确定输入的数据，按从左到右的顺序，下开间依次输入"3500，7000，7000，10500，7000，7000，3500"。如图 2.2.3-3 所示。

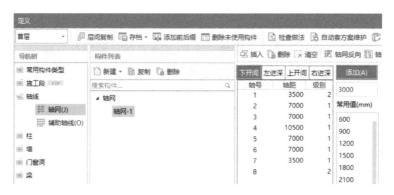

图 2.2.3-3　下开间轴网定义

② 左进深轴网数据定义

用同样的方法依次输入左进深的数据，如图 2.2.3-4 所示。

3）绘制轴网

定义完成后关闭"定义"窗口进入绘图界面。弹出"请输入角度"窗口，如

图 2.2.3-5 所示，提示用户输入定义轴网需要旋转的角度。本工程轴网旋转角度按软件默认为 "0" 即可。

图 2.2.3-4　左进深轴网定义

图 2.2.3-5　轴网角度输入

4）修改轴号位置

选择 "轴网二次编辑" 面板上的 "修改轴号位置" 命令，如图 2.2.3-6 所示。框选整个轴网图元后，右键鼠标，在弹出的 "修改轴号位置" 窗口中，选择 "两端标注" 后，点击【确定】即可，如图 2.2.3-7 所示。修改完成后，轴网的四周都会显示标注，如图 2.2.3-8 所示。

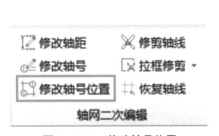

图 2.2.3-6　修改轴号位置

图 2.2.3-7　"两端标注"

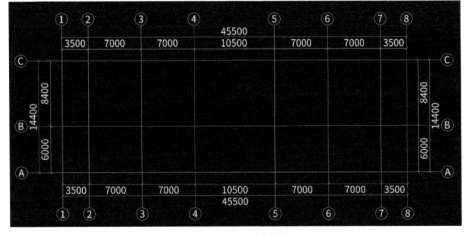

图 2.2.3-8　主轴网

5）辅助轴网

以添加①轴的左侧的辅助轴线为例，在 "建模" 选项卡下，在 "通用操作" 面板中点击"两点辅轴"命令后的下拉菜单,选择"平行辅轴",点击基准轴线①轴,在弹出的窗口中"偏移距离"输入"-900"(注意:向上、向右偏移时输入正值,向下、向左偏移时输入负值),"轴号"输入辅轴编号(也可以为空,本工程辅轴无编号),点击【确定】命令即可,如图 2.2.3-9 所示。完成后如图 2.2.3-10 所示。

图 2.2.3-9 平行辅轴

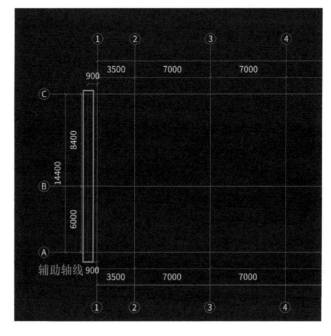

图 2.2.3-10 辅助轴线

（2）方法二：CAD 识别轴网

CAD 识别轴网的基本流程为：选择图纸→识别轴网。

1）选择图纸

在"图纸管理"中双击"基础顶－4.470m 柱配筋"，则在绘图区显示该图的 CAD 原始图层，如图 2.2.3-11 所示。

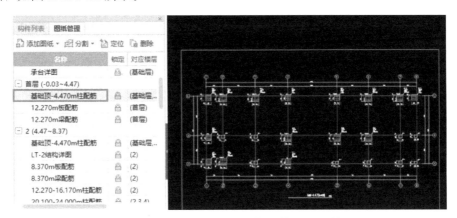

图 2.2.3-11 基础顶－4.470m 柱配筋 CAD 原始图层

2）识别轴网

"识别轴网"的基本流程为：点击"识别轴网"面板中的"识别轴网"命令，按照"提取轴线边线→提取轴线标注→自动识别"的基本流程，完成轴网的识别。

具体流程为：

第一步点击"提取轴线"命令，选择任意一条轴线，所有轴线均被选中并高亮显示，右键确认，可以看见轴线消失则代表提取成功。如图 2.2.3-12 所示。

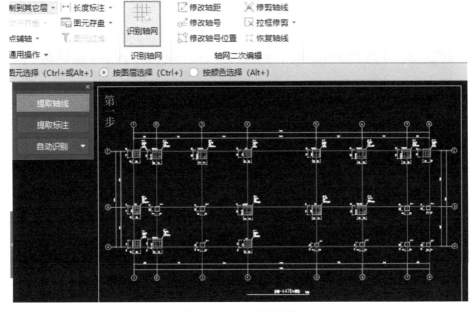

图 2.2.3-12 提取轴线

第二步点击"提取标注"命令，选择任意一处的轴线标识，该图层的所有标识均被选中并高亮显示，右键确认，可以看见所有标注消失则代表提取成功。如图 2.2.3-13 所示。有些轴线标识的内容未在同一图层内或未用同一颜色标注，就需要多次进行提取，直到将所有轴线标识全部提取出来。

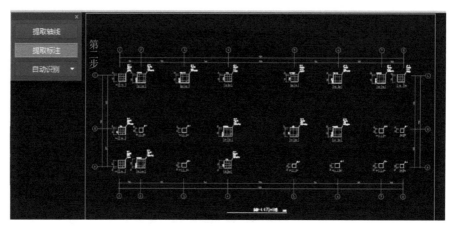

图 2.2.3-13　提取标注

第三步点击"自动识别"命令，则轴网识别成功，如图 2.2.3-14 所示。

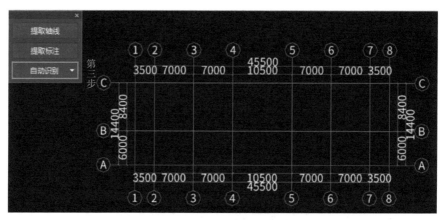

图 2.2.3-14　自动识别轴网

总结拓展

1. 在数字化建模中，轴网是一个非常重要的构件，主要作用是确定后续图元位置关系，虽然不进行计算工程量，但对整个工程量计算的准确性起到关键作用，需要准确定义和绘制。

2. 对于平面复杂的工程，新建和绘制轴网时还可能需要确定轴网的旋转角度、轴网拼接、轴网序号重新定义等操作。

课后练习题

一、判断题

1. 通常为阿拉伯数字的横向轴线编号是确定左、右进深尺寸。（　　　）

2. 在建筑施工图、结构施工图中不同平面图的轴网可能不完全相同。（　　　）

3. 新建楼层时首层顶标高应该与二层底标高一致。（　　　）

4. 轴网定义完成后关闭"构件定义对话框"进入绘图界面时需要输入轴网旋转的角度。（　　　）

二、多选题

1. 直线辅助轴线的绘制也可采用（　　　）命令。

A. 两点辅轴　　B. 平行辅轴　　C. 转角辅轴　　D. 三点辅轴　　E. 圆形辅轴

2. 轴网是在各楼层中确定构件水平准确位置的关键要素，轴网分（　　　）。

A. 弧线轴网　　B. 直轴网　　　C. 转角辅网　　D. 斜交轴网　　E. 异形轴网

2.2.3
习题答案

模块 3　数字化工程量计算

3.1　数字化结构工程量计算

知识目标

1. 通过识读施工图，掌握柱、梁、板、楼梯、基础等构件的图纸信息；
2. 掌握柱、梁、板、楼梯、基础等构件的平法基本知识；
3. 掌握柱、梁、板、楼梯、基础、土方等构件的清单计算规则。

能力目标

1. 能够利用手工建模的方式搭建柱、梁、板、楼梯、基础、土方的三维算量模型；
2. 能够利用 CAD 识别的方式搭建柱、梁、板、基础的三维算量模型；
3. 能够正确统计柱、梁、板、基础的混凝土和钢筋工程量及楼梯、土方的清单工程量。

职业道德与素质目标

1. 能够具备勤于思考、善于总结的能力；
2. 能够具备不断探索、勇于创新的意识与能力；
3. 能够具备良好的团队协作意识与能力。

人无忠信，不可立于世。 做人做事要诚实守信，尽心尽力。工程算量是工程计价中计算分项工程费的依据，是单位工程造价的主体部分，其正确与否直接关系到各方利益。作为造价人就必须有诚实守信、坚守原则的基本职业素养。

3.1.1　柱工程量计算

工作任务

任务单： 首层框架柱及梯柱的混凝土及钢筋清单工程量计算。

3.1.1　柱工程量计算

任务单：

首层框架柱及梯柱的混凝土及钢筋清单工程量计算

1. 任务背景

某工程首层框架柱结构布置图见结施06，首层梯柱位置及配筋见结施03、结施22和结施23。通过结构设计说明及图纸说明可知：混凝土强度等级为C30，三级抗震设计，钢筋采用HRB400。现项目部工程预算员接到监理指令，要求在规定时间内申报已完成首层框架柱及梯柱的混凝土及钢筋工程量。利用工程量计算软件快速完成以上工作任务。

2. 任务分析

（1）资料准备

结构施工图、《混凝土结构施工图平面整体表示方法制图规则和构造详图（现浇混凝土框架、剪力墙、梁、板）》16G101-1、《房屋建筑与装饰工程工程量计算规范》GB 50854—2013。

（2）基础能力

1）构造与识图

通过识读施工图结施06，可识读矩形框架柱的基本信息，见表3.1.1-1。

框架柱表　　　　　　　　　　　　　　　　　　　　　表3.1.1-1

类型	名称	混凝土强度等级	截面尺寸（mm）	标高	角筋	b每侧中配筋	h每侧中配筋	箍筋类型号	箍筋
矩形柱	KZ1	C30	600×600	基础顶～+4.470	4Φ18	2Φ18	2Φ18	1(4×4)	Φ8@100
	KZ2	C30	600×600	基础顶～+4.470	4Φ18	2Φ16	2Φ16	1(4×4)	Φ8@100/200
	KZ3	C30	600×600	基础顶～+4.470	4Φ18	2Φ18	2Φ18	1(4×4)	Φ8@100
	KZ4	C30	700×700	基础顶～+4.470	4Φ18	1Φ18+2Φ16	1Φ18+2Φ16	1(5×5)	Φ8@100/200
	KZ5	C30	700×700	基础顶～+4.470	4Φ18	1Φ18+2Φ16	1Φ18+2Φ16	1(5×5)	Φ8@100/200
	KZ6	C30	700×700	基础顶～+4.470	4Φ18	1Φ18+2Φ16	1Φ18+2Φ16	1(5×5)	Φ8@100/200
	KZ7	C30	600×600	基础顶～+4.470	4Φ18	2Φ16	2Φ16	1(4×4)	Φ8@100/200
	KZ8	C30	700×700	基础顶～+4.470	4Φ22	2Φ18+2Φ16	1Φ18+2Φ16	1(6×5)	Φ8@100/200
	KZ9	C30	600×600	基础顶～+4.470	4Φ18	2Φ16	2Φ16	1(4×4)	Φ8@100
	KZ10	C30	700×700	基础顶～+4.470	4Φ25	4Φ25	3Φ20	1(6×5)	Φ10@100/200

续表

类型	名称	混凝土强度等级	截面尺寸（mm）	标高	角筋	b 每侧中配筋	h 每侧中配筋	箍筋类型号	箍筋
矩形柱	KZ11	C30	600×600	基础顶～+4.470	4Φ25	1Φ22+2Φ20	2Φ18	1(5×4)	Φ10@100
	KZ12	C30	700×700	基础顶～+4.470	4Φ18	1Φ18+2Φ16	1Φ18+2Φ16	1(5×5)	Φ8@100/200
	KZ13	C30	700×700	基础顶～+4.470	4Φ18	1Φ18+2Φ16	1Φ18+2Φ16	1(5×5)	Φ8@100/200
	KZ14	C30	700×700	基础顶～+4.470	4Φ18	1Φ18+2Φ16	1Φ18+2Φ16	1(5×5)	Φ8@100/200
	KZ15	C30	600×600	基础顶～+4.470	4Φ18	2Φ18	2Φ18	1(4×4)	Φ8@100

通过识读施工图结施 03、结施 22 和结施 23，可识读梯柱的基本信息，见表 3.1.1-2。

梯柱表　　　　　　　　　　　　　　　　　　　表 3.1.1-2

类型	名称	混凝土强度等级	截面尺寸（mm）	标高	角筋	b 每侧中配筋	h 每侧中配筋	箍筋类型号	箍筋
梯柱	TZ1	C30	200×300	−0.03～+2.22	4Φ18		1Φ18	1(2×3)	Φ8@100/200

2）柱的平法施工图的表示方法

柱的平法施工图的表示方法有两种：一是列表注写方式；二是截面注写方式。

① 列表注写：在柱表中注写柱编号、柱段起始标高、几何尺寸（含柱截面对轴线的偏心情况）与配筋信息、箍筋信息，见表 3.1.1-1。箍筋类型如图 3.1.1-1 所示。

图 3.1.1-1　箍筋类型

② 截面注写：在柱平面布置图的柱截面上，分别在同一编号的柱中选择一个截面，以直接注写截面尺寸和配筋具体数值的方式来表达柱平法施工图。如图 3.1.1-2 所示。

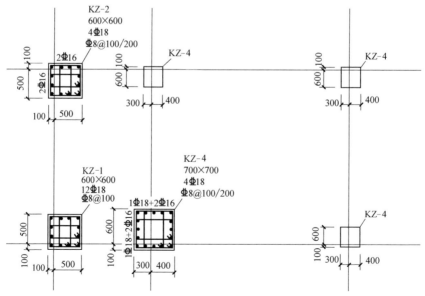

图 3.1.1-2　截面注写方式

（3）国标清单工程量计算规则

框架柱及梯柱的清单计算规则，见表 3.1.1-3。

现浇混凝柱清单计算规则   表 3.1.1-3

编号	项目名称	单位	计算规则
010502001	矩形柱	m³	按设计图示尺寸以体积计算。柱高： 1. 有梁板的柱高，应自柱基上表面（或楼板上表面）至上一层楼板上表面之间的高度计算； 2. 无梁板的柱高，应自柱基上表面（或楼板上表面）至柱帽下表面之间的高度计算； 3. 框架柱的柱高，应自柱基上表面至柱顶高度计算； 4. 构造柱按全高计算，嵌接墙体部分（马牙槎）并入柱身体积； 5. 依附柱上的牛腿和升板的柱帽，并入柱身体积计算

（4）软件计算规则应用

1）土建计算规则

通过点击"工程设置"选项卡，在"土建设置"面板中，点击"计算规则"命令，在弹出的窗口中点击"柱"，则可查看各种柱构件混凝土工程量的计算规则，一般情况下不进行修改，如图 3.1.1-3 所示。

图 3.1.1-3 柱混凝土工程量的计算规则

2）钢筋计算规则

通过点击"工程设置"选项卡，在"钢筋设置"面板中，点击"计算规则"命令，在弹出的窗口中点击"柱/墙柱"，则可查看各种柱构件钢筋工程量的计算设置，一般情况下要按照图纸进行修改，特别是柱在基础插筋的相关数据要与图纸一致，如图3.1.1-4所示。

图3.1.1-4　柱钢筋工程量的计算规则

3. 任务实施

在"建模"选项卡下，在左侧导航树中点击"柱"→"柱"，如图3.1.1-5所示。

（1）方法一：手工建模柱

手工建模柱的基本流程为：在"构件列表"中新建柱→在"属性列表"中修改柱属性→绘制柱→调整柱位置。

1）新建柱

在"构件列表"中点击"新建"的下拉菜单，选择"新建矩形柱"，如图3.1.1-6所示。

图3.1.1-5　柱　　　　　　　**图3.1.1-6　新建矩形柱**

2）修改柱属性

以首层①轴与Ⓐ轴交点处的KZ1和TZ1为例，通过识读图纸，在属性列表中输入相应的属性值，KZ1 如图 3.1.1-7 所示，TZ1 如图 3.1.1-8 所示。

图 3.1.1-7　KZ1 属性　　　　　　　　　图 3.1.1-8　TZ1 属性

3）绘制柱

绘制柱有四种主要命令：点、偏移、智能布置、镜像。

① 点

若柱位于轴线与轴线的交点，可利用"绘图"面板中的"点"命令完成绘制。"点"命令为柱构件的默认绘制命令，如首先在"构件列表"中选择 KZ1，其次点击①轴与Ⓐ轴的交点，即可完成 KZ1 的绘制，如图 3.1.1-9 所示。

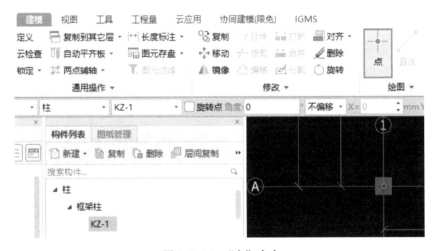

图 3.1.1-9　"点"命令

② 偏移

若柱不位于轴线与轴线的交点，可利用偏移命令完成绘制。如需绘制首层 LT-1Ⓒ轴上的 TZ1，则首先在"构件列表"中选择 TZ1，其次鼠标左键点击Ⓒ轴和④轴交点的同时，按下键盘上的"Shift"键，最后在弹出的"请输入偏移值"窗口中，输入相应数据，点击【确定】，如图 3.1.1-10 所示，即可完成 TZ1 的绘制。

图 3.1.1-10　"偏移"命令

③ 智能布置

若某区域内轴线交点处的柱都相同，可利用"柱二次编辑"面板中的"智能布置"命令完成绘制。如首层②～③轴与Ⓐ～Ⓑ轴的四个交点处都为 KZ4，则首先在"构件列表"中选择 KZ4，其次点击"智能布置"的下拉菜单，选择"轴线"，最后框选柱的布置区域，即可完成此区域内 KZ4 的绘制，如图 3.1.1-11 所示。

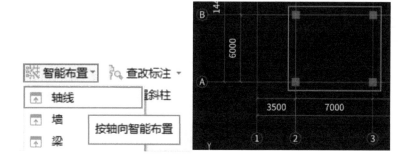

图 3.1.1-11　"智能布置"命令

④ 镜像

若图纸中有柱子处于对称位置，可利用"修改"面板中的"镜像"命令完成绘制。如首层 LT-1 和 LT-2 的梯柱是对称的，则可先绘制 LT-1 的所有梯柱，然后框选 LT-1 的所有梯柱，点击"镜像"命令，移动鼠标，当看见Ⓒ轴上、④～⑤之间出现△符号，点击此三角形，将鼠标继续下移，可以看到Ⓑ轴上、④～⑤之间再次出现一个黄色的三角形，如图 3.1.1-12 所示，点击此三角形，软件跳出"是否要删除原来的图元"的提示，选择"否"，LT-2 的梯柱全部布置成功。

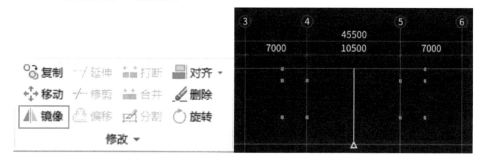

图 3.1.1-12　"镜像"命令

4）调整柱位置

若图纸中柱子存在偏心，可利用"查改标注"和"对齐"命令来调整柱位置。

① 查改标注

如 KZ1 为偏心柱，则可点击"柱二次编辑"面板中的"查改标注"命令，点击柱侧绿色数据，按照图纸进行修改，如图 3.1.1-13 所示。若需批量修改多个柱偏心，则可点击"批量查改标注"命令，框选所有偏心一致的柱，右键确认，在弹出的窗口中输入相应数据，如图 3.1.1-14 所示，即可完成批量调整。

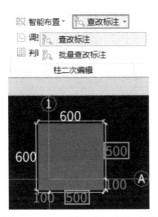

图 3.1.1-13 "查改标注"命令

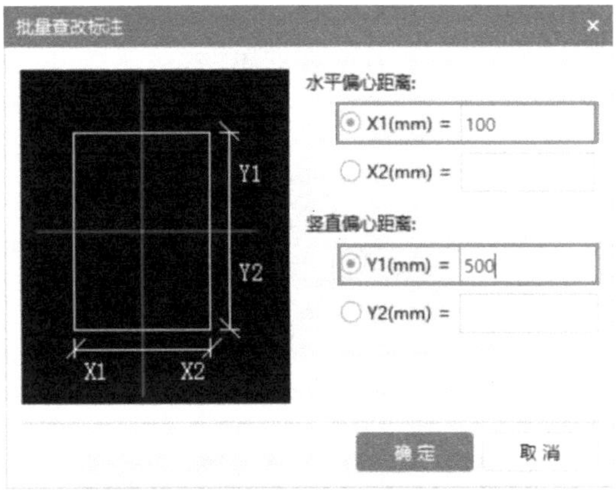

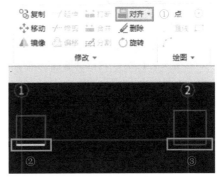

图 3.1.1-14 "批量查改标注"命令

② 对齐

此方法需先调整目标栏的偏心，如图 3.1.1-15 所示，单层①轴与Ⓐ轴交点处的 KZ1 的偏心已调整完毕，则点击"修改"面板中的"对齐"命令，选择 KZ1 的下边线，选择②轴与Ⓐ轴交点处的 KZ4 的下边线，即可完成 KZ4 的下边线与 KZ1 的下边线对齐。

（2）方法二：CAD 识别柱

CAD 识别柱的基本流程为：选择图纸→识别柱表/识别柱大样→识别柱。

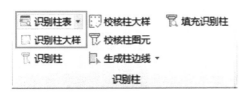

图 3.1.1-15 "对齐"命令

1）选择图纸

在"图纸管理"中，选择"基础顶−4.470m 柱配筋"。

2）识别柱表/识别柱大样

如图 3.1.1-16 所示，"识别柱表"和"识别柱大样"是 CAD 识别柱属性的两种基本方法，需根据图纸选择相应的方法。本图纸的框架柱是以柱大样的形式体现的，因此选择"识别柱大样"的方法进行识别。

图 3.1.1-16 识别柱属性的两种方法

"识别柱大样"的基本流程为：点击"识别柱"面板中的"识别柱大样"命令，按照"提取边线"→"提取标注"→"提取钢筋线"的基本流程，根据需求选择"自动识别""框选识别"或"点选识别"，完成柱属性的识别。

具体流程为：第一步点击"提取边线"命令，选择柱边线，如图 3.1.1-17 所示，右键确认，可以看见柱边线消失则代表提取成功；

第二步点击"提取标注"命令，选择所有标注，如图 3.1.1-18 所示，右键确认，可以看见所有标注消失则代表提取成功；第三步点击"提取钢筋线"命令，选择所有钢筋线，如图 3.1.1-19 所示，右键确认，可以看见所有钢筋线消失则代表提取成功；第四步点击"自动识别"命令，如图 3.1.1-20 所示，则可识别所有柱大样属性。

此步骤结束后，在"构件列表"一栏，可查看所有提取的柱构件，在"属性列表"一栏，可查看每种柱构件的属性。

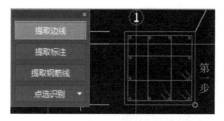

图 3.1.1-17　"提取边线"命令

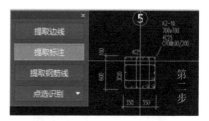

图 3.1.1-18　"提取标注"命令

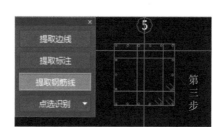

图 3.1.1-19　"提取钢筋线"命令

图 3.1.1-20　识别柱大样中"自动识别"命令

"识别柱表"的方法为补充内容，请扫描二维码 3.1-1 进行学习。

3）识别柱

通过"识别柱表/识别柱大样"的命令，完成柱的属性后，需再通过"识别柱"命令，将柱绘制到软件中。

3.1-1
识别柱表

"识别柱"的基本流程为：点击"识别柱"面板中的"识别柱"命令，如图 3.1.1-21 所示，按照"提取边线"→"提取标注"→"自动识别"的基本流程，完成柱的识别。

特别注意，在完成上述"识别柱大样"时，已经完成了"提取边线"和"提取标注"步骤，因此，仅需点击"自动识别"命令，则可识别所有柱，如图 3.1.1-22 所示。首层所有框架柱识别完毕后，可点击"动态观察"命令，查看柱的三维，也可点击"二维"命令，切换至平面视图，如图 3.1.1-23 所示。

图 3.1.1-21　"识别柱"命令

图 3.1.1-22　识别柱中的"自动识别"命令

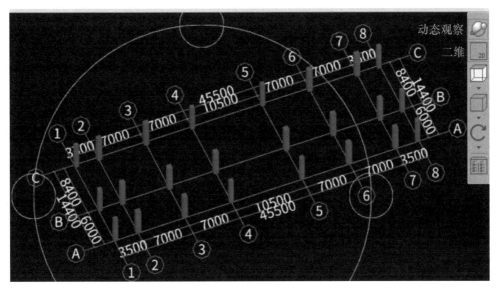

图 3.1.1-23 "动态观察"命令

4. 清单套用

柱构件绘制完毕后，需要对柱构件进行清单套用。首先，在"构件列表"中双击任意柱构件，软件将弹出定义窗口；其次，点击"构件做法"命令，进行清单套用，如图 3.1.1-24 所示。

图 3.1.1-24 "构件做法"命令

清单套用的具体方法有四种，可以按照实际需求进行选择，具体方法请扫描二维码 3.1-2。

框架柱及梯柱的清单套用完毕，可以按需补充编码和项目特征，如图 3.1.1-25 所示。

3.1-2
套用清单的
四种方法

	编码	类别	名称	项目特征	单位	工程量表达式	表达式说明
1	010502001 双击补充编码	项	矩形柱	双击补充项目特征	m3	TJ	TJ<体积>

图 3.1.1-25 补充编码和项目特征

框架柱及梯柱的混凝土清单如图 3.1.1-26 所示。

	编码	类别	名称	项目特征	单位	工程量表达式	表达式说明
1	010502001001	项	矩形柱	1. 混凝土种类:商品混凝土 2. 混凝土强度等级: C30	m3	TJ	TJ〈体积〉

图 3.1.1-26　"矩形柱"混凝土清单

5. 汇总柱工程量

点击"工程量"选项卡,在"汇总"面板中点击"汇总计算"命令,如图 3.1.1-27 所示。在弹出的"汇总计算"窗口中点击【确定】,完成后在"报表"面板中点击"查看报表"命令,如图 3.1.1-28 所示。

图 3.1.1-27　"汇总计算"命令

图 3.1.1-28　"查看报表"命令

(1)柱清单工程量

依次点击:土建报表表→做法汇总分析→清单汇总表,如图 3.1.1-29 所示,首层框架柱及梯柱的清单工程量,见表 3.1.1-4。

表 3.1.1-4

柱清单汇总表

序号	编码	项目名称	单位	工程量明细
		实体项目		
1	010502001001	矩形柱 1. 混凝土种类:商品混凝土 2. 混凝土强度等级:C30	m³	48.42

(2)柱钢筋工程量

依次点击:钢筋报量表→明细表→构件汇总信息明细表,如图 3.1.1-30 所示,首层框架柱及梯柱的钢筋工程量,见表 3.1.1-5。

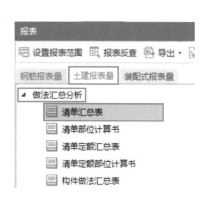

图 3.1.1-29　清单汇总表

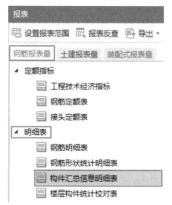

图 3.1.1-30　钢筋报量表

柱钢筋工程量 表 3.1.1-5

汇总信息	汇总信息钢筋总重(kg)	构件名称	构件数量	HRB400
柱	5728.888	KZ-1	2	431.884
		KZ-2	2	331.062
		KZ-3	1	215.942
		KZ-4	7	1525.475
		KZ-5	1	217.925
		KZ-6	1	217.925
		KZ-7	2	331.062
		KZ-8	1	252.01
		KZ-9	1	200.886
		KZ-10	1	414.546
		KZ-11	1	322.444
		KZ-12	1	217.925
		KZ-13	1	217.925
		KZ-14	1	217.925
		KZ-15	1	215.942
		TZ1	10	398.01
		合计	34	5728.888

总结拓展

1. 显示与隐藏柱图元及柱名称

为了与图纸核对或者其他特殊需要,我们常常需要修改构件图元及其名称的显示状态,一般有两种方法:

(1) 第一种方法:在"显示设置"→"图元显示"中,调整是否勾选柱的"显示图元"和"显示名称",如图 3.1.1-31 所示。

(2) 第二种方法:通过快捷键来调整构件图元的显示状态,如点击键盘"Z"键,调整柱图元的显示状态,通过点击键盘"Shift+Z"键,调整柱名称的显示状态。

2. 修改柱的标高

在柱的属性列表中,有顶标高和底标高两项数据,软件默认竖向构件是按照层顶标高和层底标高,但如遇梯柱等构件,则需要按照图纸要求修改顶标高,如图 3.1.1-8 所示。

3. 修改柱图元

若发现某处柱图元绘制错误,除了删除后重新绘制外,还可以利用"修改图元名称"命令进行修

图 3.1.1-31 显示设置

改。例如，要把某处 KZ4 修改为 KZ3，可先选中此处 "KZ4"，右键选择 "修改图元名称"，则会弹出 "修改图元名称" 窗口，如图 3.1.1-32 所示，在 "目标构件" 列表中选择 "KZ3"，点击【确定】即可。

图 3.1.1-32　"修改图元名称" 命令

4. 批量套用清单

在 KZ1 已套用清单的状态下，首先点击左上角空白处，全选中所有清单；其次点击 "做法刷" 命令，如图 3.1.1-33 所示。在弹出的窗口中点击 "柱" 的复选框，选择所有框架柱和梯柱，点击【确定】，如图 3.1.1-34 所示，即可将所有框架柱和梯柱快速套用 "矩形柱" 清单。

图 3.1.1-33　"做法刷" 命令

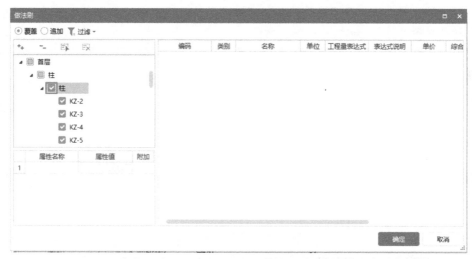

图 3.1.1-34　将所有框架柱和梯柱快速套用清单

因本套图纸不涉及圆形、异形柱，所以此部分为补充内容，请扫描二维码3.1-3进行学习。

当柱的钢筋与图纸不符时，在软件中需要利用"截面编辑"命令进行处理，请扫描二维码3.1-4进行学习。

因本套图纸不涉及抱框柱，此部分为拓展内容，请扫二维码3.1-拓1进行学习。

3.1-3 绘制圆形、异形柱图元

3.1-4 "截面编辑"柱钢筋

3.1-拓1 绘制抱框柱图元

课后练习题

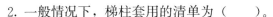

一、判断题

1. 柱的平法施工图的表示方法有两种：一是列表注写方式；二是截面注写方式。（　　）

2. 有梁板的柱高，应自柱基上表面（或楼板上表面）至上一层楼板下表面之间的高度计算。（　　）

3. "识别柱表"和"识别柱大样"是CAD识别柱属性的两种基本方法。（　　）

4. 如遇梯柱等构件，则需要按照图纸要求修改顶标高。（　　）

二、单选题

1. 若想在软件中显示柱钢筋信息，可通过（　　）命令。

A. Z　　　　B. Shift+Z　　　　C. 智能布置　　　　D. 镜像

2. 一般情况下，梯柱套用的清单为（　　）。

A. 矩形柱　　B. 构造柱　　　　C. 框架柱　　　　D. 梯柱

3.1.1 习题答案

三、多选题

1. 手工绘制柱的主要命令有（　　）。

A. 点　　　B. 偏移　　　C. 智能布置　　　D. 镜像　　　E. 矩形

2. 若图纸中柱子存在偏心，可利用（　　）命令来调整柱位置。

A. 查改标注　B. 对齐　　C. 偏移　　　　D. 镜像　　　E. 旋转

3.1.2 梁工程量计算

工作任务

任务单：首层框架梁及非框架梁的混凝土及钢筋清单工程量计算。

3.1.2 梁工程量计算

任务单：

首层框架梁及非框架梁的混凝土及钢筋清单工程量计算

1. 任务背景

某工程首层梁配筋图见结施 12，通过结构设计说明及楼层表可知：混凝土强度等级为 C30，三级抗震设计，钢筋采用 HRB400。现项目部工程预算员接到监理指令，要求在规定时间内申报已完成首层框架梁及非框架梁的混凝土及钢筋工程量。利用工程量计算软件快速完成以上工作任务。

2. 任务分析

（1）资料准备

结构施工图、《混凝土结构施工图平面整体表示方法制图规则和构造详图（现浇混凝土框架、剪力墙、梁、板）》16G101-1、《房屋建筑与装饰工程工程量计算规范》GB 50854—2013。

（2）基础能力

1）构造与识图

通过识读施工图结施 12，可识读各种梁的集中标注信息，见表 3.1.2-1。

梁集中标注信息表 表 3.1.2-1

序号	名称	截面($b×h$)	上通长筋	下通长筋	侧面钢筋	箍筋	肢数
1	KL1(2A)	250×700	2Φ25			Φ6@100/200	2
2	KL2(2A)	250×700	2Φ20			Φ8@100/200	2
3	KL3(2A)	250×700	2Φ22			Φ8@100	2
4	KL4(2A)	250×700	2Φ25			Φ10@100/150	2
5	KL5(2A)	250×700	2Φ25			Φ10@100	2
6	KL6(2A)	250×700	2Φ22			Φ8@100	2
7	KL7(2A)	250×700	2Φ22			Φ8@100/150	2
8	KL8(2A)	250×700	2Φ18			Φ8@100/200	2
9	KL9(7B)	250×600	2Φ22			Φ6@100/200	2
10	KL10(7B)	250×600	2Φ20		N4Φ12	Φ6@100/200	2
11	KL11(7B)	250×600	2Φ22		G4Φ12	Φ6@100/200	2
12	L1(1A)	200×400	2Φ14	2Φ14		Φ6@100	2
13	L2(1)	200×400	2Φ14	2Φ14		Φ6@200	2
14	L3(1A)	250×500	2Φ14			Φ6@200	2
15	L4(1)	250×500	2Φ14	3Φ16		Φ6@200	2
16	L5(1A)	200×500	2Φ14			Φ6@200	2
17	L6(1)	250×500	2Φ16	2Φ25+1Φ20	N4Φ12	Φ8@200	2
18	L7(1)	200×500	2Φ14	2Φ18+2Φ14		Φ6@200	2
19	L8(1)	250×500	2Φ14	3Φ20		Φ6@200	2
20	L9(1)	250×500	2Φ16	4Φ20	N4Φ12	Φ8@100	2
21	L10(1)	200×500	2Φ14	3Φ14		Φ6@200	2
22	L11(1A)	200×500	2Φ14	2Φ14		Φ6@200	2
23	L12(1)	250×500	2Φ14	3Φ16		Φ6@200	2
24	L13(2)	200×400	2Φ14	2Φ14		Φ6@200	2
25	L14(1)	200×400	2Φ14	2Φ14		Φ6@200	2
26	L15(5B)	200×400	2Φ14	2Φ14		Φ6@100	2
27	L16(5B)	200×400	2Φ14	2Φ14		Φ6@100	2
28	L17(3A)	200×400	2Φ16			Φ6@200	2
29	L18(3A)	200×400	2Φ16	2Φ14		Φ6@200	2
30	L19(3A)	200×400	2Φ18			Φ6@200	2
31	L20(3A)	200×400	2Φ18			Φ6@200	2
32	L21(7B)	250×600	2Φ18		G4Φ12	Φ6@200	2
33	L22(1)	200×400	2Φ14	2Φ14		Φ6@200	2
34	L23(3A)	200×400	2Φ16	2Φ14		Φ6@200	2

续表

序号	名称	截面(b×h)	上通长筋	下通长筋	侧面钢筋	箍筋	肢数
35	L24(2)	250×600	2Φ14	2Φ20	G4Φ12	Φ6@200	2
36	L25(2B)	200×400	2Φ16	2Φ14		Φ6@200	2
37	L26(2B)	200×400	2Φ18			Φ6@200	2
38	L27(3A)	200×400	2Φ18			Φ6@200	2
39	L28(2)	250×600	2Φ16	3Φ22	G4Φ12	Φ6@200	2
40	XL1(1)	200×400	2Φ14	2Φ14		Φ6@100	2
41	XL2	200×400	2Φ14	2Φ14		Φ6@100	2
42	XL3	250×700	3Φ14	2Φ25+2Φ22	G4Φ12	Φ6@100	2
43	XL4	200×400	2Φ14	2Φ14		Φ6@100	2
44	XL5	200×400	2Φ16	2Φ14		Φ6@100	2

2）梁平法施工图的表示方法

梁类型有楼层框架梁、屋面框架梁、框支梁、非框架梁、悬挑梁等。梁平面布置图上采用平面注写方式或截面注写方式表达。

① 平面注写：在梁平面布置图上，分别在不同编号的梁中各选一根梁，在其上注写截面尺寸和配筋具体数值的方式来表达梁平法施工图，集中标注和原位标注如图 3.1.2-1 所示。

② 截面注写：在分标准层绘制的梁平面布置图上，分别在不同编号的梁中各选择一根梁用剖面号引出配筋图，并在其上注写截面尺寸和配筋具体数值的方式来表达梁平法施工图，详见《混凝土结构施工图平面整体表示方法制图规则和构造详图（现浇混凝土框架、剪力墙、梁、板）》16G101-1 第 38 页。

3）框架梁的软件输入格式及说明见表 3.1.2-2。

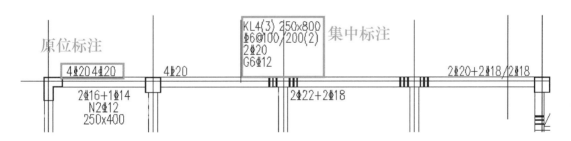

图 3.1.2-1 集中标注和原位标注示意

框架梁钢筋类型及软件输入方式　　　　　表 3.1.2-2

序号	输入格式	说明
1	2Φ16+2Φ20	数量＋级别＋直径,有不同的钢筋信息用"＋"连接,注写时将角部纵筋写在前面
2	6Φ20 4/2	当存在多排钢筋时,利用斜线"/"将各排钢筋自上而下分开
3	G4Φ12 或 N4Φ12	G 或 N＋数量＋级别＋直径
4	Φ10@100/150(4)	级别＋直径＋@＋间距＋肢数,加密间距和非加密间距用"/"分开,加密间距在前,非加密间距在后
5	4Φ18(-2)/2	当存在多排钢筋时,利用斜线"/"将各排钢筋自上而下分开。当有下部钢筋不全部伸入支座时,将不伸入的数量用(-数量)的形式来表示
6	4Φ18-2500	数量＋级别＋直径＋长度,长度表示支座筋伸入跨内的长度
7	4Φ20＋(2Φ16)	当有架立筋时,架立筋信息输在加号后面的括号中

（3）国标清单工程量计算规则

框架梁及非框架梁的清单计算规则，见表 3.1.2-3。

现浇混凝土梁清单计算规则   表 3.1.2-3

编号	项目名称	单位	计算规则
010505001	有梁板	m³	按设计图示尺寸以体积计算，有梁板（包括主梁、次梁与板）按梁、板体积之和计算

（4）软件计算规则应用

1）土建计算规则

通过点击"工程设置"选项卡，在"土建设置"面板中，点击"计算规则"命令，在弹出的窗口中点击"梁"，则可查看各种梁构件混凝土工程量的计算规则，一般情况下不进行修改，如图 3.1.2-2 所示。

图 3.1.2-2 梁混凝土工程量的计算规则

2）钢筋计算规则

通过点击"工程设置"选项卡，在"钢筋设置"面板中，点击"计算规则"命令，在弹出的窗口中点击"框架梁"，则可查看框架梁构件钢筋工程量的计算设置，一般情况下要按照图纸进行修改。特别注意，如修改，则涉及全楼修改，如图纸未进行特别说明，则按照软件默认设置，如图 3.1.2-3 所示。

图 3.1.2-3 框架梁钢筋工程量的计算规则

3. 任务实施

在"建模"选项卡下，在左侧导航树中点击"梁"→"梁"，如图 3.1.2-4 所示。

图 3.1.2-4 梁

（1）方法一：手工建模梁

手工建模梁的基本流程为：在"构件列表"中新建梁→在"属性列表"中修改梁属性→绘制梁→梁原位标注→梁的吊筋和次梁加筋。

1）新建梁

在"构件列表"中点击"新建"的下拉菜单，选择"新建矩形梁"，如图 3.1.2-5 所示。

2）修改梁属性

图 3.1.2-5 新建矩形梁

	属性名称	属性值
1	名称	KL11(7B)
2	结构类别	楼层框架梁
3	跨数量	7B
4	截面宽度(mm)	250
5	截面高度(mm)	600
6	轴线距梁左边…	(125)
7	箍筋	Φ6@100/200(2)
8	肢数	2
9	上部通长筋	2Φ22
10	下部通长筋	
11	侧面构造或受…	G4Φ12
12	拉筋	(Φ6)
13	定额类别	单梁

图 3.1.2-6 KL11 属性

以首层ⓒ轴上的 KL11 为例，通过识读图纸，在属性列表中输入相应的属性值，如图 3.1.2-6 所示。

3）绘制梁

梁在绘制时，一般按照先主梁后次梁、先上后下、先左后右的顺序进行，梁的绘制一般有五种命令：直线、对齐、智能布置、镜像、偏移。

① 直线

若梁是悬挑梁，可利用"绘图"面板中的"直线"命令完成绘制。"直线"命令为梁构件的默认绘制命令，如首先在"构件列表"中选择 KL1，点击"点加长度"前的复选框，在长度中输入"14400"，在反向长度中输入"600"，点击①轴与Ⓐ轴的交点，再点击①轴与ⓒ轴的交点，即可完成 KL1 的绘制，如图 3.1.2-7 所示。

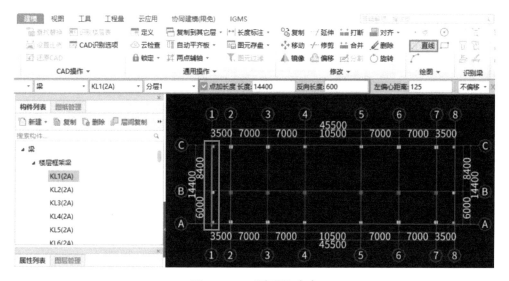

图 3.1.2-7 "直线"命令

② 智能布置

若梁在轴线上，可利用"梁二次编辑"面板中的"智能布置"命令完成绘制。如首层Ⓑ轴上方的 L21，则首先在"构件列表"中选择 L21；其次点击"智能布置"的下拉菜单，选择"轴线"；最后点选相应的轴线，即可完成此轴线上 L21 的绘制，如图 3.1.2-8 所示。

③ 对齐

梁按照"直线"命令或者"智能布置-轴线"命令绘制时，默认为居中绘制，而实际上，梁中心与轴线一般都存在偏心，都与框架柱一侧平齐，如 KL1，因此，可利用"修改"面板中的"对齐"命令进行修改，如图 3.1.2-9 所示。方法为先选择Ⓐ轴上任意柱的外侧边线，再选择梁外侧的边线，则对齐成功。

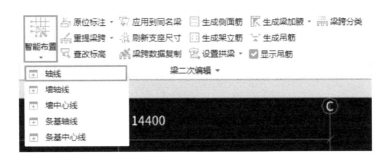

图 3.1.2-8 "智能布置-轴线"命令

图 3.1.2-9 "对齐"命令

④ 镜像

若图纸中有梁处于对称位置,可利用"修改"面板中的"镜像"命令完成绘制。如首层 L17、L19、L25、L27 是左右对称的,则可先绘制左侧的梁,然后框选绘制完成的梁,点击"镜像"命令,移动鼠标,当看见Ⓒ轴上、④~⑤之间出现△符号,点击此三角形,将鼠标继续下移,可以看到Ⓑ轴上、④~⑤之间再次出现一个黄色的三角形,如图 3.1.2-10 所示,点击此三角形,软件弹出"是否要删除原来的图元"的窗口,选择"否",右侧的梁全部布置成功。

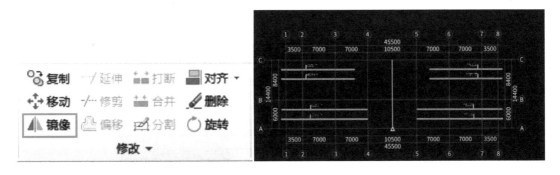

图 3.1.2-10 "镜像"命令

⑤ 偏移

若梁端点不在轴线的交点或其他捕捉点上,可采用偏移命令进行绘制,即"Shift+左键"的方法。具体方法为:将鼠标放在轴线的交点,同时按下"Shift+左键",在弹出的"输入偏移值"窗口中输入相应的数值,单击【确定】,这样就选定了第 1 个端点,再采用同样的方法,确定第 2 个端点,如图 3.1.2-11 所示。

图 3.1.2-11 "偏移" 命令

因本套图纸不涉及截面异形，弧形布置等特殊的梁，所以此部分为补充内容，请扫描二维码 3.1-5 进行学习。

4）梁原位标注

梁绘制完毕后，其信息只包含集中标注内容，还需将图纸中梁原位标注的信息进行输入。未进行原位标注的梁颜色默认为粉色，此时不能正确进行梁钢筋工程量的计算，需要进行原位标注颜色变绿后方能正确计算梁的钢筋工程量。

3. 1-5
绘制弧形梁

软件中，一般采用"梁二次编辑"面板中的两种方式来提取梁跨：一种是"原位标注"命令；另一种是"平法表格"命令，如图 3.1.2-12 所示。

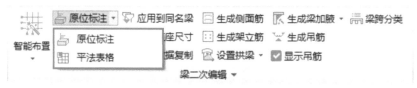

图 3.1.2-12 梁原位标注和平法表格

① 方式一："原位标注"

以①轴的 KL1 为例，介绍梁的原位标注输入。

首先，在"梁二次编辑"面板中点击"原位标注"命令，鼠标左键单击 KL1，梁的四周将出现原位标注的输入框；其次，按照顺序，在"0 跨下部筋"输入相应数据，如图 3.1.2-13 所示，之后按"Enter"键确定，跳到下一项，继续输入，直到此根梁所有原位标注输入完毕。

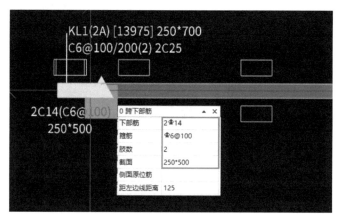

图 3.1.2-13 梁原位标注

② 方式二："平法表格"

以ⓒ轴的 KL11 为例，介绍梁的平法表格输入。

在"梁二次编辑"面板中点击"平法表格"命令，鼠标左键单击 KL11，屏幕下方会出现梁平法表格，则可根据图纸信息，在表格中输入钢筋数据，如图 3.1.2-14 所示。

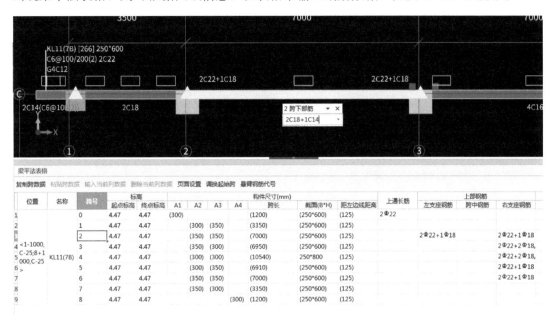

图 3.1.2-14 梁平法表格

注意：对于图纸中没有原位标注的梁，如一些次梁，可先点击"原位标注"命令，用鼠标左键选择相应的梁，再单击鼠标右键，则可直接完成梁的提取。也可以通过"梁二次编辑"面板中"重提梁跨"命令来直接完成梁的提取。如图 3.1.2-15 所示。

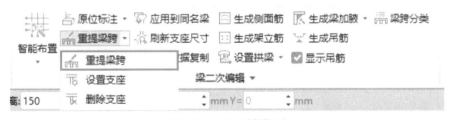

图 3.1.2-15 重提梁跨

"梁跨数据复制"的方法为补充内容，请扫描二维码 3.1-6 进行学习。

5）梁的吊筋和次梁加筋

通过识读施工图结施 12 的图纸说明可知：遇次梁主梁箍筋加密处每边各 3 根，直径及肢数见主梁箍筋，具体操作方法如下：

首先，在"梁二次编辑"面板中单击"生成吊筋"命令，如图 3.1.2-16 所示。

3.1-6 梁跨数据复制

然后，在弹出的"生成吊筋"窗口中，根据图纸选择"生成位置"，并输入次梁加筋的数量，选择相应楼层，单击【确定】，即可完成次梁加筋的生成，如图 3.1.2-17 所示。

（2）方法二：CAD 识别梁

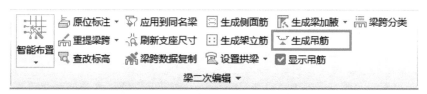

图 3.1.2-16 梁"生成吊筋"命令

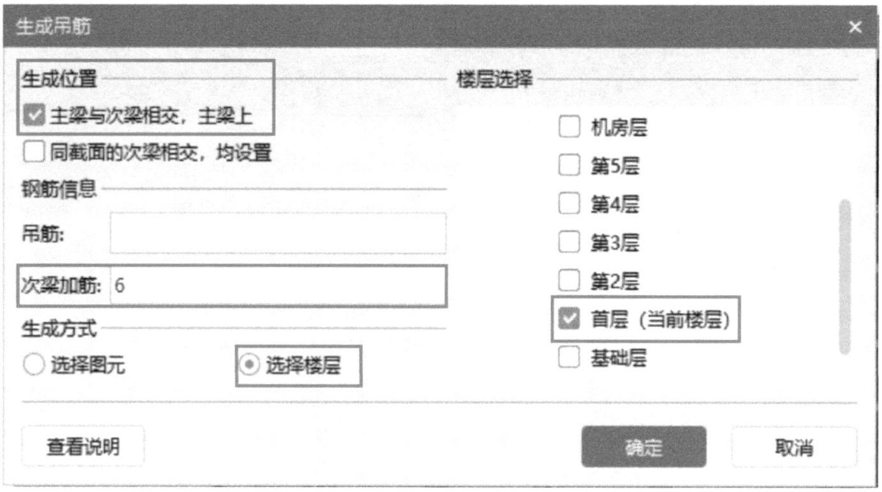

图 3.1.2-17 生成次梁加筋

CAD 识别梁的基本流程为：选择图纸→识别梁→识别吊筋。

1）选择图纸

在"图纸管理"中，选择"4.470m 梁配筋图"。

2）识别梁

在梁的支座（柱、剪力墙）等构件识别完毕后，方可进行识别梁的操作。"识别梁"的基本流程为：点击"识别梁"面板中的"识别梁"命令，如图 3.1.2-18 所示，按照"提取边线"→"提取标注"→"识别梁"→"编辑支座"→"识别原位标注"的基本流程，根据需求选择"自动识别""框选识别"或"点选识别"，完成梁及其原位标注的识别。

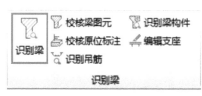

图 3.1.2-18 识别梁

具体流程为：第一步点击"提取边线"命令，选择梁边线，如图 3.1.2-19 所示，右键确认，可以看见梁边线消失则代表提取成功；第二步点击"自动提取标注"命令，选择所有标注，如图 3.1.2-20 所示，右键确认，可以看见所有标注消失则代表提取成功；第三步点击"点选识别梁"命令，下拉选择自动识别梁，弹出梁识别选项窗口如图 3.1.2-21 所示，核对信息无误后点击继续；第四步弹出校核梁图元窗口，如图 3.1.2-22 所示，依次双击错误的梁跨，手动进行修改，并进行刷新，直到没有错误梁跨；第五步点击"自动识别原位标注"命令，如图 3.1.2-23 所示，则可识别所有梁原位标注信息，点击后根据错误提示信息对错误的梁原位标注进行校核修改。

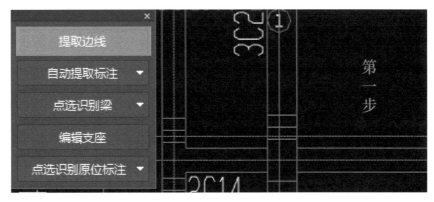

图 3.1.2-19 "提取边线"命令

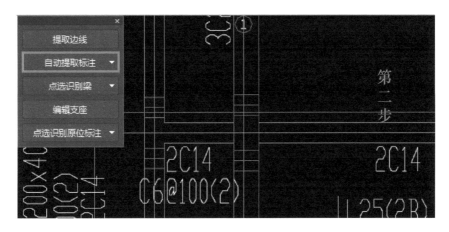

图 3.1.2-20 "自动提取原位标注"命令

图 3.1.2-21 "自动识别梁"命令

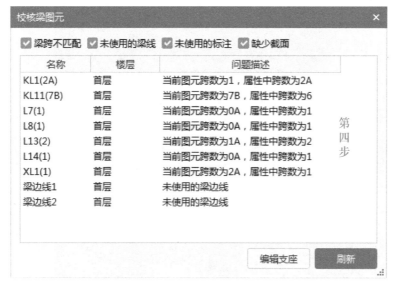

图 3.1.2-22　"校核梁图元"命令

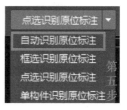

图 3.1.2-23　"自动识别原位标注"命令

在使用识别功能进行梁识别时可能会存在识别梁跨数据不正确的情况，此时需要我们根据情况进行梁跨数据的修改，具体请扫描二维码 3.1-7 学习设置支座及删除支座相关内容。

3.1-7
设置及删除
支座

3）识别吊筋

对于图纸中绘制了吊筋和次梁加筋，则可以使用"识别吊筋"功能，对 CAD 图中的吊筋、次梁加筋进行识别。"识别吊筋"的基本流程为：点击"识别梁"面板中的"识别吊筋"命令，如图 3.1.2-24 所示，按照"提取钢筋和标注"→"自动识别"/"框选识别"/"点选识别"的基本流程，完成吊筋的识别。

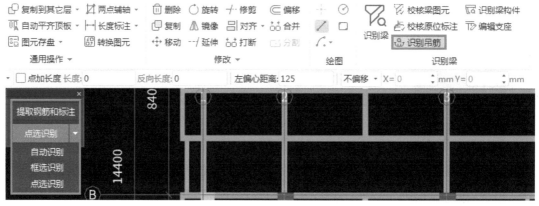

图 3.1.2-24　梁"识别吊筋"命令

具体流程为：第一步点击"提取钢筋线和标注"命令，选择吊筋及次梁加筋，如图 3.1.2-25 所示，右键确认，可以看见吊筋线消失则代表提取成功；第二步点击"自动识别"命令，如图 3.1.2-26 所示，弹出识别吊筋窗口，如图 3.1.2-27 所示，输入无标注的吊筋和次梁加筋信息，点击【确定】，软件自动完成吊筋识别后，弹出"识别吊筋（次梁加筋）完成"的提示，如图 3.1.2-28 所示，点击【确定】即可完成吊筋信息的识别。

图 3.1.2-25 "提取钢筋线和标注"命令

图 3.1.2-26 识别吊筋信息

图 3.1.2-27 输入吊筋信息

图 3.1.2-28 识别吊筋完成

首层所有框架梁识别完毕后，可点击"动态观察"命令，查看梁的三维图，如图 3.1.2-29 所示。

此步骤结束后，在"构件列表"一栏，可查看所有提取的梁构件，在"属性列表"一栏，可查看每种梁的集中标注属性，点击梁则可查看梁原位标注信息。

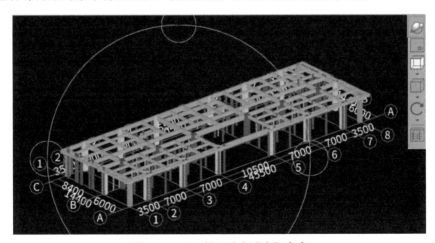

图 3.1.2-29 梁"动态观察"命令

4. 清单套用

框架梁及非框架的混凝土清单如图 3.1.2-30 所示。

5. 汇总梁工程量

（1）梁清单工程量

图 3.1.2-30　"有梁板"混凝土清单

首层框架梁及非框架的清单工程量，见表 3.1.2-4。

梁清单汇总表　　　　　　　　　　　　　　　　表 3.1.2-4

序号	编码	项目名称	单位	工程量明细
		实体项目		
1	010505001001	有梁板 1. 混凝土种类:现浇混凝土 2. 混凝土强度等级:C30	m³	71.4558

（2）梁钢筋工程量

首层框架梁及非框架的钢筋工程量，见表 3.1.2-5。

梁钢筋工程量　　　　　　　　　　　　　　　　表 3.1.2-5

汇总信息	汇总信息钢筋总重(kg)	构件名称	构件数量	HPB300	HRB400
梁	12674.996	KL1(2A)	1	4.2	334.628
		KL2(2A)	1	6	520.798
		KL3(2A)	1	11.7	647.742
		KL4(2A)	1	10.7	700.798
		KL5(2A)	1	14.6	783.832
		KL6(2A)	1	11.7	669.548
		KL7(2A)	1	5.4	556.245
		KL8(2A)	1	4.2	385.732
		KL9(7B)	1	23.6	910.742
		KL10(7B)	1	27	1250.407
		KL11(7B)	1	27	1191.228
		L1(1A)	2		124.021
		L2(1)	1		44.134
		L3(1A)	1		63.784
		L4(1)	1		61.698
		L5(1A)	2		119.646
		L6(1)	1	3.2	140.371
		L7(1)	1		70.946
		L8(1)	1		81.108
		L9(1)	1	6	158.158
		L10(1)	1		53.652

汇总信息	汇总信息钢筋 总重(kg)	构件名称	构件数量	HPB300	HRB400
梁	12674.996	L11(1A)	1		51.388
		L12(1)	1		61.698
		L13(2)	1		29.97
		L14(1)	1		44.134
		L15(5B)	1		172.581
		L16(5B)	1		171.776
		L17(3A)	1		152.015
		L18(3A)	1		145.796
		L19(3A)	1		176.695
		L20(3A)	1		166.364
		L21(7B)	1	25.8	1008.795
		L22(1)	1		10.515
		L23(3A)	1		141.41
		L24(1)	1	5.4	152.637
		L25(2B)	1		149.28
		L26(2B)	1		186.112
		L27(2B)	1		179.692
		L28(1)	1	5.4	203.933
		XL1	1		20.532
		XL2	2		13.261
		XL3	1	8.4	243.186
		XL4	1		15.896
		XL5	1		22.982
		TL2	4		68.366
		合计	47	200.3	12389.866

总结拓展

1. 梁构件绘制过程

梁构件的绘制一般按照"定义"→"绘制"→输入原位标注（提取梁跨）的顺序进行。梁的标注包括集中标注和原位标注。定义构件时，在属性中输入梁的集中标注信息，绘制完毕后，通过原位标注信息的输入来确定梁的信息。

2. 梁的绘制顺序及旋转屏幕

可以采用"先横向再纵向、先框架梁再次梁"的绘制顺序，以免出现遗漏，也可以点击"视图"选项卡，在"操作"面板中，点击"顺旋转90°"或其下拉菜单，旋转屏幕，如图 3.1.2-31 所示。

图 3.1.2-31　旋转屏幕

3. 梁原位标注注意事项

梁绘制完毕后，如果其支座和次梁都已经确定，则可以进行原位标注的输入；如果与其他梁相交，或者存在次梁的情况，则需要先绘制相关的梁，再进行原位标注的输入。

4. 梁的原位标注和平法表格的区别

使用"原位标注"命令，可以在绘图区梁图元的位置输入原位标注的钢筋信息，也可以在下方显示的表格中输入原位标注信息；使用"梁平法表格"命令时只显示下方的表格，不显示绘图区的输入框。

5. 捕捉点的设置

利用点画、直线还是其他的绘制方式，都需要捕捉绘图区的点，以确定点的位置和线的端点。软件提供了多种类型点的捕捉，可以点击"工具"选项卡，在"选项"面板中，点击"选项"命令，在弹出的窗口中选择"对象捕捉"进行设置，如图 3.1.2-32 所示，也可以绘图时在屏幕下方的"捕捉工具栏"中直接选择要捕捉的点类型，方便绘制图元时选取点，如图 3.1.2-33 所示。

图 3.1.2-32　"对象捕捉"选项设置

图 3.1.2-33　捕捉工具栏

7. 变截面梁的绘制

本套图纸中的变截面梁的绘制方法，请扫二维码 3.1-拓 3 进行学习。

6. 悬挑梁的绘制

因本套图纸不涉及悬挑梁，此部分为拓展内容，请扫二维码 3.1-拓 2 进行学习。

3.1-拓2 绘制悬挑梁图元

3.1-拓3 绘制变截面梁图元

课后练习题

一、单选题

1. 根据《房屋建筑与装饰工程工程量计算规范》GB 50854—2013，以下不属于现浇混凝土梁的是（ ）。

A. 矩形梁 B. 基础梁 C. 过梁 D. 异形梁

2. 梁平面注写方式中包括集中标注和原位标注，施工时哪种标注优先？（ ）

A. 原位标注 B. 集中标注 C. 均可 D. 无相关规定

3. 关于现浇混凝土梁工程量计算，下列说法不正确的是（ ）。

A. 应扣除构件内钢筋铁件的体积

B. 梁与柱连接时，梁长算至柱的侧面

C. 次梁与主梁连接时，次梁长算至主梁的侧面

D. 伸入墙内的梁头、梁垫体积并入梁体积内计算

**3.1.2
习题答案**

4. 在软件中"识别梁"的基本步骤为（ ）。

A. 提取边线→提取标注→识别梁→识别原位标注

B. 提取边线→识别梁→提取标注→识别原位标注

C. 提取边线→提取标注→识别原位标注→识别梁

D. 提取标注→提取边线→识别梁→识别原位标注

5. 连梁在软件中属于（ ）构件类型。

A. 墙 B. 门窗洞 C. 梁 D. 柱

6. 软件不能自动识别（ ）构件为梁的支座。

A. 砖墙 B. 框架梁 C. 柱 D. 非框架梁

7. 下列（ ）表示框架梁的代号。

A. KL B. KZL C. JZL D. WKL

8. 梁中同排纵筋直径有两种时，用（ ）符号将两种纵筋相连，注写时将角部纵筋写在前面。

A. / B. ; C. * D. +

9. 什么情况下须在梁中配置纵向构造筋？（ ）

A. 梁腹板高度 $h_w \geqslant 650$ B. 梁腹板高度 $h_w \geqslant 550$

C. 梁腹板高度 $h_w \geqslant 450$ D. 梁腹板高度 $h_w \geqslant 350$

10. 当梁上部纵筋多余一排时，用（ ）符号将各排钢筋自上而下分开。

A. / B. ; C. * D. +

3.1.3　板工程量计算

工作任务

任务单：首层板的混凝土及钢筋清单工程量计算。

3.1.3　板工程量计算

任务单：

首层板的混凝土及钢筋清单工程量计算

1. 任务背景

某工程首层板结构布置图见结施 17，通过结构设计说明及楼层表可知：混凝土强度等级为 C30，三级抗震设计，钢筋采用 HRB400。现项目部工程预算员接到监理指令，要求在规定时间内申报已完成板的混凝土及钢筋工程量。利用工程量计算软件快速完成以上工作任务。

2. 任务分析

（1）资料准备

结构施工图、《混凝土结构施工图平面整体表示方法制图规则和构造详图（现浇混凝土框架、剪力墙、梁、板）》16G101-1、《房屋建筑与装饰工程工程量计算规范》GB 50854—2013。

（2）基础能力

1）构造与识图

通过识读施工图结施 17，可识读板的基本信息，见表 3.1.3-1。

板识图信息表　　　　　　　　　　　　　　　　　　　表 3.1.3-1

序号	项目	信息内容
1	混凝土材料	板采用 C30 混凝土
2	钢筋材料	钢筋采用 HRB400
3	钢筋	板钢筋采用双层双向(Φ8@200)拉通布置，图中所示额外加筋为洞边加强筋
4	板厚	未注明板厚均为 100mm，图中有单独注写的板块厚度为 120mm
5	其他	卫生间楼板降板 50mm

2）板的平法识图

板受力钢筋采用双层双向（Φ8@200），即本层板块内布置的钢筋均为双层（即 B&T）双向（即 X&Y）拉通布置，使用平法注写亦可写作 B&T：X&Y Φ8@200。

（3）国标清单工程量计算规则

板的清单计算规则，见表 3.1.3-2。

现浇混凝板清单计算规则　　　　　　　　　　　　　表 3.1.3-2

编号	项目名称	单位	计算规则
010505001	有梁板	m^3	按设计图示尺寸以体积计算，不扣除单个面积≤0.3m^2 的柱、垛以及孔洞所占的面积。各类板伸入墙内的板头并入板体积内，薄壳板的肋、基梁并入薄壳体积内计算

（4）软件计算规则应用

1）土建计算规则

通过点击"工程设置"选项卡，在"土建设置"面板中，点击"计算规则"命令，在弹出的窗口中点击"板"，则可查看各种板相关构件混凝土工程量的计算规则，一般情况下不进行修改，如图 3.1.3-1 所示。

图 3.1.3-1　板混凝土工程量的计算规则

2）钢筋计算规则

通过点击"工程设置"选项卡，在"钢筋设置"面板中，点击"计算设置"命令，在弹出的窗口中点击"板"，则可查看各种板构件钢筋工程量的计算设置，一般情况下要按照图纸进行修改，特别是板分布钢筋、板洞相关钢筋、钢筋标注长度位置等有关数据要与图纸一致，如图 3.1.3-2 所示。

3. 任务实施

在"建模"选项卡下，在左侧导航树中点击"板"→"现浇板"，如图 3.1.3-3 所示。

（1）方法一：手工建模板

手工建模板的基本流程为：在"构件列表"中"新建现浇板"→在"属性列表"中修改板属性→绘制板→绘制板钢筋。

1）新建现浇板

在"构件列表"中点击"新建"后的下拉菜单，选择"新建现浇板"，如图 3.1.3-4 所示。

2）修改板属性

由结施 17 的图纸说明可知，未注明的板厚为 100mm。以"100 厚"的板为例，在属性列表中输入相应的属性值，若图纸上对板标高有特殊说明，则可修改"顶标高"一栏，如图 3.1.3-5 所示。

3）绘制板

绘制板有四种主要命令：点、直线、矩形、智能布置。

① 点

图 3.1.3-2　板钢筋工程量的计算规则

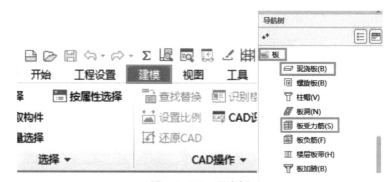

图 3.1.3-3　现浇板

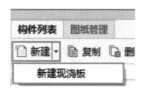

图 3.1.3-4　新建现浇板

在剪力墙或梁等线性构件的封闭区域内绘制板，可利用"绘图"面板中的"点"命令完成绘制，如图 3.1.3-6 所示。若在非封闭区域使用"点"命令布置，则会弹出"检测封闭区域"的窗口，如图 3.1.3-7 所示。

② 直线和矩形

图 3.1.3-5 100mm 板厚的属性

图 3.1.3-6 "点"命令

图 3.1.3-7 检测封闭区域提示

在未能实现线性封闭区域内绘制板，可利用"直线"和"矩形"绘制命令，如楼层边缘板或悬挑板等。"直线"命令如图 3.1.3-8 所示，绘制过程为依次点击板边角点，且能够实现最终角点的自动闭合；"矩形"命令如图 3.1.3-9 所示，绘制时需捕捉板边的两个对角点，仅适用于矩形板的绘制。

图 3.1.3-8 "直线"命令

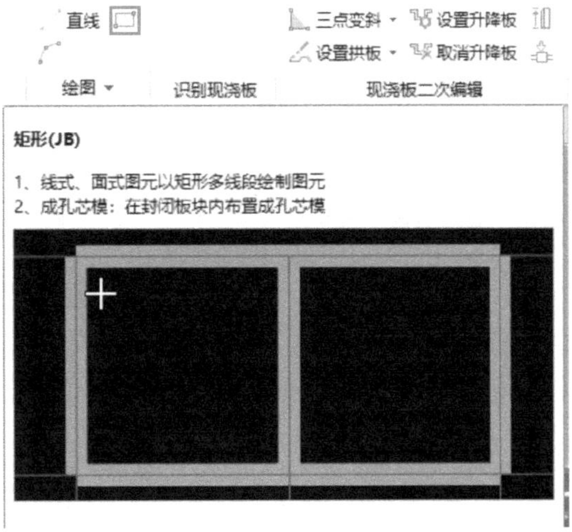

图 3.1.3-9 "矩形"命令

③ 智能布置

若某区域内板块边缘的墙梁或者梁已全部沿轴线布置完毕，还可利用"板二次编辑"面板中的"智能布置"命令绘制板，如图 3.1.3-10 所示。

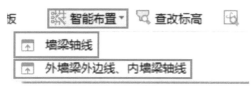

图 3.1.3-10　"智能布置"命令

4）绘制板钢筋

① 定义

根据图纸可知，首层板为双层双向钢筋，钢筋信息为 $\Phi 8@200$。因此，在"建模"选项卡下，在左侧导航树中点击"板"→"板受力筋"，如图 3.1.3-3 所示。之后，在"构件列表"中点击"新建"后的下拉菜单，选择"新建板受力筋"，在"属性列表"中依次输入钢筋属性相关信息，图 3.1.3-11 所示，同时注意区分底筋与面筋。

② 绘制

绘制时，首先在"板受力筋二次编辑"面板中点击"布置受力筋"命令，如图 3.1.3-12 所示；再在下方工具条中选择布置受力筋方式，钢筋范围选项工具条有："单板""多板""自定义""按受力筋范围"四种命令，钢筋布置方向选项工具条有"XY 方向""水平""垂直""两点"等，如图 3.1.3-13 所示。

以双层双向受力筋为例，首先选择"多板"命令，再选择"XY 方向"的布置命令，在弹出的"智能布置"窗口中选择"双网双向布置"，在"钢筋信息"中输入钢筋信息或在下拉菜单中选择"C8-200"，如图 3.1.3-14 所示，最后点选需要布筋的板，即可完成受力筋的绘制。

图 3.1.3-11　板受力筋
构件列表及属性

图 3.1.3-12　"布置受力筋"命令

另外，"板负筋"和"跨板受力筋"在本工程未涉及，请扫描二维码 3.1-8、3.1-9 进行补充学习。

3.1-8　板负筋

3.1-9　跨板受力筋

| 板受力筋 | C8-200 | 分层板1 | ◉ 单板 ○ 多板 ○ 自定义 ○ 按受力筋范围 | ○ XY方向 ○ 水平 ○ 垂直 | ○ 两点 ○ 平行边 ○ 弧线边布置放射筋 ○ 圆心布置放射筋 |

图 3.1.3-13　绘制板受力筋工具条

（2）方法二：CAD 识别板

CAD 识别板的基本流程为：选择图纸→识别板→识别板钢筋。

1）选择图纸

在"图纸管理"中，选择"4.470m 结构平面布置图"。

2）识别板

"识别板"的基本流程为：点击"识别现浇板"面板中"识别板"命令，如图 3.1.3-15 所示，按照"提取板标识"→"提取板洞线"→"自动识别板"的基本流程，完成首层板的识别。

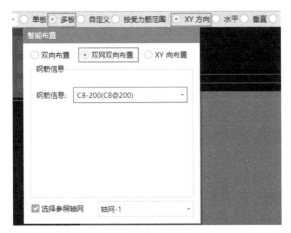

图 3.1.3-14 绘制板受力筋工具条

图 3.1.3-15 识别板

具体流程为：第一步点击"提取板标识"命令，选择板标识，如图 3.1.3-16 所示，右键确认，可以看见板标识消失则代表提取成功；第二步点击"提取板洞线"命令，选择所有板洞线，如图 3.1.3-17 所示，右键确认，可以看见所有板洞线消失则代表提取成功；第三步点击"自动识别板"命令，如图 3.1.3-18 所示，在弹出的窗口"识别板选项"执行默认勾选，点击【确定】，在弹出的窗口"识别板选项"中补充无标注板厚，如图 3.1.3-19 所示，点击【确定】，即可识别所有板。

此步骤结束后，在"构件列表"一栏，可查看所有提取的板构件；在"属性列表"一栏，可查看每种板构件的属性。

图 3.1.3-16 提取板标识

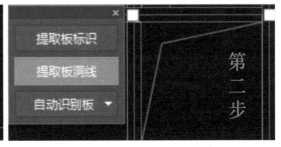

图 3.1.3-17 提取板洞线

图 3.1.3-18 自动识别板

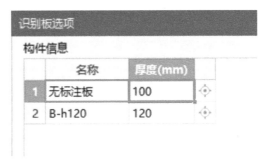

图 3.1.3-19 修改无标注板厚

3）识别板受力筋

通过"识别板"的命令，完成板的识别后，需再通过"识别板受力筋"命令，将板受力筋绘制到软件中。

"识别板受力筋"的基本流程为：点击"识别板受力筋"命令，按照"提取板筋线"→"提取板筋标注"→"自动识别板筋"的基本流程，完成板受力筋的识别绘制。

"识别板受力筋"具体流程为：第一步点击"提取板筋线"命令，选择板筋线，如图3.1.3-20所示，右键确认，可以看见板筋线消失则代表提取成功；第二步点击"提取板筋标注"命令，选择所有板筋标注，如图3.1.3-21所示，右键确认，可以看见所有板筋标注消失则代表提取成功；第三步点击"自动识别板筋"命令，如图3.1.3-22所示，在弹出的窗口"识别板筋选项"中逐项核对板受力筋信息，点击【确定】，如图3.1.3-23所示，在弹出的窗口"自动识别板筋"中修改钢筋信息，如图3.1.3-24所示，再点击【确定】，即可完成板受力筋的识别绘制。

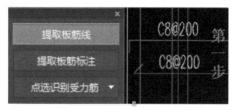

图 3.1.3-20　提取板筋线

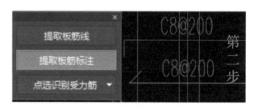

图 3.1.3-21　提取板筋标注

图 3.1.3-22　自动识别受力筋

图 3.1.3-23　识别板筋选项

图 3.1.3-24　识别板筋选项

4. 清单套用

现浇板的混凝土清单如图3.1.3-25所示。

5. 汇总板工程量

（1）板清单工程量

首层现浇板的清单工程量，见表3.1.3-3。

（2）板钢筋工程量

首层现浇板的钢筋工程量，见表3.1.3-4。

图 3.1.3-25 "有梁板"混凝土清单

板清单汇总表 表 3.1.3-3

序号	编码	项目名称	单位	工程量明细
		实体项目		
1	010505001001	有梁板 1. 混凝土种类:商品泵送混凝土 2. 混凝土强度等级:C30	m³	121.5027

板钢筋工程量 表 3.1.3-4

汇总信息	汇总信息钢筋 总重(kg)	构件名称	构件数量	HPB300	HRB400
板受力筋	4687.412	B-100	14		4159.782
		B-120	3		527.63
		合计	17		4687.412

总结拓展

1. 查改标高

若某区域内板块标高与楼层标高不同,如本工程结施 17 图纸说明中第 3 点卫生间楼板降板 50mm,可利用"板二次编辑"面板中的"查改标高"命令完成指定板块标高的修改,如图 3.1.3-26 所示。

2. 显示与隐藏板图元及板名称

为了与图纸核对或者其他特殊需要,我们常常需要修改构件图元及其名称的显示状态,通过快捷键来调整构件图元的显示状态,如点击键盘"B"键,调整板图元的显示状态,通过点击键盘"Shift+B"键,调整板名称的显示状态。

3. 绘制弧形板图元

因本套图纸不涉及弧形板,所以此部分为补充内容,请扫描二维码 3.1-10 进行学习。

图 3.1.3-26 "查改标高"命令

4. 绘制坡屋面相关图元

因本套图纸不涉及坡屋面相关图元,此部分为拓展内容,请扫二维码 3.1-拓 4 进行学习。

3.1-10 绘制弧形板

3.1-拓 4 绘制坡屋顶相关图元

课后练习题

一、判断题

1. 现浇板计算工程量时，只计算投影面积即可。 （　　）

2. 计算现浇板混凝土工程量时不扣除板与柱交界处的体积。 （　　）

3. 软件中绘制现浇板可以任意调整板块分区。 （　　）

4. 板受力筋可以绘制在没有板块的区域内。 （　　）

二、多选题

1. 根据《房屋建筑与装饰工程工程量计算规范》GB 50854—2013，将现浇混凝土板分为（　　）。

A. 平板　　　B. 有梁板　　　C. 无梁板　　　D. 拱形板　　　E. 弧形板

2. 现浇板的计算规则为：按设计图示尺寸以体积计算，不扣除（　　）。

A. 构件内钢筋　　　　　　　B. 预埋铁件所占体积

C. 板洞　　　　　　　　　　D. 板与构件交接处

E. $0.3m^2$ 以内的孔洞

3. "识别板受力筋"的基本步骤是（　　）。

A. 提取板筋线→提取板筋标识→自动识别板受力筋

B. 提取板筋标识→提取板筋线→自动识别板受力筋

C. 提取板筋线→自动识别板受力筋→提取板筋标识

D. 提取板筋标识→提取板筋线→点选识别板受力筋

E. 提取板筋线→提取板筋标识→点选识别板受力筋

4. 现浇板的绘制方式有（　　）。

A. 点　　　　B. 直线　　　　C. 矩形　　　　D. 圆形　　　　E. 弧形

3.1.3
习题答案

3.1.4　楼梯工程量计算

工作任务

任务单： 首层楼梯 1（−0.030～4.470m）的混凝土清单工程量计算。

3.1.4　楼梯工程量计算

任务单：

首层楼梯 1（−0.030～4.470m）的混凝土清单工程量计算

1. 任务背景

某工程楼梯 1（LT-1）结构详图见结施 22，通过结构设计说明可知：混凝土强度等级为 C30，三级抗震设计。现项目部工程预算员接到监理指令，要求在规定时间内申报已完成首层楼梯 1（−0.030～4.470m）的混凝土清单工程量。利用工程量计算软件快速完成以上工作任务。

2. 任务分析

（1）资料准备

结构施工图、《混凝土结构施工图平面整体表示方法制图规则和构造详图（现浇混凝土板式楼梯）》16G101-2、《房屋建筑与装饰工程工程量计算规范》GB 50854—2013。

（2）基础能力

构造与识图

通过识读施工图结施 22，可识读首层楼梯 1（－0.030～4.470m）的基本信息：平台板厚 100mm，TL1：200mm×400mm，梯段 ATb1 信息见表 3.1.4-1。

梯段 ATb1 信息   表 3.1.4-1

序号	类型	数量(个)	踏步高度(mm)	踏步级数(级)	踏步段总高度(mm)
1	ATb1	2	150	14	2250

（3）国标清单工程量计算规则

楼梯的清单计算规则，见表 3.1.4-2。

现浇混凝楼梯及清单计算规则   表 3.1.4-2

编号	项目名称	单位	计算规则
010506001	直行楼梯	m²	以平方米计量,按设计图示尺寸以水平投影面积计算。不扣除宽度≤500mm 的楼梯井,伸入墙内部分不计算

（4）软件计算规则应用

土建计算规则

通过点击"工程设置"选项卡，在"土建设置"面板中，点击"计算规则"命令，在弹出的窗口中点击"楼梯"，则可查看各种楼梯相关构件混凝土工程量的计算规则，需要按照现行的清单工程量计算规则进行修改，如图 3.1.4-1 所示。

3. 任务实施

在"建模"选项卡下，在左侧导航树中点击"楼梯"→"楼梯"，如图 3.1.4-2 所示。

（1）方法一：新建楼梯

新建楼梯的基本流程为：在"构件列表"中新建楼梯→修改楼梯属性→绘制楼梯。

1）新建楼梯

在"构件列表"中点击"新建"的下拉菜单，选择"新建楼梯"，如图 3.1.4-3 所示。

2）修改楼梯属性

软件中默认的楼梯名称与图纸一致，所以可不用修改名称，如图 3.1.4-4 所示。

3）绘制楼梯

绘制楼梯有三种主要命令：点、直线、矩形。

① 点

若已利用墙体和虚墙等形成封闭区域，可在楼梯"绘图"面板中选择"点"命令，如图 3.1.4-5 所示，完成楼梯图元绘制。具体操作如下：首先，以④轴与ⓒ轴的交点为基准点，利用"Shift＋左键"命令绘制虚墙，如图 3.1.4-6 所示；其次，选择"点"命令，点击封闭区域，布置楼梯；最后，选中楼梯，点击并拖动楼梯每条边，使其位于正确位置，如图 3.1.4-7 所示。

图 3.1.4-1　楼梯混凝土工程量的计算规则

图 3.1.4-2　楼梯

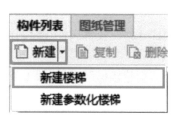

图 3.1.4-3　新建楼梯

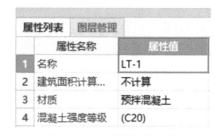

图 3.1.4-4　楼梯属性列表

图 3.1.4-5　绘制
楼梯的命令

② 直线及矩形

若不绘制虚墙，可在楼梯"绘图"面板中选择"直线"或"矩形"命令，如图 3.1.4-5 所示，配合"Shift＋左键"命令，完成楼梯的绘制。

（2）方法二：新建参数化楼梯

新建参数化楼梯的基本流程为：在"构件列表"中新建参数化楼梯→在参数化弹窗选项中修改楼梯属性→绘制楼梯。

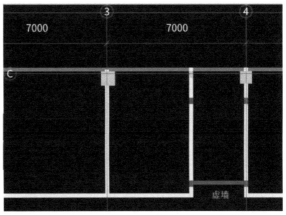

图 3.1.4-6 绘制虚墙

1）新建参数化楼梯

在"构件列表"中点击"新建"的下拉菜单，选择"新建参数化楼梯"，如图 3.1.4-8 所示。

2）修改楼梯参数属性

在弹出的"选择参数化图形"窗口中，首先选择"参数化截面类型"，如本图纸选择"标准双跑"，如图 3.1.4-9 所示；再对照结施 22，在属性窗口依次修改楼梯属性（本教材不涉及楼梯钢筋，因此未输入钢筋数据），如图 3.1.4-10 所示，实现参数化图元与设计图纸的对应。

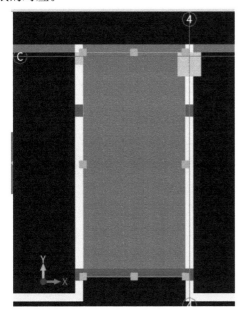

图 3.1.4-7 调整楼梯边界

图 3.1.4-8 新建参数化楼梯

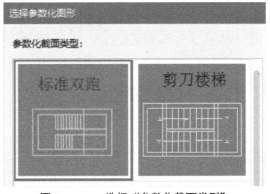

图 3.1.4-9 选择"参数化截面类型"

3）绘制楼梯

绘制参数化楼梯仅有一种可执行命令：点。

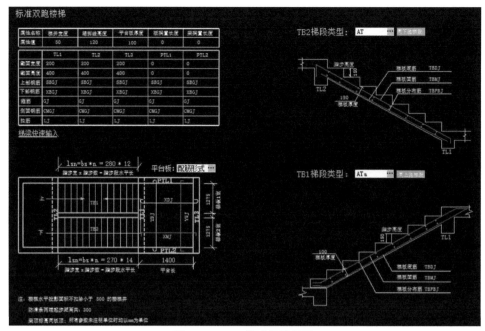

图 3.1.4-10　修改楼梯属性

在已经完善参数化楼梯属性的基础上，使用"点"命令放置参数化楼梯，可使用"F4"命令切换插入点，可配合"Shift＋左键"命令、"旋转"命令、"旋转点 角度"命令等，配合放置参数化楼梯。若发现楼梯属性有误，可在楼梯的属性列表中"截面形状"一栏，点击"三点展开按钮"，调出并编辑参数化楼梯属性，如图 3.1.4-11 所示。

	属性名称	属性值
1	名称	LT-1
2	截面形状	标准双跑 ⋯
3	栏杆扶手设置	按默认
4	建筑面积计算…	不计算
5	材质	预拌混凝土

图 3.1.4-11　修改参数化楼梯属性

4. 清单套用

楼梯的混凝土清单如图 3.1.4-12 所示。

	编码	类别	名称	项目特征	单位	工程量表达式	表达式说明
1	010506001001	项	直形楼梯	1. 混凝土种类:商品混凝土 2. 混凝土强度等级:C30	m²	TYMJ	TYMJ〈水平投影面积〉

图 3.1.4-12　"直形楼梯"混凝土清单

5. 汇总楼梯工程量

楼梯（LT-1）的清单工程量，见表 3.1.4-3。

楼梯清单汇总表　　　　　　　　　　　　　　　　　　　表 3.1.4-3

序号	编码	项目名称	单位	工程量明细
实体项目				
1	010506001001	直形楼梯 1. 混凝土种类:商品混凝土 2. 混凝土强度等级:C30	m²	13.952

总结拓展

1. 楼梯栏杆扶手

若需计算楼梯栏杆扶手工程量，可以在楼梯属性编辑器中，设置对应栏杆扶手的属性如图 3.1.4-13 所示，套用相应清单做法如图 3.1.4-14 所示。

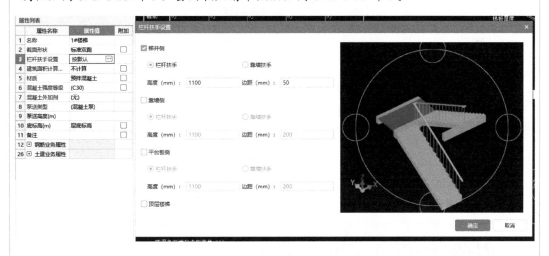

图 3.1.4-13　楼梯栏杆扶手设置

图 3.1.4-14　楼梯栏杆扶手做法套用

2. 楼梯装饰及踢脚线

若需计算楼梯面层装饰、底板抹灰及踢脚线等装饰做法工程量，可选中参数化楼梯，点击右键，选择"查看工程量"，在弹出的窗口中可以查看与构件相关的工程量，如图 3.1.4-15 所示。具体项目特征描述，可参照本教材"3.2.4 室内装修工程计算"相应内容进行，并在清单套用的界面上修改其"工程量表达式"，如图 3.1.4-16。

楼层	混凝土强度等级	工程量名称													
		水平投影面积(m2)	体积(m3)	底部抹灰面积(m2)	梯段侧面面积(m2)	踏步立面面积(m2)	踏步平面面积(m2)	踢脚线长度(直)(m)	靠墙扶手长度(m)	栏杆扶手长度(m)	防滑条长度(m)	踢脚线面积(斜)(m2)	踢脚线长度(斜)(m)	梯段体积(m3)	梯段底部面积(m2)	梯段底部抹灰面积(m2)
首层	C30	27.903	6.3672	39.0628	6.732	9.945	18.207	28.28	0	18.002	54.6	3.598	23.0427	4.552	20.134	20.134
	小计	27.903	6.3672	39.0628	6.732	9.945	18.207	28.28	0	18.002	54.6	3.598	23.0427	4.552	20.134	20.134
合计		27.903	6.3672	39.0628	6.732	9.945	18.207	28.28	0	18.002	54.6	3.598	23.0427	4.552	20.134	20.134

图 3.1.4-15　查看与楼梯相关的工程量

工程量表达式	表达式说明
TYMJ	TYMJ〈水平投影面积〉
LGCD	LGCD〈栏杆扶手长度〉
TYMJ	TYMJ〈水平投影面积〉
TJXMMJ	TJXMMJ〈踢脚线面积（斜）〉
DBMHMJ	DBMHMJ〈底部抹灰面积〉

图 3.1.4-16　工程量表达式

课后练习题

一、判断题

1. 计算楼梯混凝土工程量时，只计算投影面积，不考虑梯井。　　　（　　）

2. 楼梯休息平台梁和板工程量单独计算。　　　　　　　　　　　（　　）

3. 绘制参数化楼梯可使用点、线、面等多种命令。　　　　　　　（　　）

二、多选题

1. 根据《房屋建筑与装饰工程工程量计算规范》GB 50854—2013，将现浇混凝土楼梯分为（　　　）。

A. 直形楼梯　　　　　B. 弧形楼梯　　　　C. 双跑楼梯

D. 单跑楼梯　　　　　E. 多跑楼梯

2. 参数化楼梯需要设置的参数有（　　　　）。

A. 楼梯底板厚度　　　B. 梯井宽度　　　　C. 楼梯踏步级数

D. 楼梯踢脚线长度　　E. 楼梯休息平台宽度

3. 参数化楼梯不需要设置的参数有（　　　　）。

A. 楼梯踢脚线斜长　　　　　　　　B. 休息平台搁置长度

C. 楼梯栏杆中距　　　　　　　　　D. 楼梯坡度

E. 楼梯栏杆高度

3.1.4
习题答案

3.1.5　基础工程量计算

工作任务

任务一：桩承台基础的混凝土及钢筋清单工程量计算；

任务二：筏板基础的混凝土及钢筋清单工程量计算；

任务三：垫层的混凝土清单工程量计算。

3.1.5　基础工程量计算

任务一：

桩承台基础的混凝土及钢筋清单工程量计算

1. 任务背景

某工程承台平面布置图见结施 04、承台详图见结施 05，通过结构设计说明可知：承台的混凝土强度等级为 C30，三级抗震设计，钢筋采用 HRB400。现项目部工程预算员接到监理指令，要求在规定时间内申报已完成桩承台基础的混凝土及钢筋工程量。利用工程量计算软件快速完成以上工作任务。

2. 任务分析

（1）资料准备

结构施工图、《混凝土结构施工图平面整体表示方法制图规则和构造详图（独立基础、条形基础、筏形基础、桩基础)》16G101-3、《房屋建筑与装饰工程工程量计算规范》GB 50854—2013。

（2）基础能力

1）构造与识图

通过识读施工图结施 04 和结施 05，可识读桩承台的基本信息，见表 3.1.5-1～表 3.1.5-3。

桩承台矩形配筋表　　　　　　　　　　　　　　　　　　表 3.1.5-1

类型	名称	混凝土强度等级	截面尺寸（mm）	底标高（m）	桩承台高度（mm）	横向底筋	纵向底筋	桩头伸出承台长度（mm）
桩承台	CT-1	C30	4800×2800	−1.850	850	Φ25@130	Φ16@150	50
	CT-2	C30	4800×2800	−2.000	1000	Φ25@100	Φ14@100	50
	CT-4	C30	3600×2200	−1.800	800	Φ25@130	Φ18@200	50
	CT-5	C30	2800×2800	−1.800	800	Φ22@200	Φ22@200	50
	CT-6	C30	2200×2200	−1.800	800	Φ18@180	Φ18@180	50

桩承台梁式配筋表　　　　　　　　　　　　　　　　　　表 3.1.5-2

类型	名称	混凝土强度等级	截面尺寸（mm）	底标高（m）	桩承台高度（mm）	上部筋/下部筋	箍筋	桩头伸出承台长度（mm）
桩承台	CT-3	C30	2200×800	−1.800	800	4Φ22/4Φ25	Φ12@200(4)	50

等边三桩承台配筋表　　　　　　　　　　　　　　　　　　表 3.1.5-3

类型	名称	混凝土强度等级	截面尺寸（mm）	底标高（m）	桩承台高度（mm）	桩间连接筋	桩头伸出承台长度（mm）
桩承台	CT-7	C30	详见图纸	−1.800	800	5Φ22	50

2）基础的平法施工图的表示方法

桩承台的平法施工图的表示在本工程中选择了以详图的方式表达，两桩承台 CT-3 采用的是承台梁进行标注。

（3）国标清单工程量计算规则

桩承台基础的清单计算规则，见表 3.1.5-4。

现浇混凝基础清单计算规则　　　　　　　表 3.1.5-4

编号	项目名称	单位	计算规则
010501005	桩承台基础	m³	按设计图示尺寸以体积计算。不扣除伸入承台基础的桩头所占体积

（4）软件计算规则应用

1）土建计算规则

通过点击"工程设置"选项卡，在"土建设置"面板中，点击"计算规则"命令，在弹出的窗口中点击"基础"下的"桩承台单元"，则可查看桩承台基础混凝土工程量的计算规则，一般情况下不进行修改，如图 3.1.5-1 所示。

图 3.1.5-1　桩承台基础混凝土工程量的计算规则

2）钢筋计算规则

通过点击"工程设置"选项卡，在"钢筋设置"面板中，点击"计算设置"命令，在弹出的窗口中点击"基础"，则可查看各种基础构件钢筋工程量的计算设置，第 40 条是属于桩承台的计算规则，一般情况下要按照图纸进行修改，如图 3.1.5-2 所示。

3. 任务实施

在"建模"选项卡下，切换楼层到"基础层"，在左侧导航树中点击"基础"→"桩承台"，如图 3.1.5-3 所示。

图 3.1.5-2 桩承台基础钢筋工程量的计算规则

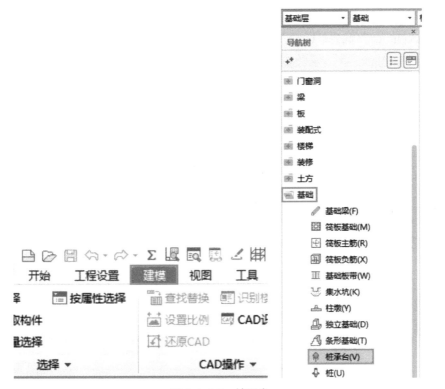

图 3.1.5-3 桩承台

（1）方法一：手工建模桩承台

手工建模桩承台的基本流程为：在"构件列表"中新建桩承台→在"构件列表"中新建桩承台单元→在"属性列表"中修改桩承台属性→绘制桩承台→调整桩承台位置。

1）新建桩承台和新建桩承台单元

在"构件列表"中点击"新建"的下拉菜单，选择"新建桩承台"，如图 3.1.5-4 所示，并将其名称改为与图纸命名一致。

在创建了新的桩承台之后，再次在"构件列表"中点击"新建"的下拉菜单，选择"新建桩承台单元"，如图 3.1.5-5 所示。

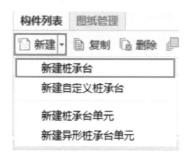

图 3.1.5-4　新建桩承台

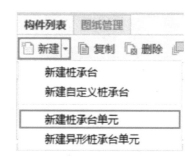

图 3.1.5-5　新建桩承台单元

2）修改桩承台属性

以④轴与⑧轴交点处的 CT-1 为例，在点击"新建桩承台单元"之后弹出的"选择参数化图形"的窗口中选择"矩形承台"，在"配筋形式"中选择"均不翻起二"。通过识读图纸，在图中输入相应的属性值，如图 3.1.5-6 所示，配筋形式修改方法如图 3.1.5-7 所示。将桩承台单元"（底）CT-1-1"定义完成后，选择桩承台"CT-1"，修改其"底标高"

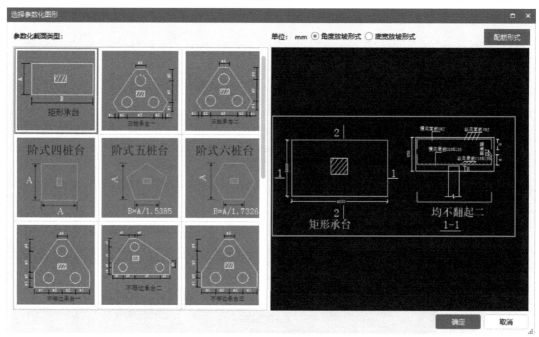

图 3.1.5-6　CT-1 属性

与图纸一致,修改完成后桩承台的"顶标高"会根据其高度自动修改,如图 3.1.5-8 所示。

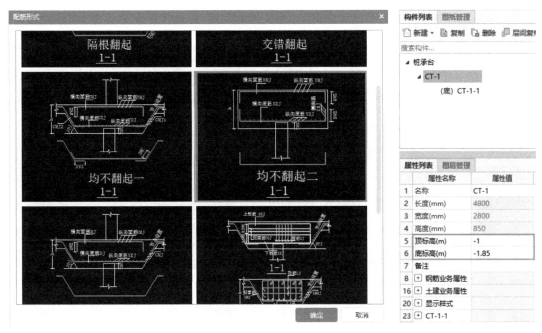

图 3.1.5-7 配筋形式   图 3.1.5-8 桩承台标高

本工程中 CT-3 采用了梁式配筋,需要在配筋形式中修改其配筋形式为"梁式配筋承台",通过识读图纸,在图中输入相应的属性值,如图 3.1.5-9 所示。CT-7 属于三桩承

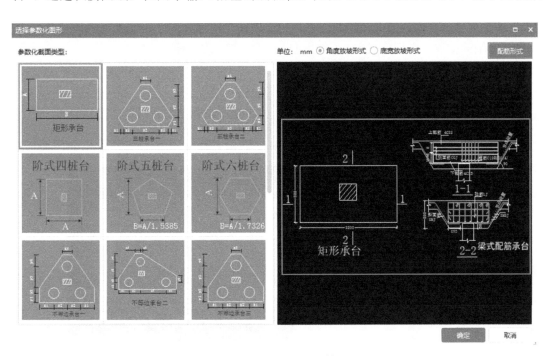

图 3.1.5-9 CT-3 属性

台，在"参数化截面类型"中选择"三桩承台一"，如图 3.1.5-10 所示，通过识读图纸，在图中输入相应的属性值。

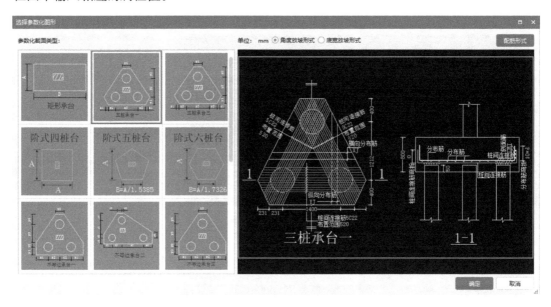

图 3.1.5-10　CT-7 属性

3）绘制桩承台

绘制桩承台有四种主要命令：点、偏移、旋转、智能布置。

① 点

若桩承台位于轴线与轴线的交点，可利用"绘图"面板中的"点"命令完成绘制。"点"命令为桩承台构件的默认绘制命令，如首先在"构件列表"中选择 CT-1，其次点击④轴与Ⓑ轴的交点，即可完成 CT-1 的绘制，如图 3.1.5-11 所示。

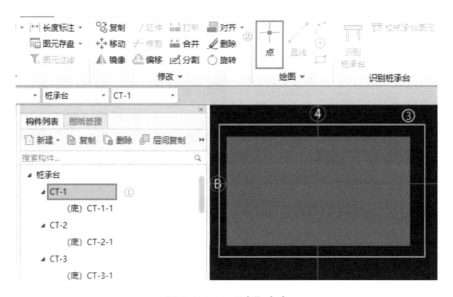

图 3.1.5-11　"点"命令

② 偏移

若桩承台不位于轴线与轴线的交点，可利用偏移命令完成绘制。如需绘制首层②⑥轴上的 CT-3，则首先在"构件列表"中选择 CT-3，其次鼠标左键点击⑥轴和ⓒ轴交点的同时，按下键盘上的"Shift"键，最后在弹出的"请输入偏移值"窗口中，输入相应数据，点击【确定】，如图 3.1.5-12 所示，即可完成 CT-3 的绘制。

图 3.1.5-12　"偏移"命令

③ 旋转

若桩承台在图纸上 X 方向和 Y 方向相反，可在绘制时勾选"旋转点"，输入旋转角度即可，以①轴与Ⓐ轴交点处 CT-3 为例，选择"绘图"面板中的"点"命令，勾选"旋转点"，输入旋转角度"90"，再点击①轴与Ⓐ轴处的交点，即可完成 CT-3 的绘制，如图 3.1.5-13 所示。

图 3.1.5-13　"旋转"命令

④ 智能布置

若在绘制基础之前，基础层柱已经绘制完毕，可利用"桩承台二次编辑"面板中的"智能布置"命令完成绘制。通过观察图纸，可以看出本工程每个桩承台都对应一个框架柱，则首先在"构件列表"中选择桩承台，其次点击"智能布置"的下拉菜单，选择"柱"，最后选择与桩承台对应的框选柱，即可完成桩承台的绘制。以①轴与Ⓑ轴交点处的 CT-7 为例，首先在"构件列表"中选择 CT-7，其次点击"智能布置"的下拉菜单，选择"柱"，最后选择①轴与Ⓑ轴交点处的柱子，鼠标右击确定，即可完成 CT-7 的绘制，如图 3.1.5-14 所示。

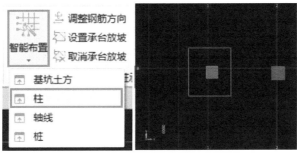

图 3.1.5-14　"智能布置"命令

　　4）调整承台位置

　　若图纸中桩承台存在偏心，可利用"查改标注"和"对齐"命令来调整桩承台位置，具体方法同"3.1.1　柱工程量计算"中的"查改标注"和"对齐"命令。

　　（2）方法二：CAD识别桩承台

　　CAD识别桩承台的基本流程为：选择图纸→新建桩承台→识别桩承台。

　　1）选择图纸

　　在"图纸管理"中，选择"承台平面布置图"。

　　2）识别桩承台

　　如图3.1.5-15所示，"识别桩承台"是CAD识别桩承台属性的基本方法，在CAD识别的绘制方法中，软件不能识别出基础的高度和钢筋信息，仅能识别出基础的平面尺寸和

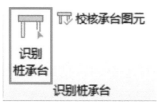

图3.1.5-15　识别桩承台

平面位置，因此，需要先手工新建基础。

　　"识别桩承台"的基本流程为：先新建并定义好图中所有桩承台，并且桩承台的命名必须与图纸一致，点击"识别桩承台"面板中的"识别桩承台"命令，按照"提取承台边线"→"提取承台标识"的基本流程，根据需求选择"自动识别"、"框选识别"或"点选识别"，完成桩承台的识别。

　　具体流程为：第一步点击"提取边线"命令，选择桩承台边线，如图3.1.5-16所示，右键确认，可以看见桩承台边线消失则代表提取成功；第二步点击"提取标注"命令，选择所有标注，如图3.1.5-17所示，右键确认，可以看见所有标注消失则代表提取成功；第三步点击"自动识别"命令，如图3.1.5-18所示，则可识别所有桩承台。

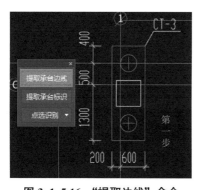

图3.1.5-16　"提取边线"命令

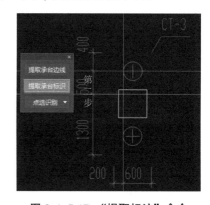

图3.1.5-17　"提取标注"命令

　　此步骤结束后，软件自动识别桩承台，最后提示"校核通过"，则代表桩承台绘制完成，如图3.1.5-19所示。

　　所有桩承台识别完毕后，可点击"动态观察"命令，查看桩承台的三维图，也可点击"二维"命令，切换至平面视图，如图3.1.5-20所示。

　　4. 清单套用

　　桩承台基础构件绘制完毕后，需要对基础构件进行清单套用。首先，在"构件列表"中双击任意桩承台单元构件，如图3.1.5-21所示，软件将弹出定义窗口；其次，点击

图 3.1.5-18 "自动识别"命令

图 3.1.5-19 校核通过

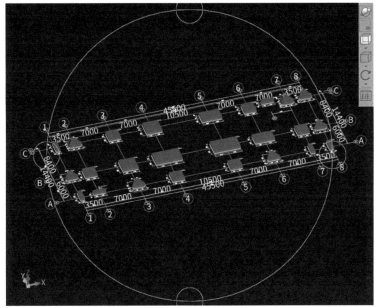

图 3.1.5-20 三维观察桩承台

图 3.1.5-21 "构件做法"命令

"构件做法"命令,进行清单套用。

桩承台基础的混凝土清单如图 3.1.5-22 所示。

5. 汇总桩承台基础工程量

(1) 桩承台清单工程量

桩承台基础的清单工程量,见表 3.1.5-5。

图 3.1.5-22　"桩承台基础"混凝土清单

序号	编码	项目名称	单位	工程量明细
桩承台基础清单汇总表				表 3.1.5-5
实体项目				
1	010501005001	桩承台基础 1. 混凝土种类:商品混凝土 2. 混凝土强度等级:C30	m³	99.0234

（2）桩承台基础钢筋工程量

桩承台基础钢筋工程量，见表 3.1.5-6。

桩承台基础钢筋工程量　　　　　　　　　　表 3.1.5-6

汇总信息	汇总信息钢筋总重(kg)	构件名称	构件数量	HPB300	HRB400
桩承台	4416.116	CT-1	1		541.618
		CT-2	1		688.247
		CT-3	6		743.856
		CT-4	2		648.992
		CT-5	2		486.36
		CT-6	6		661.44
		CT-7	7		645.603
		合计	25		4416.116

任务二：

筏板基础的混凝土及钢筋清单工程量计算

1. 任务背景

某工程电梯基坑详图见结施 03，通过结构设计说明可知：筏板的混凝土强度等级为 C30，三级抗震设计，钢筋采用 HRB400。现项目部工程预算员接到监理指令，要求在规定时间内申报已完成筏板基础的混凝土及钢筋工程量。利用工程量计算软件快速完成以上工作任务。

2. 任务分析

（1）资料准备

结构施工图、《混凝土结构施工图平面整体表示方法制图规则和构造详图（独立基础、条形基础、筏形基础、桩基础)》16G101-3、《房屋建筑与装饰工程工程量计算规范》GB 50854—2013。

（2）基础能力

构造与识图

通过识读施工图结施03，可识读筏板基础的基本信息，见表3.1.5-7。

筏板基础表 表 3.1.5-7

类型	名称	混凝土强度等级	截面尺寸（mm）	底标高（m）	高度（mm）	X方向底筋/Y方向底筋	X方向面筋/Y方向面筋	拉筋
筏板基础	电梯基坑	C30	2600×2500	-1.800	300	Φ14@150/Φ14@150	Φ14@150/Φ14@150	Φ8@600

（3）国标清单工程量计算规则

筏板基础的清单计算规则，见表3.1.5-8。

现浇混凝基础清单计算规则 表 3.1.5-8

编号	项目名称	单位	计 算 规 则
010501004	满堂基础	m^3	按设计图示尺寸以体积计算。不扣除伸入承台基础的桩头所占体积

（4）软件计算规则应用

1）土建计算规则

通过点击"工程设置"选项卡，在"土建设置"面板中，点击"计算规则"命令，在弹出的窗口中点击"基础"下的"筏板基础"，则可查看筏板基础混凝土工程量的计算规则，一般情况下不进行修改，如图3.1.5-23所示。

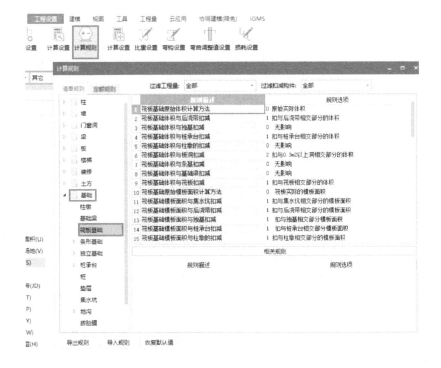

图 3.1.5-23 筏板基础混凝土工程量的计算规则

2）钢筋计算规则

通过点击"工程设置"选项卡，在"钢筋设置"面板中，点击"计算设置"命令，在弹出的窗口中点击"基础"，则可查看各种基础构件钢筋工程量的计算设置，第 24 条属于筏板基础的计算规则，一般情况下要按照图纸进行修改，如图 3.1.5-24 所示。

图 3.1.5-24　筏板基础钢筋工程量的计算规则

3. 任务实施

在"基础层"状态下，在左侧导航树中点击"基础"→"筏板基础"，如图 3.1.5-25 所示。

手工建模筏板基础的基本流程为：在"构件列表"中新建筏板基础→在"属性列表"中修改筏板基础属性→绘制筏板基础→布置筏板基础的钢筋。

（1）新建筏板基础

在"构件列表"中点击"新建"的下拉菜单，选择"新建筏板基础"并将其名称改为与图纸命名一致，如图 3.1.5-26 所示。

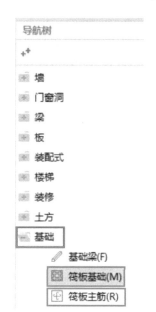

图 3.1.5-25　筏板基础

图 3.1.5-26　新建筏板基础

（2）修改筏板基础属性

通过识读图纸，在属性列表中输入相应的属性值，如图 3.1.5-27 所示。

（3）绘制筏板基础

绘制筏板基础有两种主要命令：矩形、智能布置。

1）矩形

观察图纸，图中电梯基坑采用了筏板基础，根据图纸，通过"通用操作"面板下"平行辅轴"的命令定位筏板基础的四周边线，如图 3.1.5-28 和图 3.1.5-29 所示。选择"绘图"面板下"矩形"命令，左键点击矩形对角线的两个点，即可完成筏板基础的绘制，如图 3.1.5-30 和图 3.1.5-31 所示。"绘图"面板中的"直线"命令也可绘制筏板基础，只需要将筏板基础的外轮廓绘制出来并封闭，即可完成绘制。

2）智能布置

若在绘制筏板基础之前已经将剪力墙绘制完成，可利用"筏板基础二次编辑"面板中的"智能布置"命令完成绘制。首先在"构件列表"中选择筏板基础，其次点击"智能布置"的下拉菜单，选择"外墙外边线"，最后选择筏板基础周围墙体，即可完成筏板基础的绘制。

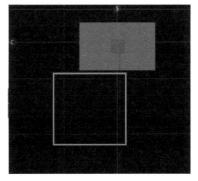

	属性名称	属性值
1	名称	电梯基坑筏板C30...
2	厚度(mm)	300
3	材质	预拌混凝土
4	混凝土类型	(预拌砼)
5	混凝土强度等级	(C30)
6	混凝土外加剂	(无)
7	泵送类型	(混凝土泵)
8	顶标高(m)	-1.5
9	底标高(m)	-1.8
10	备注	
11	□ 钢筋业务属性	
12	其它钢筋	
13	马凳筋参...	
14	马凳筋信息	
15	线形马凳...	平行横向受力筋
16	拉筋	Φ8@600*600

图 3.1.5-27 新建筏板基础

图 3.1.5-28 "平行辅轴"命令

图 3.1.5-29 定位筏板基础四周边线

（4）布置筏板基础的钢筋

在绘制完筏板基础的图元后，在左侧导航树中点击"基础"→"筏板主筋"，如图 3.1.5-25 所示。

与其他构件不同的是，软件在构件列表中拟建了一个筏板主筋信息，默认为Φ8@200，通过图纸识读，筏板基础的受力筋底筋和面筋的 X 方向和 Y 方向均为Φ14@150。因此，点击"筏板主筋二次编辑"面板中的"布置受力筋"命令，选择"单板"、"XY 方向"，在弹出"智能布置"窗口中选择"双网双向布置"，在"钢筋信息"栏中输入正确的筏板受力筋信息，如图 3.1.5-32 所示。

图 3.1.5-30 "矩形"命令

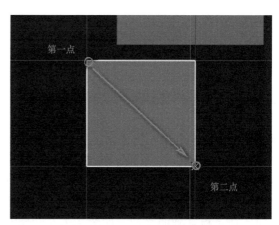

图 3.1.5-31 绘制筏板基础

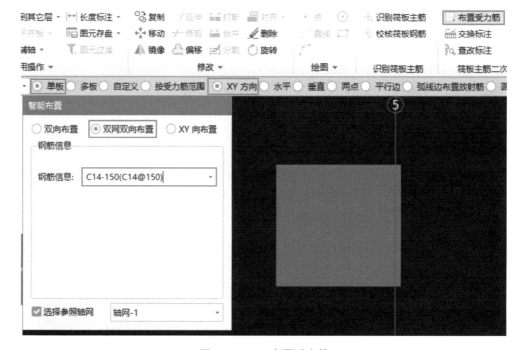

图 3.1.5-32 布置受力筋

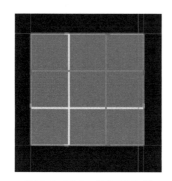

图 3.1.5-33 筏板受力筋

完成上述步骤后，鼠标点击筏板基础，即可将受力筋布置上去，完成筏板受力筋的布置，如图 3.1.5-33 所示。

4. 清单套用

筏板基础的混凝土清单如图 3.1.5-34 所示。

5. 汇总筏板基础工程量

（1）筏板基础清单工程量

筏板基础的清单工程量，见表 3.1.5-9。

（2）筏板基础的钢筋工程量

筏板基础的钢筋工程量，见表 3.1.5-10。

构件做法							
添加清单	添加定额	删除	查询 ▾	项目特征	换算 ▾	做法刷	做法查询	提取做法	当前构件自动套做法	☑ 参与自动套

	编码	类别	名称	项目特征	单位	工程量表达式	表达式说明	单价
1	010501004001	项	满堂基础	1. 混凝土种类:商品混凝土 2. 混凝土强度等级:C30	m3	TJ	TJ<体积>	

图 3.1.5-34 "满堂基础"混凝土清单

筏板基础清单汇总表   表 3.1.5-9

序号	编码	项目名称	单位	工程量明细
实体项目				
1	010501004001	满堂基础 1. 混凝土种类:商品混凝土 2. 混凝土强度等级:C30	m³	2.0275

筏板基础钢筋工程量   表 3.1.5-10

汇总信息	汇总信息钢筋总重(kg)	构件名称	构件数量	HPB300	HRB400
筏板主筋	241.762	电梯基坑筏板	1		241.762
		合计	1		241.762

任务三:

垫层的混凝土清单工程量计算

1. 任务背景

某工程通过结构设计说明可知:垫层的混凝土强度等级为 C15。现项目部工程预算员接到监理指令,要求在规定时间内申报已完成垫层的混凝土工程量。利用工程量计算软件快速完成以上工作任务。

2. 任务分析

(1)资料准备

结构施工图、《房屋建筑与装饰工程工程量计算规范》GB 50854—2013。

(2)基础能力

构造与识图

通过识读施工图结施 03 和结施 05,可识读本工程垫层的基本信息:垫层厚度为 100mm,每边伸出基础 100mm。

(3)国标清单工程量计算规则

垫层的清单计算规则,见表 3.1.5-11。

现浇混凝垫层清单计算规则   表 3.1.5-11

编号	项目名称	单位	计 算 规 则
010501001	垫层	m³	按设计图示尺寸以体积计算。不扣除伸入承台基础的桩头所占体积

(4)软件计算规则应用

土建计算规则

通过点击"工程设置"选项卡,在"土建设置"面板中,点击"计算规则"命令,在弹出的窗口中点击"基础"下的"垫层",则可查看垫层混凝土工程量的计算规则,一般情况下不进行修改,如图3.1.5-35所示。

图3.1.5-35　垫层混凝土工程量的计算规则

3. 任务实施

在"基础层"状态下,在左侧导航树中点击"基础"→"垫层",如图3.1.5-36所示。

手工建模垫层的基本流程为:在"构件列表"中新建垫层→在"属性列表"中修改垫层属性→绘制垫层。

(1)新建垫层

在"构件列表"中点击"新建"的下拉菜单,选择"新建面式垫层",并将其名称改为与图纸中的基础名字一致,如图3.1.5-37所示。

(2)修改垫层属性

通过识读图纸,在属性列表中输入相应的属性值,如图3.1.5-38所示。

(3)绘制垫层

绘制垫层的主要命令:智能布置。

智能布置

利用"垫层二次编辑"面板中的"智能布置"命令完成绘制。

图3.1.5-36　垫层　通过观察图纸,可以看出本工程桩承台、筏板都有对应的垫层,则

首先在"构件列表"中选择垫层，其次点击"智能布置"的下拉菜单，选择相应的基础类型，最后框选绘图界面的基础，即可完成垫层的绘制。

图 3.1.5-37 新建面式垫层

图 3.1.5-38 垫层属性

以桩承台垫层为例，首先在"构件列表"中选择桩承台基础，其次点击"智能布置"的下拉菜单，选择"桩承台"命令，最后选择所有桩承台，鼠标右击确定，在弹出的"设置出边距离"的窗口中输入出边距离"100"，点击【确定】，即可完成垫层的绘制，如图 3.1.5-39 和图 3.1.5-40 所示。

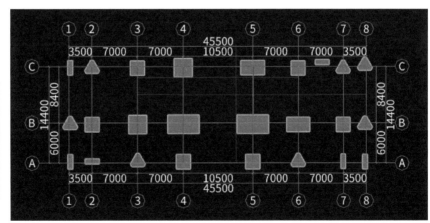

图 3.1.5-39 "智能布置"命令

4. 清单套用

垫层的混凝土清单如图 3.1.5-41 所示。

5. 汇总垫层工程量

垫层的清单工程量，见表 3.1.5-12。

图 3.1.5-40 设置出边距离

图 3.1.5-41　"垫层"混凝土清单

垫层清单汇总表　　　　　　　　　　　　　表 3.1.5-12

序号	编码	项目名称	单位	工程量明细
实体项目				
1	010501001001	垫层 1. 混凝土种类:商品混凝土 2. 混凝土强度等级:C15	m³	14.9736

总结拓展

1. 相对底标高

在对基础单元的属性进行设置时,有"相对底标高"一栏,如图 3.1.5-42 所示,"相对底标高"指:单元底相对于桩承台底标高的高度,底层单元的相对底标高一般为0,上部的单元按下部单元的高度自动取值,如图 3.1.5-43 所示,也可以手动输入。

图 3.1.5-42　相对底标高

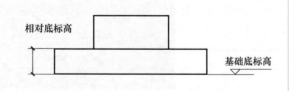

图 3.1.5-43　相对底标高和基础底标高

2. 筏板变截面

筏板因厚度不同或者因标高不同,导致变截面时,可以采用点击"筏板基础二次编辑"面板中的"设置变截面"命令,如图 3.1.5-44 所示。点击"设置变截面"命令后,选择需要设置变截面的两个筏板图元,右键确认,弹出"筏板变截面定义"窗口,如图 3.1.5-45 所示,根据图纸修改变截面的参数,点击【确定】即可设置成功,如图 3.1.5-46 所示。

图 3.1.5-44 "设置变截面"命令

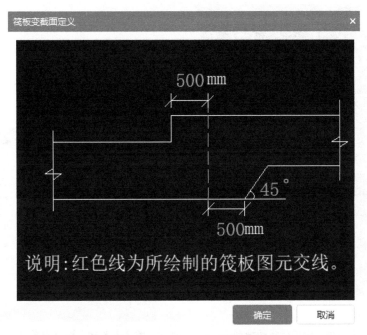

图 3.1.5-45 筏板变截面定义

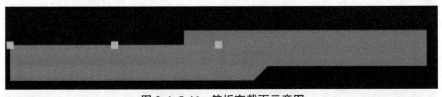

图 3.1.5-46 筏板变截面示意图

3. 设置筏板边坡

当筏板边缘不是立面垂直时，可以采用点击"筏板基础二次编辑"面板中的"设置边坡"命令，如图 3.1.5-47 所示。在快捷工具条中选择"所有边"或"多边"，如图 3.1.5-48 所示。当选择"所有边"时，点选或框选要设置边坡的筏板图元，右键确认弹出"设置筏板边坡"窗口，如图 3.1.5-49 所示；当选择"多边"时，则可点击需要设置边坡的筏板边，选中的筏板边线呈现绿色，右键确认后同样弹出"设置筏板边坡"窗口，如图 3.1.5-50 所示。选择需要设置的边坡样式，修改相应的参数值后，点击【确定】即设置成功，如图 3.1.5-51 所示。

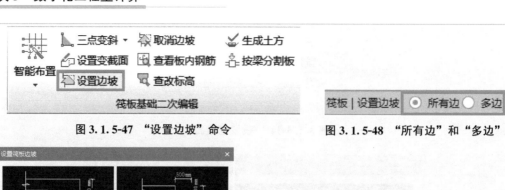

图 3.1.5-47　"设置边坡"命令　　　　　图 3.1.5-48　"所有边"和"多边"

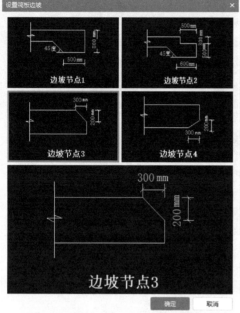

图 3.1.5-49　设置筏板边坡

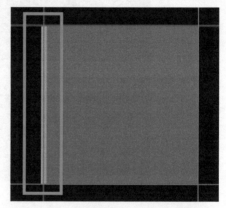

图 3.1.5-50　选择设置边坡的筏板边

图 3.1.5-51　设置边坡后的筏板示意图

4. 绘制独立基础

因本套图纸不涉及独立基础，所以此部分为补充内容，请扫描二维码 3.1-11 进行学习。

5. 绘制条形基础

因本套图纸不涉及条形基础，所以此部分为补充内容，请扫描二维码 3.1-12 进行学习。

3.1-11　绘制
独立基础图元

3.1-12　绘制
条形基础图元

3.1-拓 5　绘制
电梯基坑
（集水坑）图元

因本套图纸不涉及电梯基坑（集水坑），此部分为拓展内容，请扫二维码 3.1-拓 5 进行学习。

课后练习题

一、判断题

1. 根据《房屋建筑与装饰工程工程量计算规范》GB 50854—2013，承台基础需要扣除桩头所占体积。 （ ）

2. 箱式满堂基础中柱、梁、墙、板应分开列项。 （ ）

3. 砖基础按"带形基础"列项目。 （ ）

4. 绘制"筏板主筋"时可以先不定义钢筋。 （ ）

5. "筏板基础"的拉筋在"筏板负筋"里设置。 （ ）

6. 面式垫层可以作为条形基础的垫层。 （ ）

二、单选题

1. 刚性角较小的基础是（ ）。

A. 毛石基础 　　　　B. 混凝土基础 　　　　C. 毛石混凝土基础 　　　　D. 砖基础

2. 杯形基础可以采用（ ）的方法绘制。

A. 新建矩形独立基础单元 　　　　　　　　B. 新建参数化独立基础单元

C. 新建异形独立基础单元 　　　　　　　　D. 新建参数化条形基础单元

3. 输入偏移值的快捷命令是（ ）。

A. Shift 　　　　　B. Ctrl 　　　　　　C. Win 　　　　　　D. Alt

三、多选题

1. 在绘制砖基础时，必须要进行属性设置的内容有（ ）。

A. 截面形状 　　　　B. 相对偏心距 　　　　C. 相对底标高

D. 材质 　　　　　　E. 截面面积

2. 绘制桩承台时，软件提供（ ）等多种参数化承台截面。

A. 矩形承台 　　　　B. 等边三桩承台 　　　　C. 阶式四桩台

D. 阶式五桩台 　　　　E. 不等边三桩承台

3.1.5
习题答案

3.1.6 土方工程量计算

工作任务

任务单： 基坑土方清单工程量计算。

3.1.6 土方工程量计算

任务单：

基坑土方清单工程量计算

1. 任务背景

某工程承台平面布置图见结施 04、承台详图见结施 05、电梯基坑详图见结施 03，通过建筑施工图可知：室外地坪标高为－0.900m。现项目部工程预算员接到监理指令，要求在规定时间内申报已完成基坑土方的工程量。利用工程量计算软件快速完成以上工作任务。

2. 任务分析

（1）资料准备

结构施工图、建筑施工图、《房屋建筑与装饰工程工程量计算规范》GB 50854—2013。

（2）基础能力

土方开挖的基本知识：

土方开挖有"挖一般土方"、"挖沟槽土方"和"挖基坑土方"三种形式，根据《房屋建筑与装饰工程工程量计算规范》GB 50854—2013 规定：底宽≤7m，底长＞3 倍底宽为沟槽土方；底长≤3 倍底宽、底面积≤150m^2 为基坑土方；超出上述范围则为一般土方。

根据土壤类别、挖土深度和挖土方式的不同，开挖的放坡系数也有不同，建模人员需要根据《房屋建筑与装饰工程工程量计算规范》GB 50854—2013 的《放坡系数表》确定放坡要求，见表 3.1.6-1。其中，放坡起点是指：当基础垫层底面到室外地坪的深度超过放坡起点时，该土方就需要放坡。

放坡系数表　　　　　　　　　　　　　　　表 3.1.6-1

土壤类别	放坡起点（m）	人工挖土	机械挖土		
			在坑内作业	在坑上作业	顺沟槽在坑上作业
一、二类土	1.20	1∶0.5	1∶0.33	1∶0.75	1∶05
三类土	1.50	1∶0.33	1∶0.25	1∶0.67	1∶0.33
四类土	2.00	1∶0.25	1∶0.10	1∶0.33	1∶0.25

注：1. 沟槽、基坑中土类别不同时，分别按其放坡起点放坡系数，依不同土类别厚度加权平均计算；
　　2. 计算放坡时，在交接处的重复工程量不予扣除，原槽、坑作基础垫层时，放坡自垫层上表面开始计算。

工作面是指工人进行操作时提供的工作空间，在《房屋建筑与装饰工程工程量计算规范》GB 50854—2013 还给出了《基础施工所需要工作面宽度计算表》，需要建模人员根据基础所用材料进行考虑，见表 3.1.6-2。

基础施工所需要工作面宽度计算表　　　　　　　　表 3.1.6-2

基础材料	每边各增加工作面宽度（mm）	基础材料	每边各增加工作面宽度（mm）
砖基础	200	混凝土基础支模板	300
浆砌毛石、条石基础	150	基础垂直面做防水层	1000（防水层面）
混凝土基础垫层支模板	300		

注：本表按《全国统一建筑工程预算工程量计算规则》GJDGZ-101-95 整理。

通过图纸判断，本工程桩基础、筏板基础均属于挖基坑土方，均采用垫层支模板，因此工作面按 300mm 计算，土壤类别按三类土考虑，则挖方时不需要考虑放坡。

（3）国标清单工程量计算规则

土方工程的清单计算规则，见表 3.1.6-3。

（4）软件计算规则应用

土建计算规则：

通过点击"工程设置"选项卡，在"土建设置"面板中，点击"计算规则"命令，在弹出的窗口中点击"土方"，则可查看大开挖土方、基槽土方和基坑土方工程量的计算规则，一般情况下不进行修改，如图 3.1.6-1 所示。

	土方工程清单计算规则			表 3.1.6-3

编号	项目名称	单位	计算规则
010101002	挖一般土方	m³	按设计图示尺寸以体积计算
010101003	挖沟槽土方	m³	按设计图示尺寸以基础垫层底面积乘以挖土深度计算
010101004	挖基坑土方	m³	

图 3.1.6-1 土方开挖工程量的计算规则

3. 任务实施

（1）方法一：快速生成土方

快速生成土方的基本流程为：在完成垫层工程量后→在"垫层二次编辑"面板中选择"生成土方"命令→设置土方属性→手动生成或者自动生成土方。

1）生成土方

在绘制完垫层后，选择"垫层二次编辑"面板中的"生成土方"命令，如图 3.1.6-2 所示。

2）设置土方属性

在点击"生成土方"命令后弹出的"生成土方"的窗口中设置土方的属性，如图 3.1.6-3 所示。

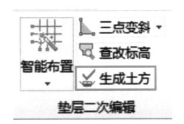

图 3.1.6-2 "生成土方"命令

3）生成土方图元

完成设置土方的属性后点击【确定】，框选绘图区域的所有桩基础和筏板基础垫层后，鼠标右击确认，软件自动生成土方，如图 3.1.6-4 所示。

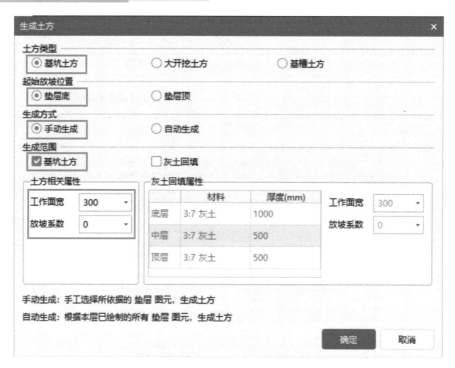

图 3.1.6-3　生成土方

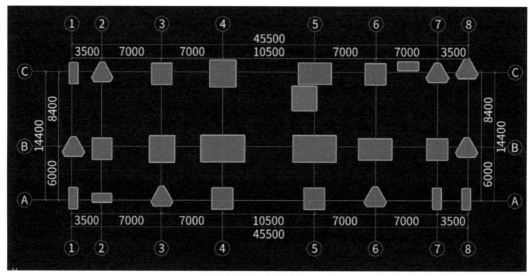

图 3.1.6-4　生成土方图元

通过导航树中"土方"→"基坑土方"可以查看通过上述步骤生成的土方，如图 3.1.6-5 所示。

（2）方法二：手动输入土方属性

在"建模"选项卡下，在左侧导航树中点击"土方"→"基坑土方"，如图 3.1.6-6 所示。

手动输入土方属性的基本流程为：在"构件列表"中新建矩形基坑土方→在"属性列表"中修改土方属性→绘制土方。

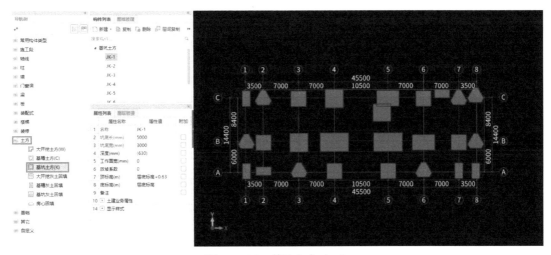

图 3.1.6-5　基坑土方（一）

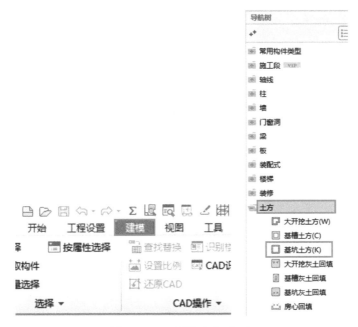

图 3.1.6-6　基坑土方（二）

1）新建土方

在"构件列表"中点击"新建"的下拉菜单，选择"新建矩形基坑土方"，如图 3.1.6-7 所示。

2）修改土方属性

根据图纸信息修改土方属性，如图 3.1.6-8 所示。

3）绘制土方

通过点击"绘图"面板中的"点"命令或者"基坑土方二次编辑"面板中的"智能布置"命令进行土方绘制，如图 3.1.6-9 所示。

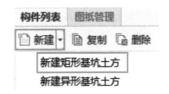

图 3.1.6-7　新建矩形基坑土方

图 3.1.6-8　属性修改

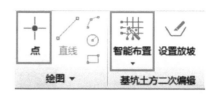

图 3.1.6-9　基坑土方绘制命令

4. 清单套用

基坑土方的混凝土清单，如图 3.1.6-10 所示。

图 3.1.6-10　"挖基坑土方"混凝土清单

5. 汇总基坑土方工程量

基坑土方的清单工程量，见表 3.1.6-4。

土方清单汇总表　　　　　　　　　　　　　　表 3.1.6-4

序号	编码	项目名称	单位	工程量明细
实体项目				
1	010101004001	挖基坑土方 1. 土壤类别：三类土 2. 挖土深度：2m 内 3. 弃土运距：500m	m³	235.8567

总结拓展

1. 设置放坡

通过"生成土方"的窗口中设置土方的放坡属性时，土方的每一条边都会默认不进行放坡，如果出现土方的某一边需要进行放坡时，可以通过选择"基坑土方二次编辑"面板中的"设置放坡"命令实现，如图 3.1.6-11 所示。选择"设置放坡"命令，在快捷工具条中选择"指定边"，如图 3.1.6-12 所示，点击需要设置放坡的基坑边，选中的边线呈现蓝色，如图 3.1.6-13 所示，右键确认后弹出"设置放坡"窗口，如图 3.1.6-14 所示。修改系数为 0 后，点击【确定】即设置成功，如图 3.1.6-15 所示。

2. 土方顶标高

土方的默认的顶标高来源于"工程设置"时，所输入的"室外地坪相对±0.000 标高"的信息，如果图纸中存在特殊情况，可以根据图纸要求修改，如图 3.1.6-16 所示。

图 3.1.6-11 "设置放坡"命令

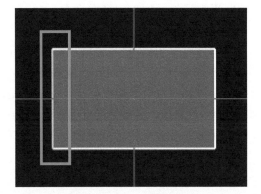

图 3.1.6-13 选择指定边

图 3.1.6-12 "指定边"命令

图 3.1.6-14 设置放坡

图 3.1.6-15 土方的其中一边进行放坡示意图

25	⊟ 施工信息:	
26	钢筋接头形式:	
27	室外地坪相对±0.000标高(m):	-0.9

图 3.1.6-16 室外地坪相对±0.000 标高

3. 绘制沟槽土方

因沟槽土方的绘制方式和基坑土方类似,所以此部分为补充内容,请扫描二维码 3.1-13 进行学习。

3.1-13
绘制挖沟槽
土方图元

课后练习题

一、判断题

1. 工程场地原自然地面标高为－0.65m,交付施工场地标高为－0.45m,设计室外地坪标高为－0.15m,基础垫层底表面标高为－2m,土壤类别为三类土,则不需要放坡。(　　)

2. 计算放坡时,在交接处的重复工程量应予扣除。(　　)

3. 软件中,画完独立基础后可以直接通过"独立基础二次编辑"中的"生成土方"

命令自动生成土方。（　　　）

4. 平整场地是施工现场厚度在±30cm以内的就地挖填找平工程。（　　　）

二、单选题

1. 沟槽底宽2m，槽长20m，槽深0.4m的挖土为（　　　）。

A. 平整场地　　　　B. 挖地槽土方　　　　C. 挖基坑土方　　　　D. 挖一般土方

2. 工程场地原自然地面标高为−0.65m，交付施工场地标高为−0.45m，设计室外地坪标高为−0.15m，基础垫层底表面标高为−2m，则挖土深度为（　　　）m。

A. 1.35　　　　　　B. 1.55　　　　　　C. 1.65　　　　　　D. 1.85

3.1.6

习题答案

3.2 数字化建筑工程量计算

知识目标

1. 通过识读施工图，掌握砌体墙、门窗、过梁、圈梁、构造柱、室内外装修、屋面防水、其他构件、建筑面积等构件的图纸信息；

2. 掌握砌体墙、门窗、过梁、圈梁、构造柱、室内外装修、屋面防水、其他构件、建筑面积等构件的平法基本知识；

3. 掌握砌体墙、门窗、过梁、圈梁、构造柱、室内外装修、屋面防水、其他构件、建筑面积等构件的清单计算规则。

能力目标

1. 能够利用手工建模的方式搭建砌体墙、门窗、过梁、圈梁、构造柱、室内外装修、屋面防水、其他构件、建筑面积的三维算量模型；

2. 能够利用CAD识别的方式搭建砌体墙、门窗、室内装修的三维算量模型；

3. 能够正确统计砌体墙、门窗、过梁、圈梁、构造柱、室内外装修、屋面防水、其他构件、建筑面积的清单工程量。

职业道德与素质目标

1. 能够具备精准算量的意识与能力；

2. 能够具备客观公正、实事求是的态度；

3. 能够具备对每个数据负责的高度责任心。

造价师说

学而不思则罔，思而不学则殆。知识、技能的学习需要理论联系实际，既要注重理论学习、勤于思考，又要善于发现问题、解决问题。工程计量与计价能力的养成，除了基本理论、基本方法的学习外，更注重工程实践锻炼，在实践中提高技能。不仅要自身努力学，也要注重向他人学习和到施工现场中学习，要善于取长补短、精益求精，力争成为新时代的合格"匠人"。

3.2.1　砌体墙工程量计算

工作任务

任务单： 首层砌体墙清单工程量计算。

3.2.1　砌体墙工程量计算

任务单：

首层砌体墙清单工程量计算

1. 任务背景

某工程一层平面布置图见建施 03，通过建筑设计说明和结构设计说明可知：外墙为 200mm 厚 A5.0 加气混凝土砌块墙，用 M5.0 水泥砂浆砌筑。内墙为 200mm（卫生间隔墙采用 100mm）厚 A5.0 加气混凝土砌块墙，用 M5.0 水泥砂浆砌筑。电梯井为 200mm 厚实心砖墙，用 M5.0 水泥砂浆砌筑。现项目部工程预算员接到监理指令，要求在规定时间内申报已完成首层砌体墙（不包含电梯井）清单工程量。利用工程量计算软件快速完成以上工作任务。

2. 任务分析

（1）资料准备

建筑施工图、结构施工图、《房屋建筑与装饰工程工程量计算规范》GB 50854—2013。

（2）基础能力

构造与识图

墙体的作用是承重、围护或分隔空间。按墙体所处的位置分为内墙和外墙；按布置方向分为纵墙和横墙，纵墙与长轴方向一致，横墙与短轴方向一致；按受力情况分为承重墙和非承重墙（承重墙承受上部传来的荷载，非承重墙不承受上部荷载）；按墙体构成材料分为砖墙、石墙、砌块墙、混凝土墙、钢筋混凝土墙和轻质板材墙等。

通过识读施工图结施 01 可知，本工程是框架结构，因此首层墙体为非承重墙，主要起围护或分隔空间的作用。若女儿墙材质也为砌体墙，建模时也要进行女儿墙的定义和绘制。本工程女儿墙为现浇混凝土材质，本教材不做讲述。

（3）国标清单工程量计算规则

砌块墙的清单计算规则，见表 3.2.1-1。

（4）软件计算规则应用

土建计算规则：通过点击"工程设置"选项卡，在"土建设置"面板中，点击"计算规则"命令，在弹出的窗口中点击"墙"，则可查看各种墙体构件混凝土工程量的计算规则，一般情况下不进行修改，如图 3.2.1-1 所示。

砌块墙清单计算规则 表 3.2.1-1

编号	名称	计量单位	计算规则
010402001	砌块墙	m³	按设计图示尺寸以体积计算。扣除门窗、洞口、嵌入墙内的钢筋混凝土柱、梁、圈梁、挑梁、过梁及凹进墙内的壁龛、管槽、暖气槽、消火栓箱所占体积，不扣除梁头、板头、檩头、垫木、木楞头、沿缘木、木砖、门窗走头、砌块墙内加固钢筋、木筋、铁件、钢管及单个面积≤0.3m² 的孔洞所占的体积。凸出墙面的腰线、挑檐、压顶、窗台线、虎头砖、门窗套的体积亦不增加。凸出墙面的砖垛并入墙体体积内计算。框架间墙:不分内外墙按墙体净尺寸以体积计算

图 3.2.1-1 墙体工程量的计算规则

3. 任务实施

在"建模"选项卡下，在左侧导航树中点击"墙"→"砌体墙"，如图 3.2.1-2 所示。

（1）方法一：手工建模墙体

手工建模墙体的基本流程为：在"构件列表"中新建砌体墙→在"属性列表"中修改砌体墙属性→绘制砌体墙→调整砌体墙位置。

1）新建砌体墙

在"构件列表"中点击"新建"的下拉菜单，选择"新建内墙"，如图 3.2.1-3 所示。

2）修改砌体墙属性

以首层外墙为例，通过识读图纸，在属性列表中输入相应的属性值，如图 3.2.1-4 所示。

图 3.2.1-2　砌体墙

图 3.2.1-3　新建内墙

根据图纸，本工程砌体墙构件定义分为 200mm 厚外墙、200mm 厚内墙、100mm 厚内墙、虚墙等，均需要通过"新建"下拉菜单分别进行构件的定义和属性编辑。

3）绘制砌体墙

绘制砌体墙有两种主要命令：直线、智能布置。

① 直线

若砌体墙位于轴线与轴线的交点，可利用"绘图"面板中的"直线"命令完成绘制。"直线"命令为砌体墙构件的默认绘制命令，具体操作方法如下：首先点击"直线"命令，其次在"构件列表"中选择 200mm 厚内墙，之后点击②轴与Ⓐ轴的交点确定"直线"起点，最后点击②轴与Ⓑ轴的交点确定"直线"终点，即可完成②轴上、Ⓐ轴～Ⓑ轴间内墙的绘制，如图 3.2.1-5 所示。

② 智能布置

图 3.2.1-4　外墙属性

若某区域内砌体墙在平面图中与轴线、梁中心线等重合，可利用"砌体墙二次编辑"面板中的"智能布置"命令完成快速绘制。可先在"构件列表"中选择墙体，其次点击"智能布置"的下拉菜单，选择"轴线""梁中心线"等，选择布置砌体墙对应的轴线或梁中心线，即可完成此处墙体的快速绘制，如图 3.2.1-6 所示。

"弧形墙"为补充内容，请扫描二维码 3.2-1 进行学习。

4）调整砌体墙位置

调整砌体墙位置有两种主要命令：对齐、延伸。

3.2-1　绘制弧形墙

① 对齐

若砌体墙中心线与轴线不重合，如本工程外墙内边线与柱外边线重合，可利用"直线"命令绘制墙体后，再利用"修改"面板中的"对齐"命令调整墙体位置。如首层Ⓐ轴上的外墙以"直线"命令绘制后，墙以轴线居中，点击"对齐"命令，左键选择柱外边线为指定对齐目标线，左键再选择墙内边线为图元需要对齐的边线，即可完成墙体的对齐，如图 3.2.1-7 所示。

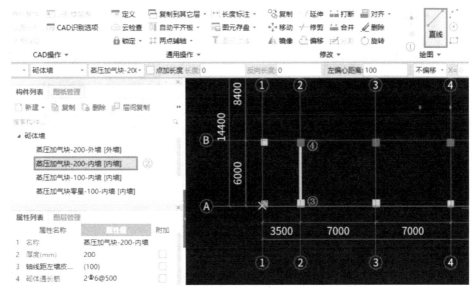

图 3.2.1-5 "直线"命令绘制墙体

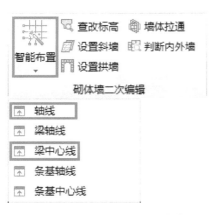

图 3.2.1-6 "智能布置"命令

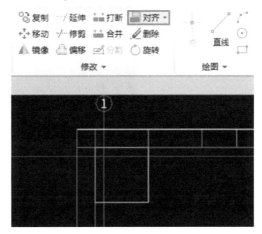

图 3.2.1-7 "对齐"后的墙体

② 延伸

墙体在进行对齐后,将柱隐藏后,会出现不封闭的情况,如图 3.2.1-8 所示,这将不利于后期室内装修、建筑面积、平整场地、散水等构件的布置。因此,需要利用"修改"面板中的"延伸"命令封闭墙体,如图 3.2.1-9 所示。

以西南角处未封闭墙体为例,具体操作如下:首先点击"延伸"命令,按鼠标左键选择作为延伸边界的图元(点击①轴墙体中心线),再按鼠标左键选择需要延伸的图元(点击Ⓐ轴墙体),右键确认,完成延伸,如图 3.2.1-10 所示。再次点击"延伸"命令,按鼠标左键选择作为延伸边界的图元(点击Ⓐ轴墙体中心线),再按鼠标左键选择需要延伸的图元(点击①轴墙体),即可完成墙体的封闭。

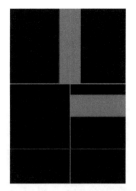

图 3.2.1-8　墙体分离状态

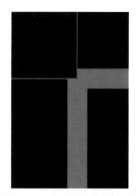

图 3.2.1-9　墙体分离封闭

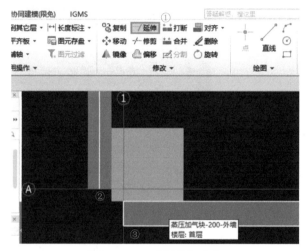

图 3.2.1-10　"延伸"命令

（2）方法二：CAD 识别砌体墙

CAD 识别砌体墙的基本流程为：选择图纸→识别砌体墙。

1）选择图纸

在"图纸管理"中，选择"建施 03 一层平面图"。

2）识别砌体墙

"识别砌体墙"是 CAD 识别墙体属性的基本方法，"识别砌体墙"的基本流程为：点击"识别砌体墙"面板中的"识别砌体墙"命令，按照"提取砌体墙边线→提取墙标识→提取门窗线→识别砌体墙"的基本流程，根据需求选择"自动识别"、"框选识别"或"点选识别"，完成砌体墙的识别。如图 3.2.1-11 所示。

具体流程为：第一步点击"提取砌体墙边线"命令，选择砌体墙边线，如图 3.2.1-12 所示，右键确认，可以看见砌体墙边线消失则代表提取成功；第二步点击"提取墙标识"命令，选择所有墙标识，如图 3.2.1-13 所示，右键确认，可以看见所有墙标识消失则代表提取成功；第三步点击"提取门窗线"命令，选择所有门窗线，如图 3.2.1-14 所示，右键确认，可以看见所有门窗线消失则代表提取成功；第四步点击"自动识别"命令，如图 3.2.1-15 所示，则可完成墙体的识别绘制。

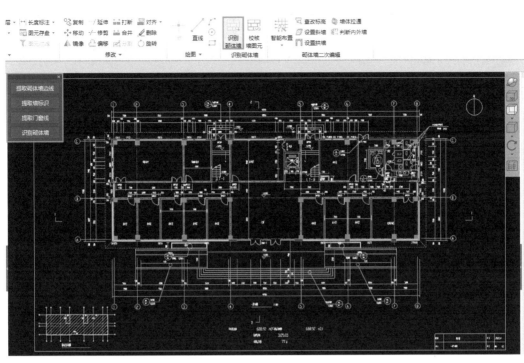

图 3.2.1-11 识别墙体

图 3.2.1-12 "提取砌体墙边线"命令

图 3.2.1-13 "提取墙标识"命令

图 3.2.1-14 "提取门窗线"命令

图 3.2.1-15 "识别砌体墙"命令

4. 清单套用

砌体墙的清单如图 3.2.1-16 所示。

5. 汇总砌体墙工程量

查看砌体墙清单工程量,见表 3.2.1-2。

编码	类别	名称	项目特征	单位	工程量表达式	表达式说明
1　010402001001	项	砌体墙	1. 砌块品种、规格、强度等级:200厚蒸压混凝土砌块 2. 墙体类别:外墙 3. 砂浆强度等级:水泥砂浆M5.0	m3	TJ	TJ<体积>

编码	类别	名称	项目特征	单位	工程量表达式	表达式说明
1　010402001002	项	砌体墙	1. 砌块品种、规格、强度等级:200厚蒸压混凝土砌块 2. 墙体类别:内墙 3. 砂浆强度等级:水泥砂浆M5.0	m3	TJ	TJ<体积>

编码	类别	名称	项目特征	单位	工程量表达式	表达式说明
1　010402001003	项	砌体墙	1. 砌块品种、规格、强度等级:100厚蒸压混凝土砌块 2. 墙体类别:内墙 3. 砂浆强度等级:水泥砂浆M5.0	m3	TJ	TJ<体积>

图 3.2.1-16　"砌体墙"清单

砌体墙清单汇总表　　　　　　　　　　　　　　　表 3.2.1-2

序号	编码	项目名称	单位	工程量明细
实体项目					
1	010402001001	1. 砌块品种、规格、强度等级:200mm 厚蒸压混凝土砌块 2. 墙体类型:外墙 3. 砂浆强度等级:水泥砂浆 M5.0	m³	108.259
2	010402001002	1. 砌块品种、规格、强度等级:200mm 厚蒸压混凝土砌块 2. 墙体类型:内墙 3. 砂浆强度等级:水泥砂浆 M5.0	m³	129.0876
3	010402001003	1. 砌块品种、规格、强度等级:100mm 厚蒸压混凝土砌块 2. 墙体类型:内墙 3. 砂浆强度等级:水泥砂浆 M5.0	m³	4.1165

总结拓展

1. 墙体标高

砌体墙构件的定义与图元绘制与梁的基本思路相同，都是直线绘制方法或智能绘制方法。在编辑墙体构件属性时，注意墙体的底标高和顶标高分别有两个:"起点底标高"、"终点底标高"、"起点顶标高"和"终点顶标高"。一般软件默认为层底标高和层顶标高，此时注意结合楼层设置数据与图纸表达墙体形状是否一致。如图 3.2.1-17 所示。

2. 墙体边线

如果因施工图 CAD 图层的关系，墙体边线无法提取，可在"CAD 操作"面板下，点击下拉菜单，然后点击"补画 CAD 线"命令，选择"砌体墙边线"，完善砌体墙边线。如图 3.2.1-18 所示。

图 3.2.1-17 修改墙体标高

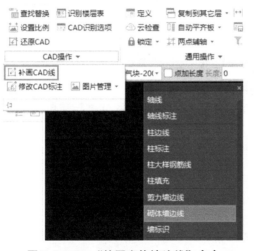

3.1-拓6 绘制
剪力墙图元

图 3.2.1-18 "补画砌体墙边线"命令

因本套图纸不涉及剪力墙，此部分为拓展内容，请扫二维码3.1-拓6进行学习。

课后练习题

一、单选题

1. 墙体构件定义时需要准确输入内墙、外墙、厚度、材质和（   ）。

A. 高度　　　　B. 砂浆种类　　　　C. 长度　　　　D. 门窗洞口

2. 墙体手工建模的基本流程为（   ）。

A. 新建砌体墙→绘制砌体墙→修改砌体墙属性→调整砌体墙位置

B. 新建砌体墙→调整砌体墙位置→绘制砌体墙→修改砌体墙属性

C. 绘制砌体墙→修改砌体墙属性→新建砌体墙→调整砌体墙位置

D. 新建砌体墙→修改砌体墙属性→绘制砌体墙→调整砌体墙位置

3. CAD"识别砌体墙"的基本流程为（　　　）。

A. 提取墙标识→提取砌体墙边线→提取门窗线→识别砌体墙

B. 提取砌体墙边线→提取墙标识→提取门窗线→识别砌体墙

C. 提取砌体墙边线→提取门窗线→提取墙标识→识别砌体墙

D. 提取砌体墙边线→识别砌体墙→提取门窗线→提取墙标识

3.2.1
习题答案

二、多选题

1. 智能布置可利用（　　　）等快速建模。

A. 垫层　　　　B. 梁轴线　　　　C. 梁中心线　　　D. 轴线　　　E. 独基

2. 调整砌体墙位置主要用到（　　　）命令。

A. 对齐　　　　B. 镜像　　　　C. 延伸　　　　D. 打断　　　E. 复制

3. 软件中墙的画法有（　　　）。

A. 圆弧画法　　B. 点画法　　　C. 智能布置　　　D. 直线　　　E. 矩形

三、判断题

1. 按墙体构成材料分为砖墙、石墙、砌块墙、混凝土墙、钢筋混凝土墙和轻质板材墙等。（　　　）

2. "虚墙"图元软件不计算工程量。（　　　）

3. 对于分离状态的墙体位置关系，应利用"延伸"命令使墙体封闭。（　　　）

4. 砌体墙构件定义时，不可以对砌体墙构件进行清单套用。（　　　）

3.2.2　门窗工程量计算

工作任务

任务单：首层门窗工程清单工程量计算。

3.2.2　门窗工程量计算

任务单：

首层门窗工程清单工程量计算

1. 任务背景

某工程门窗信息见建施18，门窗平面位置信息见一层平面图建施03，现项目部工程预算员接到监理指令，要求在规定时间内申报已完成门窗工程工程量。请利用工程量计算软件快速完成以上工作任务。

2. 任务分析

（1）资料准备

建筑施工图、《房屋建筑与装饰工程工程量计算规范》GB 50854—2013。

（2）基础能力

构造与识图

通过识读施工图建施18中的门窗表，可识读各种门窗的尺寸信息。

通过识读建施03，可以确定门窗等构件的平面位置信息。通过立面图和剖面图可以看出门窗的离地高度。

（3）国标清单工程量计算规则

门窗清单计算规则，见表3.2.2-1。

门窗清单计算规则 表 3.2.2-1

编号	项目名称	单位	计算规则
010801001	木质门	m²	1. 以樘计量，按设计图示数量计算；
010802003	钢质防火门	m²	
010807001	金属（塑钢、断桥）窗	m²	2. 以 m² 计量，按设计图示洞口尺寸以面积计算
010807002	金属防火窗	樘/m²	

（4）软件计算规则应用

土建计算规则

通过点击"工程设置"选项卡，在"土建设置"面板中，点击"计算规则"命令，在弹出的窗口中点击"门窗洞"，依次可点击"门"或"窗"，则可查看门窗的计算规则，一般情况下不进行修改，如图3.2.2-1所示。

图 3.2.2-1 门窗工程量的计算规则

3. 任务实施

在"建模"选项卡下，在左侧导航树中点击"门窗洞"→"门"，如图3.2.2-2所示。

（1）方法一：手工建模门窗

手工建模门的基本流程为：在"构件列表"中新建矩形门→在"属性列表"中修改门属性→绘制门。

1）新建门

在"构件列表"中点击"新建"的下拉菜单，选择"新建矩形门"，如图3.2.2-3所示。

2）修改门属性

以 M1022 为例，通过识读门窗表，在属性列表中输入相应的属性值，M1022 属性如图3.2.2-4所示。

图 3.2.2-2　门

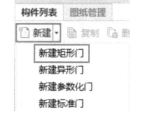

图 3.2.2-3　新建矩形门

根据建施 11，修改 M1524 离地高度为－450mm，因此 M1524 的属性中"离地高度"应修改为－450mm，如图 3.2.2-5 所示。

	属性名称	属性值
1	名称	M1022
2	洞口宽度(mm)	1000
3	洞口高度(mm)	2200
4	离地高度(mm)	0
5	框厚(mm)	60

图 3.2.2-4　M1022 属性

	属性名称	属性值
1	名称	M1524
2	洞口宽度(mm)	1500
3	洞口高度(mm)	2400
4	离地高度(mm)	-450
5	框厚(mm)	60

图 3.2.2-5　M1524 属性

窗户的定义与门基本一致，这里不再进行介绍，需要注意的是窗户的离地高度，通过识读图纸，本工程首层窗户离地高度为 0。

3）绘制门窗

门窗构件属于墙的附属构件，也就是说门窗构件必须绘制在墙上。

绘制门窗洞口有三种主要命令：精确布置、点、智能布置。

① 精确布置

门窗最常用的是"精确布置"命令。当需要对这些门窗精确定位，可以采用"精确布置"命令。首先在墙体上指定基准点，然后滑动鼠标位置代表门窗偏移的方向，在输入框中输入偏移的距离，按下回车键（Enter），即可将门窗精确布置，如图 3.2.2-6 所示。

② 点

若对于门窗位置无精确要求，且门窗上无圈梁、过梁等构件，且门窗两侧无抱框柱的情况下，可采用"点"命令绘制即可，如图 3.2.2-7 所示。

③ 智能布置

门窗的"智能布置"命令是将门窗构件快速布置在墙段中点，如图 3.2.2-8 所示，此命令适用于当门窗构件在某一墙体的中心点，如在图纸建施 03，电梯处的门，可以采用智能布置的方式。

（2）方法二：CAD 识别门窗

CAD 识别门窗的基本流程为：选择图纸→识别门窗表→识别门窗。

1）选择图纸

在"图纸管理"中，选择建施 18"门窗表 门窗大样图"。

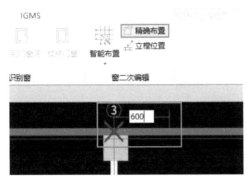

图 3.2.2-6 "精确布置"画法

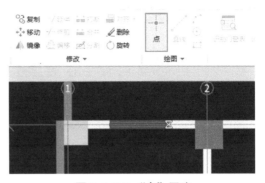

图 3.2.2-7 "点"画法

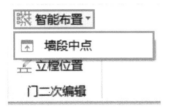

图 3.2.2-8 M1524 属性

2）识别门窗表

"识别门窗表"的基本流程为：点击"识别门"面板中的"识别门窗表"命令，根据提示框选门窗表后右键确认，如图 3.2.2-9 所示，在弹出的"识别门窗表"窗口中核对并修改门窗类别、名称、尺寸等相关信息，可以将门窗洞口的信息与图纸进行核对，同时可以通过"插入列"命令增加门窗的"离地高度"的信息，如图 3.2.2-10 所示，完成后点击"识别"，会弹出门窗构件识别结果，如图 3.2.2-11 所示。

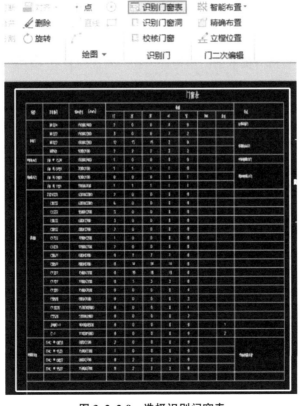

图 3.2.2-9 选择识别门窗表

下拉选择 ▼	名称 ▼	宽度*高度 ▼	离地高度 ▼	类型	所属楼层
类型	设计编号	洞口尺寸(...		门	综合楼[1]
普通门	M1524	1500*2400	-450	门	综合楼[1]
	M1522	1500*2200	0	门	综合楼[1]
	M1022	1000*2200	0	门	综合楼[1]
	M0921	900*2100	0	门	综合楼[1]
甲级防火门	FM甲1524	1500*2400	0	门	综合楼[1]
丙级防火门	FM丙0721	700*2100	0	门	综合楼[1]
	FM丙0921	900*2100	0	门	综合楼[1]
	FM丙1121	1100*2100	0	门	综合楼[1]
普通窗	ZJC9333	9300*3300	0	窗	综合楼[1]
	C6233	6200*3300	0	窗	综合楼[1]
	C1533	1500*3300	0	窗	综合楼[1]
	C0633	600*3300	0	窗	综合楼[1]
	C0833	800*3300	0	窗	综合楼[1]
	C1733	1700*3300	0	窗	综合楼[1]
	C1833	1700*3300	0	窗	综合楼[1]

提示:请在第一行的空白行中单击鼠标从下拉框中选择对应列关系

图 3.2.2-10 识别门窗表核对信息

识别门窗表的过程实际就是建立门窗构件及其属性的过程,点击【确定】后,在"构件列表"一栏,可查看所有提取的门窗构件,在"属性列表"一栏,可查看每种门窗构件的属性。

3)识别门窗

通过"识别门窗表"的命令,完成门窗的新建和定义后,需再通过"识别门窗洞"命令,将门窗绘制到软件中。

在"图纸管理"中,选择建施18"门窗表"所在的图纸。

"识别门窗"的基本流程为:点击"识别门"面板中的"识别门窗洞"命令,如图3.2.2-12所示。按照"提取门窗线"→"提取门窗洞标识"→"自动识别"的基本流程,完成门窗的识别。

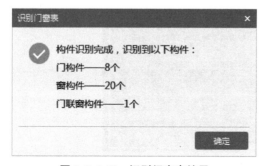

图 3.2.2-11 识别门窗表结果

图 3.2.2-12 "识别门窗洞"命令

　　具体流程为：第一步点击"提取门窗线"命令，选择门窗边线，如图 3.2.2-13 所示，右键确认，可以看见门窗边线消失则代表提取成功；第二步点击"提取门窗洞标识"命令，选择所有门窗标注，如图 3.2.2-14 所示，右键确认，可以看见所有门窗标注消失则代表提取成功；第三步点击"自动识别"命令，如图 3.2.2-15 所示，则可识别所有门窗。首层所有门窗识别完毕后，可点击"动态观察"命令，查看门窗的三维图，如图 3.2.2-16 所示。

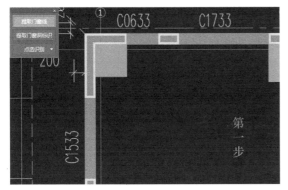

图 3.2.2-13　"提取门窗线"命令

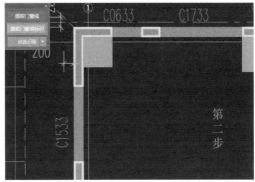

图 3.2.2-14　"提取门窗洞标识"命令

图 3.2.2-15　识别门窗中的"自动识别"命令

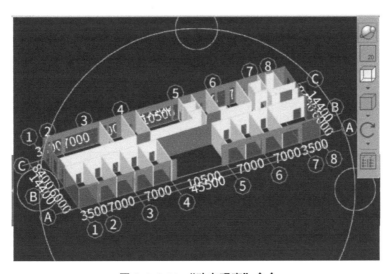

图 3.2.2-16　"动态观察"命令

4. 清单套用

以 M1524 为例，门的清单如图 3.2.2-17 所示。

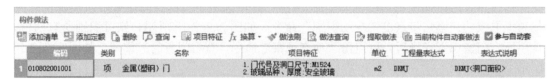

图 3.2.2-17　"门"清单套用

以 C6233 为例，窗的清单如图 3.2.2-18 所示。

图 3.2.2-18　"窗"清单套用

5. 汇总门窗工程量

首层门窗清单工程量，见表 3.2.2-2。

门窗清单汇总表　　　　　　　　　　　表 3.2.2-2

序号	编码	项目名称	单位	工程量明细
实体项目				
1	010801001001	木质门 门代号及洞口尺寸:M1522、M1022、M0921	m²	40.08
2	010802001001	金属(塑钢)门 1. 门代号及洞口尺寸:M1524; 2. 玻璃品种、厚度:安全玻璃	m²	7.2
3	010802003001	钢质防火门 门代号及洞口尺寸:FM甲1524	m²	3.6
4	010802003002	钢质防火门 门代号及洞口尺寸:FM丙0721、FM丙1121	m²	3.78
5	010807001001	金属(塑钢、断桥)窗 1. 窗代号及洞口尺寸:C6233、C1533、C0633、C0833、C1733、C1833; 2. 玻璃品种、厚度:安全玻璃	m²	181.17
6	010807001002	金属(塑钢、断桥)窗 1. 窗代号及洞口尺寸:ZJC9333; 2. 玻璃品种、厚度:安全玻璃	m²	74.76
7	010807002001	金属防火窗 1. 窗代号及洞口尺寸:FHC甲0833、FHC甲1533; 2. 玻璃品种、厚度:安全玻璃	m²	10.23

总结拓展

1. 绘制非矩形门窗图元

如果图纸中有异形的门，可采用"新建异形门"的命令实现，如图 3.2.2-19。窗也可采用"新建"→"新建异形窗"的命令实现。

2. 绘制门联窗图元

如果图纸中有门联窗，可以在左侧导航树中点击"门窗洞→门联窗"，在"构件列表"中新建门联窗，如图 3.2.2-20 所示，并在属性列表中修改门联窗的属性，如图 3.2.2-21 所示。

图 3.2.2-19　异形门

图 3.2.2-20　新建门联窗

图 3.2.2-21　门联窗属性

3. 绘制飘窗图元

因本套图纸不涉及飘窗，此部分为拓展内容，请扫描二维码 3.2-拓 2 进行学习。

3.2-拓 2　绘制飘窗图元

课后练习题

一、判断题

1. 软件中门窗绘制与否不影响墙体工程量。（　　　）

2. 软件中窗户默认离地高度为 900mm。（　　　）

3. 软件中门窗必须绘制在墙体上。（　　　）

二、单选题

1. 在利用 CAD 识别功能识别门窗洞前，要先识别（　　　）。

A. 柱　　　　　　　B. 墙　　　　　　　C. 梁　　　　　　　D. 板

2. 软件中，在门窗属性定义中的"立樘距离"指（　　　）。

A. 门窗框中心线与墙中心间的距离　　B. 门窗框中心线与轴线间的距离

C. 门窗框外边线与墙中心线间的距离　　D. 门窗框外边线与轴线间的距离

3.2.2 习题答案

3.2.3　过梁、圈梁、构造柱工程量计算

工作任务

任务一：首层过梁的混凝土及钢筋清单工程量计算；
任务二：首层圈梁的混凝土及钢筋清单工程量计算；
任务三：二层构造柱的混凝土及钢筋清单工程量计算。

3.2.3-1　过梁工程量计算

任务一：

首层过梁的混凝土及钢筋清单工程量计算

1. 任务背景

某工程过梁信息见结施 01，通过结构设计说明可知：混凝土强度等级为 C25，钢筋采用 HRB400。现项目部工程预算员现接到监理指令，要求在规定时间内申报已完成过梁的混凝土及钢筋工程量。利用工程量计算软件快速完成以上工作任务。

2. 任务分析

（1）资料准备

结构施工图、《房屋建筑与装饰工程工程量计算规范》GB 50854—2013。

（2）基础能力

构造与识图

通过识读施工图结施 01，可识过梁尺寸及配筋信息，见表 3.2.3-1，过梁两端支承长度为 250mm。

过梁信息表　　　　　　　　　　　　　　　　表 3.2.3-1

门窗洞口跨度 L(mm)	过梁尺寸(宽×高)	下部正钢筋	上部负钢筋	箍筋
$L \leqslant 1000$	200mm×120mm	3 Φ 10		Φ 6@150(分布)
$1000 < L \leqslant 2000$	200mm×200mm	3 Φ 12	2 Φ 8	Φ 8@200
$2000 < L \leqslant 3000$	200mm×300mm	3 Φ 14	2 Φ 10	Φ 8@150
$3000 < L \leqslant 4000$	200mm×400mm	3 Φ 16	2 Φ 12	Φ 8@150

（3）国标清单工程量计算规则

过梁清单计算规则，见表 3.2.3-2。

过梁清单计算规则　　　　　　　　　　　　　表 3.2.3-2

编号	项目名称	单位	计算规则
010503005	过梁	m³	按设计图示尺寸以体积计算。伸入墙内的梁头、梁垫并入梁体积内

（4）软件计算规则应用

1）土建计算规则

通过点击"工程设置"选项卡，在"土建设置"面板中，点击"计算规则"命令，在弹出的窗口中点击"门窗洞"下的"过梁"，则可查看过梁的各种工程量的计算规则，一

般情况下不进行修改，如图 3.2.3-1 所示。

图 3.2.3-1 过梁混凝土工程量计算规则

2）钢筋计算规则

通过点击"工程设置"选项卡，在"钢筋设置"面板中，点击"计算设置"命令，在弹出的窗口中点击"砌体结构"，从第 43 条起属于过梁的计算规则，一般情况下要按照图纸进行修改，如图 3.2.3-2 所示。

3. 任务实施

在"建模"选项卡下，在左侧导航树中点击"门窗洞"→"过梁"，如图 3.2.3-3 所示。

（1）方法一：手工建模过梁

手工建模过梁的基本流程为：在"构件列表"中新建过梁→在"属性列表"中修改过梁属性→绘制过梁。

1）新建过梁

在"构件列表"中点击"新建"的下拉菜单，选择"新建矩形过梁"，如图 3.2.3-4 所示。

2）修改过梁属性

以Ⓑ轴上、②轴西侧的"M1022"（跨度 $L \leqslant 1000$）处的过梁为例，在属性列表中输入相应的属性值，如图 3.2.3-5 所示。

3）绘制过梁

绘制过梁有两种主要命令：智能布置、点。

① 智能布置

以门窗洞口跨度"$L \leqslant 1000$"的过梁为例，智能布置过梁，操作步骤如下：首先，在

图 3.2.3-2　过梁钢筋工程量计算规则

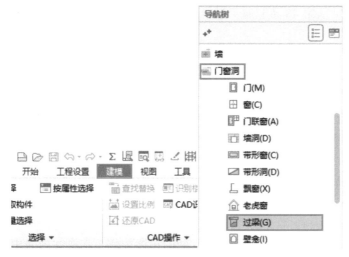

图 3.2.3-3　过梁

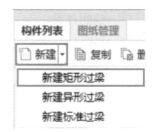

图 3.2.3-4　新建矩形过梁

"构件列表"中选择过梁，如图 3.2.3-6 所示；其次，在"过梁二次编辑"面板点击"智能布置"的下拉菜单，选择"门窗洞口宽度"，如图 3.2.3-7 所示；最后，编辑布置条件，单击【确定】即可完成布置，如图 3.2.3-8 所示。

图 3.2.3-6 选择过梁（一）

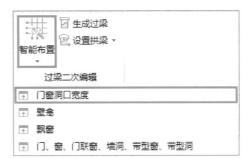

图 3.2.3-5 过梁属性

图 3.2.3-7 "智能布置"命令

② 点

以Ⓒ轴上、②轴西侧的"C1733"（跨度 1000＜L≤2000）处的过梁为例，点布置过梁，操作步骤如下：首先，在"构件列表"中选择过梁，如图 3.2.3-9 所示；其次，在"绘图"面板选择"点"命令；最后，单击需要布置过梁的窗，即可完成过梁的布置，如图 3.2.3-10 所示。

图 3.2.3-8 布置条件

图 3.2.3-9 选择过梁（二）

图 3.2.3-10 点绘制过梁

129

（2）方法二：生成过梁

采用"生成过梁"的方式绘制过梁时，不需要先在构件列表中新建过梁，可以直接在"过梁二次编辑"面板中选择"生成过梁"命令，如图 3.2.3-11 所示；然后在弹出的"生成过梁"窗口中编辑过梁信息，需要注意的是，在窗口中"墙厚（b）"可以不输入，软件会自动识别门窗所在的墙体的厚度，"洞宽（L）"需要输入结施 01 中门窗洞口跨度的区

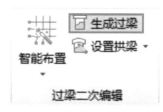

图 3.2.3-11 选择"生成过梁"

间，例如，输入 1000～2000 时，表示（1000，2000]（表示 1000mm＜宽度≤2000mm 的门窗洞口），完成后点击【确定】即可，如图 3.2.3-12 所示。

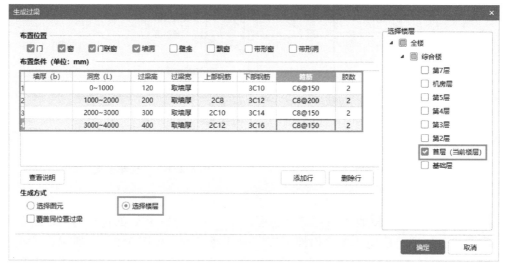

图 3.2.3-12 编辑生成过梁信息

4. 清单套用

过梁的混凝土清单如图 3.2.3-13 所示。

图 3.2.3-13 "过梁"清单套用

5. 汇总过梁工程量

（1）过梁清单工程量

首层过梁的清单工程量，见表 3.2.3-3。

过梁混凝土清单汇总表　　　　　　　　　　表 3.2.3-3

序号	编码	项目名称	单位	工程量明细
实体项目				
1	010503005001	过梁 1. 混凝土种类:商品混凝土 2. 混凝土强度等级:C25	m^3	1.1499

（2）过梁钢筋工程量

首层过梁的钢筋工程量，见表 3.2.3-4。

过梁钢筋工程量 表 3.2.3-4

汇总信息	汇总信息钢筋总重(kg)	构件名称	构件数量	HPB300	HRB400
过梁	170.648	$L\leqslant1000$	15		75.981
		$1000<L\leqslant2000$	9		103.402
		合计	24		179.383

任务二：

首层圈梁的混凝土及钢筋清单工程量计算

1. 任务背景

某工程圈梁信息见结施 01，通过结构设计说明可知：混凝土强度等级为 C25，钢筋采用 HRB400。现项目部工程预算员现接到监理指令，要求在规定时间内申报已完成圈梁的混凝土钢筋工程量。利用工程量计算软件快速完成以上工作任务。

3.2.3-2 圈梁工程量计算

2. 任务分析

（1）资料准备

结构施工图、《房屋建筑与装饰工程工程量计算规范》GB 50854—2013。

（2）基础能力

构造与识图

通过识读施工图结施 01，可识读圈梁（不考虑窗台板）的设置要求为：墙高超过 4m 时，其中部或洞口顶设与柱连接的全长贯通梁，其断面为墙宽×200，配筋为 4⌀14（四角）和⌀6@200 箍筋。

（3）国标清单工程量计算规则

圈梁清单计算规则，见表 3.2.3-5。

圈梁清单计算规则 表 3.2.3-5

编号	项目名称	单位	计算规则
010503004	圈梁	m^3	按设计图示尺寸以体积计算。伸入墙内的梁头、梁垫并入梁体积内

（4）软件计算规则应用

1）土建计算规则

通过点击"工程设置"选项卡，在"土建设置"面板中，点击"计算规则"命令，在弹出的窗口中点击"梁"下的"圈梁"，则可查看圈梁的各种工程量的计算规则，一般情况下不进行修改，如图 3.2.4-14 所示。

2）钢筋计算规则

通过点击"工程设置"选项卡，在"钢筋设置"面板中，点击"计算设置"，在弹出的窗口中点击"砌体结构"，从第 18 条起至第 33 条属于圈梁的计算规则，一般情况下要按照图纸进行修改，如图 3.2.3-15 所示。

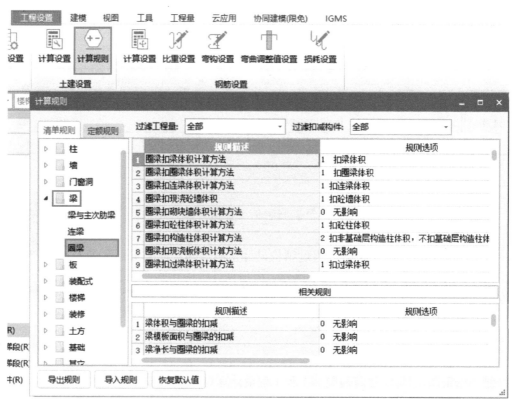

图 3. 2. 3-14　圈梁混凝土工程量计算规则

图 3. 2. 3-15　圈梁钢筋工程量计算规则

3. 任务实施

在"建模"选项卡下，在左侧导航树中点击"梁→圈梁"，如图 3.2.3-16 所示。

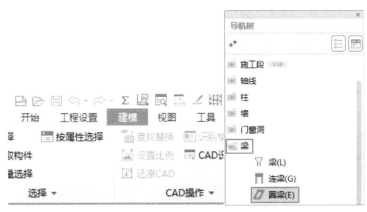

图 3.2.3-16　圈梁

（1）方法一：手工建模圈梁

手工建模圈梁的基本流程为：在"构件列表"中新建圈梁→在"属性列表"中修改圈梁属性→布置圈梁。

1）新建圈梁

在"构件列表"中点击"新建"的下拉菜单，选择"新建矩形圈梁"，如图 3.2.3-17 所示。

2）编辑圈梁属性

通过识读图纸，本层圈梁只有一种，在属性列表中输入圈梁相应的属性值，如图 3.2.3-18 所示。

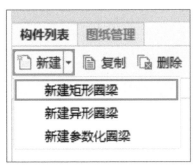

图 3.2.3-17　新建圈梁

	属性名称	属性值
1	名称	QL-1
2	截面宽度(mm)	200
3	截面高度(mm)	200
4	轴线距梁左边…	(100)
5	上部钢筋	2Φ14
6	下部钢筋	2Φ14
7	箍筋	Φ6@200
8	胶数	2
9	材质	预拌混凝土
10	混凝土类型	(预拌砼)
11	混凝土强度等级	(C25)
12	混凝土外加剂	(无)

图 3.2.3-18　编辑圈梁属性

3）绘制圈梁

绘制圈梁有两种主要命令：直线、智能布置。

① 直线

用"直线"命令绘制圈梁，如图 3.2.3-19 所示。

② 智能布置

用"智能布置"绘制圈梁的操作步骤为：首先在"构件列表"中选择圈梁，其次点击"智能布置"的下拉菜单，选择"墙中心线"，最后选择外墙，右键确认即可完成圈梁绘制，如图 3.2.3-20 所示。

（2）方法二：生成圈梁

采用"生成圈梁"的方式绘制圈梁时，不需要在构件列表中新建圈梁，可以直接在"圈梁二次编辑"面板中选择"生成圈梁"命令，如图 3.2.3-21 所示，在弹出的"生成圈梁"窗口中编辑圈梁信息，完成后点击【确定】即可，如图 3.2.3-22 所示。

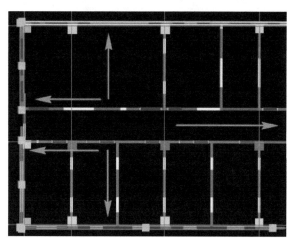

图 3.2.3-19　直线绘制圈梁

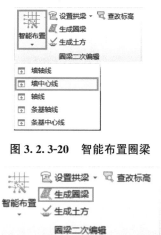

图 3.2.3-20　智能布置圈梁

图 3.2.3-21　选择"生成圈梁"

图 3.2.3-22　编辑生成圈梁信息

4. 清单套用

圈梁的混凝土清单如图 3.2.3-23 所示。

图 3.2.3-23 "圈梁"清单套用

5. 汇总圈梁工程量

（1）圈梁清单工程量

首层圈梁的清单工程量，见表 3.2.3-6。

圈梁混凝土清单汇总表   表 3.2.3-6

序号	编码	项目名称	单位	工程量明细
		实体项目		
1	010503004001	圈梁 1. 混凝土种类:预拌 2. 混凝土强度等级:C25	m³	3.686

（2）圈梁钢筋工程量

首层圈梁的钢筋工程量，见表 3.2.3-7。

圈梁钢筋工程量   表 3.2.3-7

汇总信息	汇总信息钢筋总重(kg)	构件名称	构件数量	HPB300	HRB400
圈梁	701.274	QL-1	7		701.274
		合计	7		701.274

任务三：

二层构造柱的混凝土及钢筋清单工程量计算

1. 任务背景

某工程二层构造柱结构布置图见结施 17，通过结构设计说明可知：混凝土强度等级为 C25，三级抗震设计，钢筋采用 HRB400。现项目部工程预算员接到监理指令，要求在规定时间内申报已完成二层构造柱的混凝土及钢筋工程量。利用工程量计算软件快速完成以上工作任务。

3.2.3-3
构造柱工
程量计算

2. 任务分析

（1）资料准备

结构施工图、《砌体填充墙结构构造》12G614-1、《房屋建筑与装饰工程工程量计算规范》GB 50854—2013。

（2）基础能力

构造与识图：通过识读施工图结施 03，可识读构造柱的基本信息，见表 3.2.3-8。

构造柱表　　　　　　　　　　　　　　　表 3. 2. 3-8

类型	名称	混凝土强度等级	截面尺寸（mm）	角筋	b 每侧中配筋	h 每侧中配筋	箍筋类型号	箍筋
构造柱	GZ1	C25	200×200	4 Φ 14			2(2×2)	Φ 8@100/200
	GZ2	C25	400×200	4 Φ 14	1 Φ 14		1(3×2)	Φ 8@100/200

（3）国标清单工程量计算规则

构造柱的清单计算规则，见表 3.2.3-9。

构造柱清单计算规则　　　　　　　　　　表 3. 2. 3-9

编号	项目名称	单位	计算规则
010502002	构造柱	m³	按设计图示尺寸以体积计算。柱高:构造柱按全高计算,嵌接墙体部分(马牙槎)并入柱身体积

1）土建计算规则

通过点击"工程设置"选项卡，在"土建设置"面板中，点击"计算规则"命令，在弹出的窗口中点击"柱"下的"构造柱"命令，则可查看构造柱的各种工程量的计算规则，一般情况下不进行修改，如图 3.2.4-24 所示。

图 3. 2. 3-24　构造柱混凝土工程量计算规则

2）钢筋计算规则

通过点击"工程设置"选项卡，在"钢筋设置"面板中，点击"计算设置"，在弹出的窗口中点击"砌体结构"，从第 1 条起至第 17 条属于构造柱的计算规则，一般情况下要按照图纸进行修改，如图 3.2.3-25 所示。

3. 任务实施

在"建模"选项卡下，在左侧导航树中点击"柱"→"构造柱"，如图 3.2.3-26 所示。

图 3.2.3-25 构造柱钢筋工程量计算规则

（1）方法一：手工建模构造柱

手工建模构造柱的基本流程为：在"构件列表"中新建构造柱→在"属性列表"中修改构造柱属性→绘制构造柱。

1）新建构造柱

在"构件列表"中点击"新建"的下拉菜单，选择"新建矩形构造柱"，如图3.2.3-27所示。

图 3.2.3-26 构造柱

图 3.2.3-27 新建矩形柱

2）修改构造柱属性

通过识读图纸结施 03 和结施 17，二层的构造柱为 GZ1，在"属性列表"中输入相应的属性值，如图 3.2.3-28 所示。

3）绘制构造柱

参照图纸结施 17，绘制构造柱，绘制方法同柱手工建模方法。

（2）方法二：生成构造柱

采用"生成构造柱"的方式绘制构造柱时，不需要在"构件列表"中新建构造柱，可以直接在"构造柱二次编辑"面板中选择"生成构造柱"命令，如图3.2.3-29所示。以GZ-1为例，首先点击"生成构造柱"命令，在弹出的"生成构造柱"窗口中编辑"布置位置"及"构造柱属性"，并选择需要布置构造柱的楼层，完成后点击【确定】，如图3.2.3-30所示。

图3.2.3-28　GZ1属性

图3.2.3-29　选择"生成构造柱"

图3.2.3-30　编辑生成构造柱信息

4. 清单套用

构造柱的混凝土清单，如图3.2.3-31所示。

图3.2.3-31　"构造柱"清单套用

5. 汇总构造柱工程量

（1）构造柱清单工程量

二层构造柱的清单工程量，见表3.2.3-10。

构造柱混凝土清单汇总表　　　　　　　　　　　表3.2.3-10

序号	编码	项目名称		单位	工程量明细
		实体项目			
1	010502002001	构造柱 1.混凝土种类:商品混凝土 2.混凝土强度等级:C25		m³	20.6974

（2）构造柱钢筋工程量

二层构造柱的钢筋工程量，见表3.2.3-11。

构造柱钢筋工程量　　　　　　　　　表3.2.3-11

汇总信息	汇总信息钢筋总重（kg）	构件名称	构件数量	HPB300	HRB400
构造柱	3677.444	GZ1	89		3322.396
		GZ2	6		355.048
		合计	95		3677.444

总结拓展

1. 过梁是在砌体墙上门洞或窗洞的位置设置的横梁，用来承载洞口上面的荷载，并把它们传递给墙体。

2. 圈梁是沿砌体墙水平方向设置封闭状的按构造配筋的混凝土梁式构件。圈梁能够减少地基不均匀沉降对建筑物的破坏，与楼板和构造柱一起作用，增加建筑物的整体性和稳定性，其数量和位置与建筑物的高度、层数、地基状况和地震强度有关，一般设置在基础外墙、檐口处、楼层处。

在设置时，圈梁必须连续封闭，如圈梁遇到门窗洞口时，可以采用增设附加圈梁的方式保持圈梁的连续性；过梁是分段设置，根据过梁的类型满足相应的跨度要求；圈梁可以兼做过梁，过梁不可以兼做圈梁。

卫生间防水带通常以圈梁构件定义，请扫描二维码3.2-拓2进行学习。

3. 为提高建筑物砌体结构的抗震性能，在砌体墙适宜部位设置钢筋混凝土构造柱，并与圈梁连接，共同加强建筑物的稳定性。

3.2-拓2　绘制翻边（止水坎）图元

课后练习题

一、判断题

1. 过梁在洞口两侧伸入墙体不得小于250mm。（　　　）

2. 圈梁可以设置在窗的上方和下方。（　　　）

3. 构造柱的模板工程量需按马牙槎的侧面积计算。（　　　）

二、单选题

1. 根据《房屋建筑与装饰工程工程量计算规范》GB 50854—2013，关于构造柱工程量计算下列说法错误的是（　　　）。

A. 按设计图示尺寸以长度计算　　　　　B. 按设计图示尺寸以体积计算

C. 构造柱按全高计算　　　　　　　　　D. 嵌接墙体部分（马牙槎）并入柱身体积

2. 关于圈梁、过梁的说法正确的是（　　　）。

A. 增加结构整体性　　　　　　　　　　B. 均可以做窗台使用

C. 圈梁一般均应封闭　　　　　　　　　D. 有洞口就有过梁

三、多选题

1. 智能布置过梁时可以选择以下哪些方式布置？（　　　）

A. 按门窗位置　　　　　　　B. 按洞口宽度

C. 按飘窗　　　　　　　　　D. 自定义

E. 按墙体位置

2. 绘制构造柱的方法有（　　）。

A. 点绘制　　　　　　　　　B. 按轴网智能布置

C. 自动生成构造柱　　　　　D. 直线绘制

E. 矩形绘制

3.2.3
习题答案

3.2.4　室内装修工程量计算

工作任务

任务单：首层室内装修的清单工程量计算。

3.2.4　室内装修工程量计算

任务单：

首层室内装修的清单工程量计算

1. 任务背景

某工程室内装修表及材料做法表见建施02，现项目部工程预算员接到监理指令，要求在规定时间内申报已完成首层室内装修（包括楼地面、墙面、踢脚线、天棚（吊顶）及室内防水）的工程量。利用工程量计算软件快速完成以上工作任务。

2. 任务分析

（1）资料准备

建筑施工图、《房屋建筑与装饰工程工程量计算规范》GB 50854—2013。

（2）基础能力

构造与识图

通过识读施工图建施02，可识读室内装修的基本信息，见表3.2.4-1。

室内装修表　　　　　　　　　　　　　　　　　　表 3.2.4-1

房间名称	楼地面		墙面（柱面）	踢脚	天棚
	地面	楼面			
门厅	地面3		内墙面1	踢脚1	天棚1
各房间	地面1	楼面1	内墙面1	踢脚1	天棚1
卫生间	地面2	楼面2	内墙面2		天棚1
走廊	地面1	楼面1	内墙面1	踢脚1	天棚1
楼梯间	地面1	楼面1	内墙面1	踢脚1	天棚2

通过识读施工图建施02，可识读材料做法的基本信息，见建施02第五部分材料做法表。

（3）国标清单工程量计算规则

部分室内装修的清单计算规则，见表3.2.4-2。

（4）软件计算规则应用

土建计算规则

通过点击"工程设置"选项卡，在"土建设置"面板中，点击"计算规则"命令，在弹出的窗口中点击"装修"，则可查看装修的各种工程量的计算规则，一般情况下不进行修改，如图 3.2.4-1 所示。

部分室内装修清单计算规则 表 3.2.4-2

编号	项目名称	单位	计算规则
010903002	墙面涂膜防水	m²	按设计图示尺寸以面积计算
010904002	楼(地)面涂膜防水	m²	按设计图示尺寸以面积计算 1. 楼(地)面防水，按主墙间净空面积计算，扣除凸出地面的构筑物、设备基础等所占面积，不扣除间壁墙及单个面积≤0.3m²柱、垛、烟囱和孔洞所占面积； 2. 楼(地)面防水反边高度≤300mm 按地面防水计算，反边高度>300mm 按墙面防水计算
011102003	块料楼地面	m²	按设计图示尺寸以面积计算 门洞、空圈、暖气包槽、壁龛的开口部分并入相应的工程量内
011105003	块料踢脚线	m² m	1. 以平方米计量，按设计图示长度乘高度以面积计算； 2. 以米计量，按延长米计算
011204003	块料墙面	m²	按镶贴表面积计算
011302001	吊顶天棚	m²	按设计图示尺寸以水平投影面积计算； 天棚面中的灯槽及跌级、锯齿形、吊挂式、藻井式天棚面积不展开计算。不扣除间壁墙、检查口、附墙烟囱、柱垛和管道所占面积，扣除单个>0.3m² 的孔洞、独立柱及与天棚相连的窗帘盒所占的面积
011407001	墙面喷刷涂料	m²	按设计图示尺寸以面积计算
011407002	天棚喷刷涂料	m²	按设计图示尺寸以面积计算

图 3.2.4-1 装修工程量的计算规则

3. 任务实施

在"建模"选项卡下，在左侧导航树中点击"装修"，如图 3.2.4-2 所示。

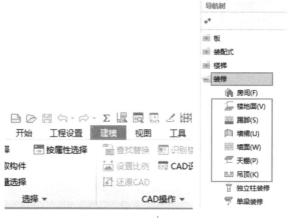

图 3.2.4-2　装修

（1）方法一：手工建模室内装修

手工建模室内装修的基本流程为：在"构件列表"中新建各装修构件→在"属性列表"中修改各装修构件属性→在"构件列表"中新建房间→在"属性列表"中修改房间属性→给房间添加依附构件→布置房间。

1）新建各装修构件

在左侧导航树中点击"装修"→选择某室内装修构件，如"楼地面""踢脚"等，如图3.2.4-2所示。在"构件列表"中点击"新建"后的下拉菜单，选择"新建构件"，如图3.2.4-3所示。

图 3.2.4-3　新建各装修构件

2）修改装修构件属性

通过识读图纸，在装修构件的属性列表中输入相应的属性值，以楼地面中的"地1"为例，如图3.2.4-4所示。

特别注意，"地2"做法中有防水层，在属性列表中需要将"是否计算防水面积"的属性值设为"是"，软件才会计算防水工程量，如图3.2.4-5所示。

3）新建房间

在"建模"选项卡下，在左侧导航树中点击"装修→房间"，如图3.2.4-6所示。

在"构件列表"中点击"新建"后的下拉菜单，选择"新建房间"并将其名称改为与图纸中各个房间的名称一致，如图3.2.4-7所示。

图 3.2.4-4 修改楼地面属性

图 3.2.4-5 是否计算防水面积

图 3.2.4-6 房间

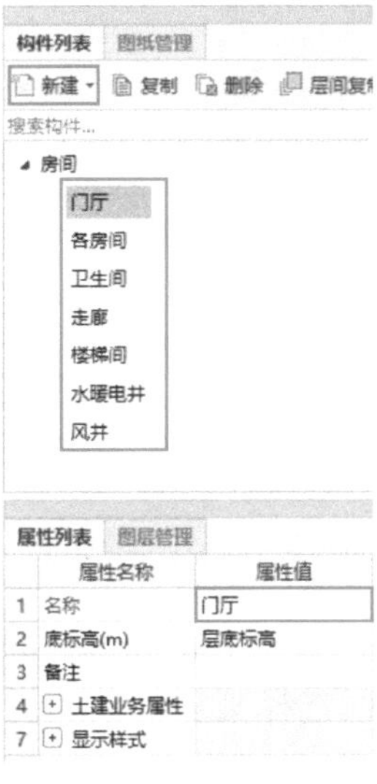

4）添加依附构件

根据室内装修表，给每个房间添加依附构件，以"门厅"为例，双击构件列表中的"门厅"，弹出定义窗口，在"构件类型"里可选择装修构件，以门厅中的"楼地面"为例，选择"楼地面"，在"依附构件类型"下点击"添加依附构件"命令，在"构件名称"的下拉菜单里选择对应门厅的楼地面装修，根据建施 02，门厅的楼地面装修为"地面 3"。采用以上方法依次选择不同的构件类型，添加依附构件，如图 3.2.4-8 所示。

5）布置房间

布置房间有两种主要命令：点、智能布置。

① 点

若房间区域是封闭的，可利用"绘图"面板中的"点"命令完成绘制。以卫生间的室内装修为例，首先在"构件列表"中选择"卫生间"，其次点击"绘图"面板中的"点"，最后点击卫生间区域内的任一点，即可完成卫生间内的装修绘制，如

图 3.2.4-7 新建房间

图 3.2.4-9 所示。

特别注意，卫生间地面采用"地面 2"，"地面 2"做法中有防水层，在布置完卫生间后，需设置防水卷边，具体流程为：在左侧导航树中点击"装修"→"楼地面"，点击"楼地面二次编辑"面板中的"设置防水卷边"命令，选择需要设置防水高度的楼地面，右键确认，在弹出的"设置防水卷边"窗口中输入防水高度（mm）为"1800"，点击【确定】，如图 3.2.4-10 所示。

② 智能布置

在房间区域封闭的情况下，绘制房间装修还可利用"房间二次编辑"面板中的"智能

图 3.2.4-8　添加依附构件

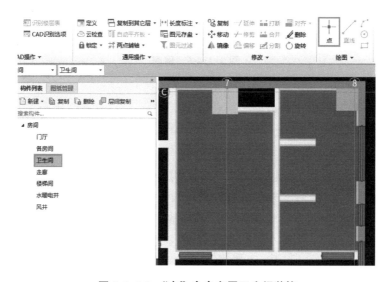

图 3.2.4-9　"点"命令布置卫生间装饰

布置"命令完成绘制。如首先在"构件列表"中选择某房间，其次点击"智能布置"的下拉菜单，选择"拉框布置"，如图 3.2.4-11 所示，最后点选或拉框选择某房间的四周墙体，右键确认，即可完成某房间的装修绘制。

图 3.2.4-10　设置防水卷边

图 3.2.4-11　"拉框布置"命令

（2）方法二：CAD 识别装修表

CAD 识别装修的基本流程为：选择图纸→识别装修表→布置房间。

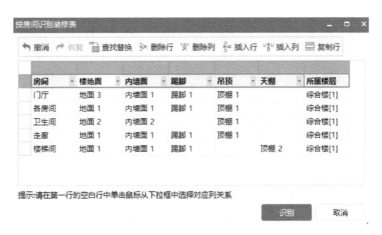

图 3.2.4-12 识别装修表的三种方法

1）选择图纸

在"图纸管理"中，选择建施 02。

2）识别装修表

软件提供三种识别装修表的方法："按构件识别装修表""按房间识别装修表""识别 Excel 装修表"，如图 3.2.4-12 所示。

"按构件识别装修表"的方法只能识别出构件属性，如按布置房间的方法绘制室内装修，则还需新建房间，添加依附构件；"按房间识别装修表"的方法能一次性识别出房间和房间内的相应构件属性；"识别 Excel 装修表"的方法适用于装修做法由 Excel 表格提供的工程。本图纸适用于"按房间识别装修表"的方法。

"按房间识别装修表"的基本流程为：点击"识别房间"面板中的"按房间识别装修表"命令，拉框选择室内装修表，右键确认，在弹出"按房间识别装修表"的窗口中，调整表格内容，在第一行下拉框中选择列对应关系，如图 3.2.4-13 所示，点击【识别】，软件会弹出识别出的构件数量提示窗口，点击【确定】完成装修表的识别。

图 3.2.4-13 "按房间识别装修表"窗口

此步骤结束后，需要在"属性列表"一栏，修改各装修构件的属性，特别注意修改踢脚、吊顶等构件的离地高度。

"识别 Excel 装修表"的方法为补充内容，请扫描二维码 3.2-2 进行学习。

3.2-2 识别 Excel 装修表

3）布置房间

布置房间步骤方法与手工建模一致。

4. 清单套用

"地面 1"装饰清单如图 3.2.4-14 所示，"地面 2"装饰清单如图 3.2.4-15 所示，"地面 3"装饰清单如图 3.2.4-16 所示，"踢脚 1"装饰清单如图 3.2.4-17 所示，"内墙面 1"装饰清单如图 3.2.4-18 所示，"内墙面 2"装饰清单如图 3.2.4-19 所示，"天棚 1"装饰清单如图 3.2.4-20 所示，"天棚 2"装饰清单如图 3.2.4-21 所示。

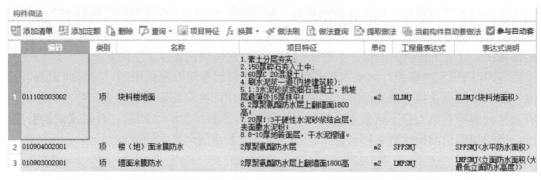

图 3.2.4-14　"块料楼地面"（地面 1）清单

图 3.2.4-15　"块料楼地面""楼（地）面涂膜防水""墙面涂膜防水"（地面 2）清单

图 3.2.4-16　"块料楼地面"（地面 3）清单

图 3.2.4-17　"块料踢脚线"（踢脚 1）清单

图 3.2.4-18　"墙面喷刷涂料"（内墙 1）清单

图 3.2.4-19 "块料墙面""墙面涂膜防水"（内墙 2）清单

图 3.2.4-20 "吊顶天棚"（天棚 1）清单

图 3.2.4-21 "天棚喷刷涂料"（天棚 2）清单

5. 汇总室内装修工程量

首层室内装修的清单工程量，见表 3.2.4-3。

室内装修清单汇总表　　　　　　　　　　　表 3.2.4-3

序号	编码	项目名称	单位	工程量明细
实体项目				
1	010903002001	墙面涂膜防水 2mm 厚聚氨酯防水层上翻墙面 1800mm 高	m²	72.7395
2	010903002002	墙面涂膜防水 1.5mm 厚聚氨酯防水层	m²	135.0818
3	010904002001	楼（地）面涂膜防水 2mm 厚聚氨酯防水层	m²	34.8814
4	011102003001	块料楼地面 1. 素土分层夯实 2. 150mm 厚碎石夯入土中 3. 60mm 厚 C20 混凝土 4. 刷水泥浆道（内掺建筑胶） 5. 20mm 厚 1：3 干硬性水泥砂浆结合层表面撒水泥粉 6. 8～10mm 厚 600mm×600mm 地砖面层，干水泥擦缝	m²	523.3811

序号	编码	项目名称	单位	工程量明细
		实体项目		
5	011102003002	块料楼地面 1. 素土分层夯实 2. 150mm 厚碎石夯入土中 3. 60mm 厚 C20 混凝土 4. 刷水泥浆一道（内掺建筑胶） 5. 1：3 水泥砂浆或细石混凝土，找坡层最薄处 15mm 厚抹平 6. 2mm 厚聚氨酯防水层上翻墙面 1800mm 高 7. 20mm 厚 1：3 干硬性水泥砂浆结合层，表面撒水泥粉 8. 8～10mm 厚 400mm×400mm 地砖面层，干水泥擦缝	m²	32.6418
6	011102003003	块料楼地面 1. 素土分层夯实 2. 150mm 厚碎石夯入土中 3. 60mm 厚 C20 混凝土 4. 刷水泥浆道（内掺建筑胶） 5. 20mm 厚 1：3 干硬性水泥砂浆结合层表面撒水泥粉 6. 8～10mm 厚 900mm×900mm 地砖面层，干水泥擦缝	m²	62.29
7	011105003001	块料踢脚线 1. 墙（柱）面 2. 14mm 厚 1：2 水泥砂浆打底（分层抹灰） 3. 1：1 水泥砂浆粘结层 4. 贴铺 120mm 高踢脚砖	m²	40.4366
8	011204003001	块料墙面 1. 加气混凝土砌块 2. 素水泥浆一道（内掺建筑胶） 3. 9mm 1：3 水泥砂浆打底压实抹平（用专用胶粘贴时要求平整） 4. 1.5mm 厚聚氨酯防水层 5. 5mm 1：2 建筑胶水泥砂浆粘贴层 6. 瓷砖胶粘剂贴面砌 8～10mm 厚，本色水泥擦缝	m²	138.1478
9	011302001001	吊顶天棚 成品铝合金板吊顶	m²	523.4235
10	011407001001	墙面喷刷涂料 1. 加气混凝土砌块 2. 8mm 厚 1：2 水泥砂浆 3. 12mm 厚 1：1：6 水泥灰砂浆底（分层抹灰） 4. 满刮腻子 5. 刷乳胶漆一底二面	m²	1071.2077
11	011407002001	天棚喷刷涂料 1. 现浇混凝土楼板 2. 7mm 厚 1：4 水泥砂浆 3. 8mm 厚 1：1：6 水泥石灰麻刀砂浆底 4. 刷乳胶漆一底二面	m²	7.2031

总结拓展

1. 封闭房间

布置房间时若房间区域不封闭，分为两种情形，一种是绘制墙体时未将墙体绘制封闭，导致本该封闭的房间未封闭；另一种是房间区域原本就不封闭，如门厅位置。处理这两种情况的方法如下：

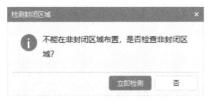

图3.2.4-22　检测封闭区域

（1）处理第一种情形方法：检测封闭区域

若用"点"命名布置未封闭房间的装修时，软件会弹出检测封闭区域警示窗口，如图3.2.4-22所示，点击【立即检测】，拉框选择需要检查未封闭区域的图元，右键确认，双击检查结果，直接可定位到对应图元上，点击"自动延伸"即可。

（2）处理第二种情形方法：绘制虚墙

在"建模"选项卡下，在左侧导航树中点击"墙→砌体墙"，在"构件列表"中点击"新建"后的下拉菜单，选择"新建虚墙"，利用"绘图"面板中的"直线"命令，在房间没有墙体的位置绘制一道虚墙，如图3.2.4-23所示，房间封闭后即可采用"点"或"智能布置"布置房间装修。

图3.2.4-23　绘制虚墙

2. 单独绘制装修图元

在软件中除了可以采用房间方法布置装修图元，也可以通过新建各装修构件后，直接将装修构件布置上去。

3. 房间中新建依附构件图元

在软件中还可以更快速的方法建立各装修构件，若之前没有新建各装修构件，也通过直接在"房间"下新建依附构件来实现装修构件的定义。

左侧导航树中点击"装修→房间"，在"构件列表"中点击"新建"后的下拉菜单，选择"新建房间"并将其名称改为与图纸中各个房间的名称一致。

双击构件列表中的房间，以"门厅"为例，弹出定义窗口，在"构件类型"里可选择装修构件，以"楼地面"为例，选择"楼地面"，在"依附构件类型"下选择"新建"，在"属性列表"中将楼地面的信息进行修改，根据建施02，门厅的楼地面装修为：地面3，如图3.2.4-24所示。采用以上方法依次选择不同的构件类型，新建依附构件。

图 3.2.4-24　新建依附构件

课后练习题

一、判断题

1. 手工绘制内部装修的基本思路为：新建房间→布置房间→新建各装修构件→添加依附构件。（　　）

2. 如果需要软件计算防水工程量，楼地面的属性列表中"是否计算防水面积"需要设置为"是"。（　　）

3. 识别装修表有"按构件识别""按房间识别""识别 Excel 表格"三种方法。（　　）

4. 绘制虚墙可以解决房间原本不封闭的问题。（　　）

二、单选题

1. 根据《房屋建筑与装饰工程工程量计算规范》GB 50854—2013，楼（地）面涂膜防水按设计图示尺寸以面积计算，当防水反边高度大于（　　）mm，按墙面防水计算。

A. 200　　　　　　　B. 300　　　　　　　C. 400　　　　　　　D. 500

2. 根据《房屋建筑与装饰工程工程量计算规范》GB 50854—2013，块料墙面的工程量按（　　）计算。

A. 图示尺寸以面积　　B. 墙面抹灰面积　　C. 镶贴表面积　　D. 镶贴周长以长度

3. 根据《房屋建筑与装饰工程工程量计算规范》GB 50854—2013，吊顶天棚的工程量按（　　）计算。

A. 图示尺寸以面积　　　　　　　　　B. 图示尺寸以垂直面积

C. 图示尺寸以长度　　　　　　　　　D. 图示尺寸以水平投影面积

三、多选题

1. 根据《房屋建筑与装饰工程工程量计算规范》GB 50854—2013，楼（地）面涂膜防水按设计图示尺寸以面积计算，不应该扣除的部分有（　　）。

A. 凸出地面的构筑物所占面积　　　　　B. 间壁墙

C. 凸出地面的设备基础所占面积　　　　D. 单个面积≤0.3m² 的孔洞

E. 单个面积≥0.3m² 的孔洞

2. 根据《房屋建筑与装饰工程工程量计算规范》GB 50854—2013，块料楼地面按设计图示尺寸以面积计算，以下要并入相应工程量的有（　　　）。

A. 门洞开口部分　　　　　　　　　　B. 空圈开口部分

C. 暖气包槽开口部分　　　　　　　　D. 壁龛开口部分

E. 孔洞开口部分

3. 根据《房屋建筑与装饰工程工程量计算规范》GB 50854—2013，块料踢脚线的计量单位可以是（　　　）。

A. m　　　　　　　　　　　　　　　B. m²

C. m³　　　　　　　　　　　　　　　D. mm

E. cm

3.2.4
习题答案

3.2.5 室外装修工程量计算

工作任务

任务单：首层室外装修清单工程量计算。

3.2.5 室外装修工程量计算

任务单：

首层室外装修清单工程量计算

1. 任务背景

某工程室外装修见建施 09～建施 11，现项目部工程预算员接到监理指令，要求在规定时间内申报已完成首层室外装修工程量。利用工程量计算软件快速完成以上工作任务。

2. 任务分析

（1）资料准备

建筑施工图、《房屋建筑与装饰工程工程量计算规范》GB 50854—2013。

（2）基础能力

构造与识图

通过识读施工图建施 09～建施 11，可识读外立面全部为乳胶漆。

（3）国标清单工程量计算规则

墙面喷刷涂料的清单计算规则，见表 3.2.5-1。

墙面喷刷涂料清单计算规则　　　　　　　　　　　　　　　　表 3.2.5-1

编号	项目名称	单位	计算规则
011407001	墙面喷刷涂料	m²	按设计图示尺寸以面积计算

（4）软件计算规则应用

土建计算规则：

通过点击"工程设置"选项卡，在"土建设置"面板中，点击"计算规则"命令，在弹出的窗口中点击"装修"，其次点击"墙面"，则可查看外墙面装修工程量的计算规则，一般情况下不进行修改，如图 3.2.5-1 所示。

图 3.2.5-1　墙面装修工程量的计算规则

3. 任务实施

在"建模"选项卡下，在左侧导航树中点击"装修"→"墙面"，如图 3.2.5-2 所示。

图 3.2.5-2　墙面　　　　　　　　　　**图 3.2.5-3　新建外墙面**

手工建模外墙面的基本流程为：在"构件列表"中新建外墙面→在"属性列表"中修改外墙面属性→绘制外墙面。

（1）新建外墙面

在"构件列表"中点击"新建"后的下拉菜单，选择"新建外墙面"，如图 3.2.5-3 所示。

（2）修改外墙面属性

在属性列表中输入相应的属性值，如图 3.2.5-4 所示。

（3）绘制外墙面

绘制外墙面有三种主要命令：点、直线、智能布置。

1）点

首先在"构件列表"中选择外墙面，其次在"绘图"面板中选择"点"，最后点击外墙面外侧，即可完成外墙面的绘制，如图 3.2.5-5 所示。

图 3.2.5-4　外墙面属性

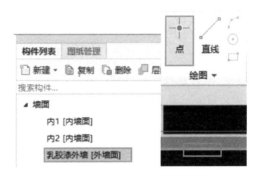

图 3.2.5-5　"点"命令绘制外墙面

2）直线

首先在"构件列表"中选择外墙面，其次在"绘图"面板中选择"直线"，最后点击外墙面外侧的起点和终点，即可完成外墙面的绘制，如图 3.2.5-6 所示。

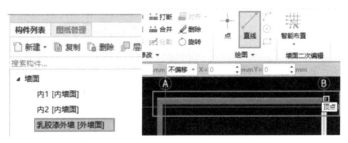

图 3.2.5-6　"直线"命令绘制外墙面

3）智能布置

若图形中有外墙封闭的区域时，可利用"墙面二次编辑"面板中的"智能布置"命令下拉菜单中的"外墙外边线"完成绘制，并且可以选择绘制的楼层，如图 3.2.5-7 所示。

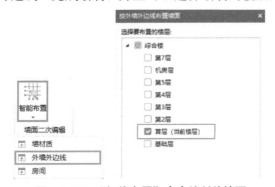

图 3.2.5-7　"智能布置"命令绘制外墙面

4）绘制墙体保温层

因本套图纸不涉及墙体保温层，所以此部分为补充内容，请扫描二维码 3.2-3 进行学习。

3.2-3　墙体保温层

4. 清单套用

外墙面装饰清单如图 3.2.5-8 所示。

图 3.2.5-8　"外墙面"装饰清单

5. 汇总外墙面工程量

首层室外装修的清单工程量，见表 3.2.5-2。

外墙面清单汇总表　　　　　　　　　　　　　　　　表 3.2.5-2

序号	编码	项目名称	单位	工程量明细
		实体项目		
1	011407001002	墙面喷刷涂料 乳胶漆外立面	m²	379.108

 总结拓展

1. 调整外墙面标高

在外墙面的属性列表中，有终点底标高、起点底标高、终点顶标高和起点顶标高四项数据，软件默认外墙面装修是按照墙体底标高和顶标高，但如遇外墙面装修不是随墙体标高，而是具体从某一标高到另一标高，则需要按照图纸要求修改顶标高和底标高，如图 3.2.5-9 所示。

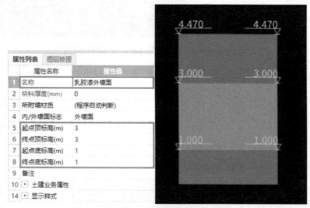

图 3.2.5-9　调整外墙面标高

2. 首层外墙面绘制

软件绘制外墙面是依附墙体进行的，首层墙体创建时一般是以层底标高为底标高，层底标高往往不是室外地坪标高。而实际情况是，建筑物首层外墙面应该从室外地坪开始，所以在绘制首层外墙面时，要注意需要将起点底标高与终点底标高均修改为室外地坪标高。

课后练习题

一、判断题

1. 软件中无法修改外墙面装修的标高。（　　　）

2. 软件中保温层的定义在导航树下的装修文件夹中。（　　　）

二、单选题

1. 根据《房屋建筑与装饰工程工程量计算规范》GB 50854—2013，墙面喷刷涂料按（　　　）计算。

    A. 设计图示尺寸以面积   B. 设计图示尺寸以表面积

    C. 设计图示尺寸以长度   D. 设计图示尺寸以周长

2. 根据《房屋建筑与装饰工程工程量计算规范》GB 50854—2013，保温隔热墙面的计量单位是（　　　）

    A. 墙面长度   B. 墙面面积

    C. 墙面体积   D. 保温隔热材料质量

三、多选题

1. 根据《房屋建筑与装饰工程工程量计算规范》GB 50854—2013，保温隔热墙面按设计图示尺寸以面积计算，扣除（　　　）所占面积。

    A. 门窗洞口   B. ≤$0.3m^2$ 孔洞   C. >$0.3m^2$ 孔洞

    D. >$0.3m^2$ 梁   E. ≤$0.3m^2$ 梁

2. 根据《房屋建筑与装饰工程工程量计算规范》GB 50854—2013，保温隔热墙面按设计图示尺寸以面积计算，（　　　）并入保温墙体工程量内。

    A. 门窗洞口侧壁   B. 与墙相连的柱   C. 与墙相连的梁

    D. >$0.3m^2$ 孔洞侧壁   E. <$0.3m^2$ 孔洞侧壁

3.2.5
习题答案

3.2.6 屋面保温隔热及防水工程量计算

工作任务

任务单： 屋面保温隔热及防水清单工程量计算。

3.2.6 屋面保温隔热及防水工程量计算

任务单：

屋面保温隔热及防水清单工程量计算

1. 任务背景

某工程屋面保温隔热及防水做法见建施01，现项目部工程预算员接到监理指令，要求在规定时间内申报已完成屋面（24.000m 处）防水工程工程量。请利用工程量计算软件快速完成以上工作任务。

2. 任务分析

（1）资料准备

建筑施工图、《房屋建筑与装饰工程工程量计算规范》GB 50854—2013。

（2）基础能力

构造与识图

通过识读施工图建施 01 及建施 08，可了解标高 24.000m 的保温不上人屋面的做法及平面位置。

保温不上人屋面做法参照图集《平屋面建筑构造》12J201 A17/A8；屋面建筑找坡具体做法见表 3.2.6-1；相应的女儿墙泛水做法详墙身大样图；屋面保温采用 70mm 厚挤塑聚苯板。

保温不上人屋面　　　　　　　　　　　　　　　　　　表 3.2.6-1

构造编号	简图	屋面构造
A8		1. 490mm×490mm×40mm，C25 细石混凝土预制板，双向 4φ6； 2. 20mm 厚聚合物砂浆铺卧； 3. 10mm 厚低强度等级砂浆隔离层； 4. 3.0mm 厚聚氨酯两遍涂抹，四周上翻 250mm； 5. 20mm 厚 1∶3 水泥砂浆找平层； 6. 70mm 厚挤塑聚苯板； 7. 最薄 30mm 厚 LC5.0 轻集料混凝土 2% 找坡层； 8. 钢筋混凝土屋面板

（3）国标清单工程量计算规则

屋面保温隔热及防水清单计算规则，见表 3.2.6-2。

（4）软件计算规则应用

土建计算规则：

通过点击"工程设置"选项卡，在"土建设置"面板中，点击"计算规则"命令，在弹出的窗口中点击"其它"页签下的"屋面"，则可查看屋面的计算规则，一般情况下不进行修改，如图 3.2.6-1 所示。

屋面保温隔热及防水清单计算规则　　　　　　　　　　表 3.2.6-2

编号	项目名称	单位	计算规则
010902001	屋面卷材防水	m²	按设计图示尺寸以面积计算 1. 斜屋顶（不包括平屋顶找坡）按斜面积计算，平屋顶按水平投影面积计算； 2. 不扣除房上烟囱、风帽底座、风道、屋面小气窗和斜沟所占面积； 3. 屋面的女儿墙、伸缩缝和天窗等处的弯起部分，并入屋面工程量内
011001001	保温隔热屋面	m²	按设计图示尺寸以面积计算
010902003	屋面刚性层	m²	按设计图示尺寸以面积计算

图 3.2.6-1 屋面混凝土工程量的计算规则

3. 任务实施

在"建模"选项卡下，在左侧导航树中点击"其它"→"屋面"，如图 3.2.6-2 所示。

图 3.2.6-2 屋面

手工建模屋面的基本流程为：在"构件列表"中新建屋面→在"属性列表"中修改屋面属性→绘制屋面→设置防水卷边。

（1）新建屋面

在"构件列表"中点击"新建"后的下拉菜单，选择"新建屋面"，如图 3.2.6-3

图 3.2.6-3　新建屋面

所示。

（2）修改屋面属性

以图中标高为 24.000m 处不上人屋面为例，在属性列表中只需输入相应的底标高值，如图 3.2.6-4 所示。

（3）绘制屋面

绘制屋面有四种主要命令：点、直线、矩形、智能布置。

1）点、直线、矩形

屋面属于典型的面状构件，其布置方式与板基本一致，可利用"绘图"面板中的"点""直线""矩形"等多种方式进行绘制，如图 3.2.6-5 所示，其中"点"命令绘制速度最快。

图 3.2.6-4　不上人屋面属性

图 3.2.6-5　屋面绘制

2）智能布置

绘制屋面时，也可采用"屋面二次编辑"面板中的"智能布置-外墙内边线、栏板内边线"命令来进行布置，如图 3.2.6-6 所示，选择此命令后，可以点击已经绘制好的墙、栏板、现浇板等图元，形成封闭区域后，右击鼠标确定，即可成功布置屋面图元，如图 3.2.6-7 所示。

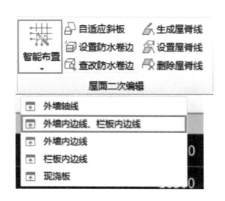

图 3.2.6-6　智能布置-外墙内边线、栏板内边线

图 3.2.6-7　布置屋面防水

（4）设置防水卷边

本工程防水卷边上翻高度为 250mm，在"屋面二次编辑"面板中，点击"设置防水卷边"，如图 3.2.6-8 所示。选择绘制好的屋面图元，右击鼠标，在弹出的窗口中输入"250"，点击【确定】，如图 3.2.6-9 所示。

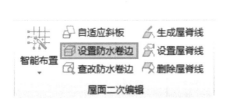

图 3.2.6-8 设置防水卷边

图 3.2.6-9 设置卷边高度

屋面绘制完毕后，可点击"动态观察"命令，查看屋面防水的三维图，如图 3.2.6-10 所示。

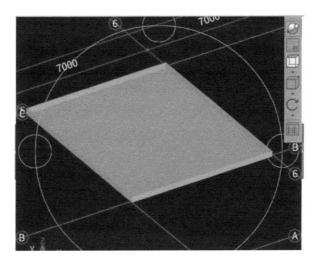

图 3.2.6-10 屋面"动态观察"命令

4. 清单套用

屋面保温隔热及防水的清单，如图 3.2.6-11 所示。

	编码	类别	名称	项目特征	单位	工程量表达式	表达式说明
1	010902001001	项	屋面卷材防水	1. 20厚聚合物砂浆铺卧 2. 3.0mm厚聚氨酯两遍涂抹，四周上翻250	m2	MJ+JBMJ	MJ〈面积〉+JBMJ〈卷边面积〉
2	010902003001	项	屋面刚性层	490x490x40, C25细石混凝土预制板，双向4φ6	m2	MJ	MJ〈面积〉
3	011003001001	项	隔离层	10厚低强度等级砂浆隔离层	m2	MJ	MJ〈面积〉
4	011001001001	项	保温隔热屋面	70厚挤塑聚苯板	m2	MJ	MJ〈面积〉
5	011001001002	项	保温隔热屋面	最薄30厚LC5.0轻集料混凝土2%找坡层	m2	MJ	MJ〈面积〉
6	011101006001	项	平面砂浆找平层	20厚1:3水泥砂浆找平层	m2	MJ	MJ〈面积〉

图 3.2.6-11 屋面保温隔热及防水清单

5. 汇总屋面工程量

屋面（24.000m）的清单工程量，见表 3.2.6-3。

屋面清单汇总表　　　　　　　　　　　　　　　　表 3.2.6-3

序号	编码	项目名称	单位	工程量明细
实体项目				
1	010902001001	屋面卷材防水 1. 20mm 厚聚合物砂浆铺卧 2. 3.0mm 厚聚氨酯两遍涂抹,四周上翻 250mm	m²	65.61
2	010902003001	屋面刚性层 490mm×490mm×40mm,C25 细石混凝土预制板,双向 4φ6	m²	57.96
3	011003001001	隔离层 10mm 厚低强度等级砂浆隔离层	m²	57.96
4	011001001001	保温隔热屋面 70mm 厚挤塑聚苯板	m²	57.96
5	011001001001	保温隔热屋面 最薄 30mm 厚 LC5.0 轻集料混凝土 2%找坡层	m²	57.96
6	011101006001	20mm 厚 1∶3 水泥砂浆找平层	m²	57.96

总结拓展

1. 屋面构件绘制要求

屋面构件的绘制一般按照"定义→点→设置防水卷边"的顺序进行,"点"命令要求布置区域为闭合空间。

2. 同一构件下挂接多条清单

在软件中,并不是所有构件都必须进行定义和绘制,如屋面的保温隔热、卷材防水可以放在屋面构件下,通过工程量表达式来计算正确的工程量,绘制时只需绘制屋面即可计算出各构件的工程量。

3. 斜板屋面的绘制

因本套图纸不涉及斜板屋面的定义及绘制,所以此部分为补充内容,请扫描二维码 3.2-4 进行学习。

3.2-4
斜板屋面
的绘制

课后练习题 🔍

一、判断题

1. 保温隔热屋面的工程量计算应以保温隔热材料的体积计算。(　　)

2. 各类屋面防水材料工程中应包括找平层的费用。(　　)

3. 在软件中自适应斜板命令可以完成斜板上屋面的绘制。(　　)

二、单选题

1.《房屋建筑与装饰工程工程量计算规范》GB 50854—2013 中,在计算卷材防水屋面工程量时，女儿墙处弯起部分工程量（　　　）。

　　A. 单独列项计算　　　　　　　　　　B. 应考虑在报价中

　　C. 一律按弯起 250mm 高度计算　　　D. 并入屋面工程量计算

　　2.《房屋建筑与装饰工程工程量计算规范》GB 50854—2013 中，卷材防水屋面工程量计算规则中规定（　　　）。

　　A. 平屋顶按实际面积计算　　　　　　B. 斜屋顶按水平投影面积计算

　　C. 平、斜屋顶均按水平投影面积计算　D. 斜屋顶按斜面积

3.2.7　其他构件工程量计算

3.2.6
习题答案

工作任务

任务一：台阶的清单工程量计算；
任务二：散水的清单工程量计算；
任务三：坡道的清单工程量计算。

3.2.7-1　台阶工程量计算

任务一：

台阶的清单工程量计算

1. 任务背景

某工程首层台阶的平面布置见建施 03，某工程项目部工程预算员现接到监理指令，要求在规定时间内申报已完成台阶的工程量计算。利用工程量计算软件快速完成以上工作任务。

2. 任务分析

（1）资料准备

建筑施工图、《房屋建筑与装饰工程工程量计算规范》GB 50854—2013。

（2）基础能力

构造与识图

通过识读施工图建施 01、建施 03、建施 09、建施 13 可知：台阶的做法参见图集《室外工程》12J003；台阶设计的信息：本项目共五组石材台阶，台阶的踏步宽度均为 300mm，北面两组室外台阶踏步个数为 3，顶标高为 −0.450m；南面室外台阶踏步个数为 6，顶标高为首层层底标高，室外地坪标高为 −0.900m，分析计算可知台阶踏步高度为 150mm。

（3）国标清单工程量计算规则

台阶清单计算规则，见表 3.2.7-1。

台阶清单计算规则　　　　　　　　　　　　　　　　　　表 3.2.7-1

编号	项目名称	单位	计算规则
010507004	台阶	m²	1. 以 m² 计量，按设计图示尺寸水平投影面积计算 2. 以 m³ 计量，按设计图示尺寸以体积计算

（4）软件计算规则应用

土建计算规则：

通过点击"工程设置"选项卡，在"土建设置"面板中，点击"计算规则"命令，在弹出的窗口中点击"其它"下的"台阶"命令，则可查看台阶的混凝土工程量的计算规则，一般情况下不进行修改，如图 3.2.7-1 所示。

图 3.2.7-1　台阶混凝土工程量的计算规则

3. 任务实施

在"建模"选项卡下，在左侧导航树中点击"其它→台阶"，如图 3.2.7-2 所示。

图 3.2.7-2　台阶

图 3.2.7-3　新建台阶

台阶建模的基本流程为：在"构建列表"中新建台阶→在"属性列表"中编辑台阶属性→绘制台阶。

（1）新建台阶

在"构件列表"中点击"新建"的下拉菜单，选择"新建台阶",如图 3.2.7-3 所示。

（2）修改台阶属性

以南立面台阶为例，在属性列表中输入台阶相应的属性值，如图 3.2.7-4 所示。

（3）绘制台阶

以南立面台阶为例绘制台阶，绘制步骤为：首先在"构件列表"选择台阶，其次点击"绘图"面板中的"矩形"命令，如图 3.2.7-5 所示；之后参照建施 03 绘制台阶的矩形轮廓，如图 3.2.7-6 所示；最后在"台阶二次编辑"面板中点击"设置踏步边"命令，设置台阶各边的踏步，即可完成台阶绘制，如图 3.2.7-7 所示。

图 3.2.7-4 台阶属性

图 3.2.7-5 选择台阶和矩形绘制命令

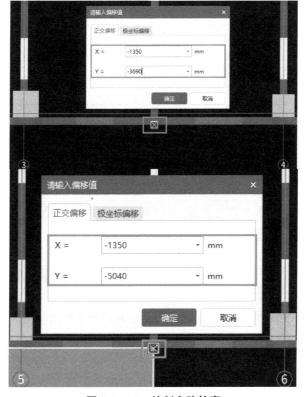

图 3.2.7-6 绘制台阶轮廓

图 3.2.7-7 　设置踏步边

也可打开 CAD 原始图层，使用"直线""矩形"等命令快速绘制台阶。

4. 清单套用

台阶的混凝土清单如图 3.2.7-8 所示。

图 3.2.7-8 　"台阶"混凝土清单

5. 汇总台阶工程量

首层台阶的混凝土清单工程量，见表 3.2.7-2。

台阶清单汇总表

表 3.2.7-2

序号	编码	项目名称	单位	工程量明细
		实体项目		
1	010507004001	台阶 1. 踏步高、宽：高 150mm，宽 300mm 2. 混凝土种类：商品混凝土 3. 混凝土强度等级：C25	m²	51.348

任务二：

散水的清单工程量计算

1. 任务背景

某工程首层散水的平面布置见建施 03，某工程项目部工程预算员现接到监理指令，要求在规定时间内申报已完成散水的工程量计算。利用工程量计算软件快速完成以上工作任务。

3.2.7-2 　散水工程量计算

2. 任务分析

（1）资料准备

建筑施工图、《房屋建筑与装饰工程工程量计算规范》GB 50854—2013。

（2）基础能力

构造与识图

通过识读施工图建施 01 及建施 03 可知散水的平面位置和信息，在建筑施工图设计总说明中可以读取到散水的宽度为 1000mm，沿建筑物周围布置。

（3）国标清单工程量计算规则

散水清单计算规则，见表 3.2.7-3。

散水清单计算规则 表 3.2.7-3

编号	项目名称	单位	计算规则
010507001	散水、坡道	m²	按设计图示尺寸以水平投影面积计算

（4）软件计算规则应用

土建计算规则：

通过点击"工程设置"选项卡，在"土建设置"面板中，点击"计算规则"命令，在弹出的窗口中点击"其它"下的"散水"命令，则可查看散水的混凝土工程量的计算规则，一般情况下不进行修改，如图 3.2.7-9 所示。

图 3.2.7-9 散水的混凝土工程量的计算规则

3. 任务实施

在"建模"选项卡下，在左侧导航树中点击"其它"→"散水"，如图 3.2.7-10 所示。

散水建模的基本流程为：在"构建列表"中新建散水→在"属性列表"中编辑散水属性→绘制散水。

（1）新建散水

在"构件列表"中点击"新建"的下拉菜单，选择"新建散水"，如图 3.2.7-11 所示。

（2）修改散水属性

根据图纸中的尺寸标注，在属性编辑框中输入散水相应的属性值，如图 3.2.7-12

165

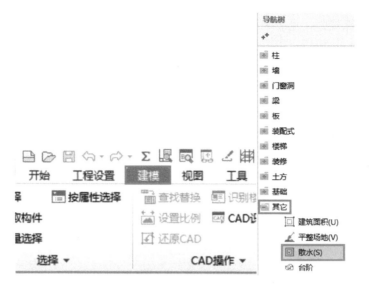

图 3.2.7-10　散水

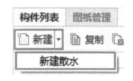

图 3.2.7-11　新建散水

所示。

（3）绘制散水

绘制散水有三种主要命令：点、直线、智能布置。

1）点、直线

散水属于面式构件，因此可利用"直线"或者"点"绘制，"直线"和"点"绘制参照板的绘制方法。

2）智能布置

散水建议用"智能布置"命令绘制，首先在"散水二次编辑"面板点击"智能布置-外墙外边线"，如图 3.2.7-13 所示；左键选择所有外墙，之后点击右键，在弹出的"设置散水宽度"窗口中输入"1000"，点击【确定】即可完成散水绘制，如图 3.2.7-14 所示。需要注意的是，在采用"智能布置"命令中的"外墙外边线"命令绘制散水时，必须保证所绘制的外墙是封闭的，如不封闭可使用前述的"延伸"方法使其封闭。

图 3.2.7-12　散水属性

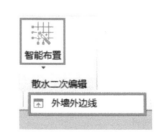

图 3.2.7-13　"智能布置-外墙外边线"命令

4. 清单套用

散水的混凝土清单如图 3.2.7-15 所示。

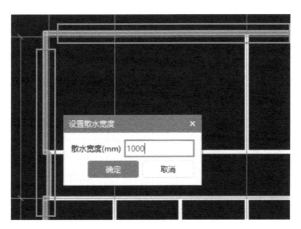

图 3.2.7-14　设置散水宽度

图 3.2.7-15　"散水"混凝土清单

5. 汇总散水工程量

首层散水的清单工程量，见表 3.2.7-4。

散水清单汇总表　　　　　　　　　　　　表 3.2.7-4

序号	编码	项目名称	单位	工程量明细
实体项目				
1	010507001001	散水、坡道 1. 20mm 厚 1：2.5 水泥砂浆面层压光 2. 60mm 厚 C20 细石混凝土面层 3. 素水泥浆一道（内掺建筑胶） 4. 100mm 厚碎石垫层或 150mm 厚 3：7 灰土 5. 素土夯实	m²	101.1457

任务三：

坡道的清单工程量计算

1. 任务背景

某工程首层坡道的平面布置见建施 03，某工程项目部工程预算员现接到监理指令，要求在规定时间内申报已完成坡道的工程量计算，利用工程量计算软件快速完成以上工作任务。

**3.2.7-3　坡道
工程量计算**

2. 任务分析

（1）资料准备

建筑施工图、《房屋建筑与装饰工程工程量计算规范》GB 50854—2013。

（2）基础能力

构造与识图

通过识读施工图建施 03 可知：本项目有两处石材坡道。

坡道的做法参见图集《室外工程》12J003。坡道的构造信息见表 3.2.7-5。

坡道构造信息　　　　　　　　　　　　　　　表 3.2.7-5

构造编号	简图	坡道构造
A3	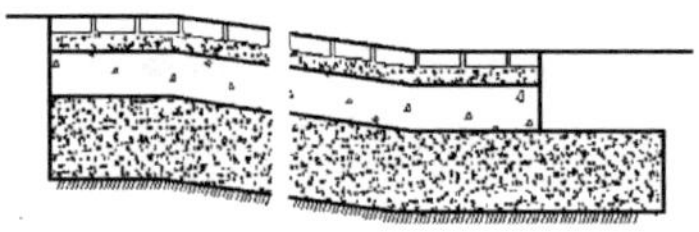	1. 30mm 厚花岗石板材（粗麻面）分格尺寸按工程设计； 2. 30mm 厚 1：3 干硬性水泥砂浆粘贴； 3. 素水泥浆一道； 4. 100mm 厚 C15 混凝土； 5. 300mm 厚 3：7 灰土（分两步夯实）； 6. 素土夯实

（3）国标清单工程量计算规则

坡道清单计算规则，见表 3.2.7-6。

坡道清单计算规则　　　　　　　　　　　　　　表 3.2.7-6

编号	项目名称	单位	计算规则
010507001	坡道、散水	m²	按设计图示尺寸以水平投影面积计算

3. 任务实施

坡道可以选用不同种类的构件进行绘制，因其属于面式构件，所以可以选用板、散水等面式构件绘制，一般选用散水绘制。

在"建模"选项卡下，在左侧导航树中点击"其它"→"散水"，如图 3.2.7-10 所示。

坡道建模的基本流程为：在"构建列表"中新建坡道→在"属性列表"中编辑坡道属性→绘制坡道。

（1）新建坡道

参照"任务二　散水的清单工程量计算"，"新建散水"的方法新建坡道。

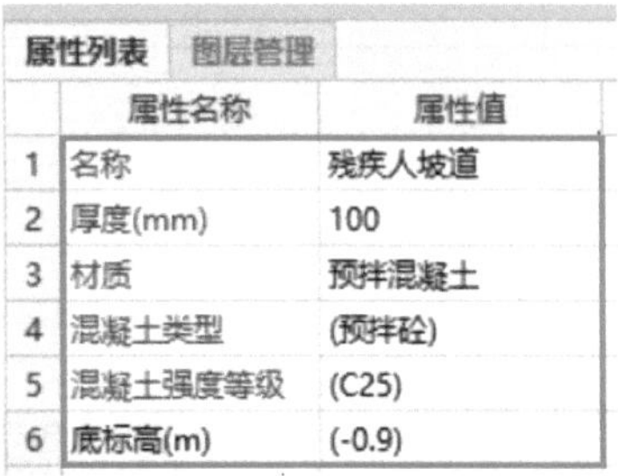

	属性名称	属性值
1	名称	残疾人坡道
2	厚度(mm)	100
3	材质	预拌混凝土
4	混凝土类型	(预拌砼)
5	混凝土强度等级	(C25)
6	底标高(m)	(-0.9)

图 3.2.7-16　坡道属性

（2）修改坡道属性

参照"任务二　散水的清单工程量计算"中，"修改散水属性"的方法修改坡道属性，如图 3.2.7-16 所示。

（3）绘制坡道

绘制坡道有三种主要命令：点、直线、矩形绘制。

1）点

若坡道四周已形成封闭区域，可点击"绘图"面板中的"点"命令绘制坡道。

2）直线、矩形

一般情况下，坡道四周不封闭，以南立面西侧坡道为例，可打开 CAD 原始图层，点击"绘图"面板中的"直线"或"矩形"命令绘制坡道，如图 3.2.7-17 所示。

图 3.2.7-17 绘制坡道

4. 清单套用

坡道的混凝土清单如图 3.2.7-18 所示。

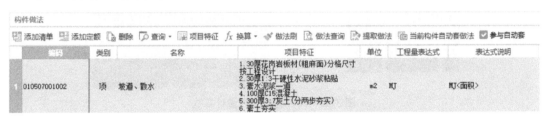

图 3.2.7-18 "坡道"混凝土清单

5. 汇总坡道工程量

坡道的清单工程量，见表 3.2.7-7。

坡道清单汇总表　　　　　　　　　　　　　表 3.2.7-7

序号	编码	项目名称	单位	工程量明细
实体项目				
1	010507001002	坡道、散水 1. 30mm 厚花岗石板材(粗麻面)分格尺寸按工程设计 2. 30mm 厚 1∶3 干硬性水泥砂浆粘贴 3. 素水泥浆一道 4. 100mm 厚 C15 混凝土 5. 300mm 厚 3∶7 灰土(分两步夯实) 6. 素土夯实	m²	62.63

总结拓展

1. 查看计算式

以台阶为例，台阶的工程量计算规则相对复杂，若要查看工程量，可左键选中后右键点击台阶构件，选择"汇总选中图元"，之后再次左键选中后右键点击台阶构件，选择"查看计算式"，在弹出的窗口中，可以查看台阶工程量的具体计算公式，同时，可以选择"查看三维扣减图"，从而更加直观地了解构件的计算过程，如图 3.2.7-19 所示。

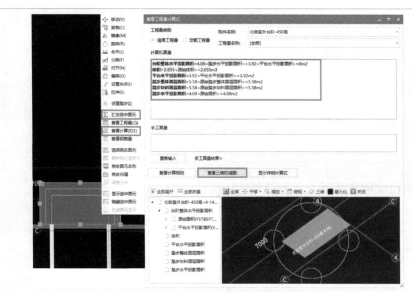

图 3.2.7-19　查看工程量计算式

2. 说明

查看模型时，散水是封闭的，台阶与散水叠加；软件在算量时，与台阶重叠部分的散水工程量，会自动扣减。

当坡道用散水绘制，查看工程量时，散水和坡道的工程量是在一起的，如果需要单独查看散水和坡道工程量，需要根据图元名称查看，所以建议在用散水绘制坡道时，一定将坡道的名称修改为"坡道"。

3. 绘制异形栏板图元

因本套图纸不涉及绘制异形栏板图元，此部分为拓展内容，请扫二维码 3.2-拓 3 进行学习。

3.2-拓 3　绘制异形栏板图元

课后练习题

一、判断题

1. 台阶属性定义只需给出台阶的顶标高。（　　）

2. 台阶属性定义后，直接绘制即可完成台阶建模。（　　）

3. 只要外墙封闭就可以智能布置散水。（　　）

二、单选题

1. 根据《房屋建筑与装饰工程工程量计算规范》GB 50854—2013，不属于台阶计算规则的是（　　）。

A. 按设计图示尺寸水平投影面积以平方米计算

B. 按设计图示尺寸以体积计算

C. 按设计图示尺寸以台阶（包括最上层踏步边沿加 300mm）水平投影面积计算

D. 按最下层台阶长度以延长米计算

2. 根据《房屋建筑与装饰工程工程量计算规范》GB 50854—2013，以下内容的工程量可以按 m 计算的是（ ）。

    A. 台阶　　　　　B. 散水　　　　　C. 坡道　　　　　D. 栏板

三、多选题

1. 可以智能布置的构件有（ ）。

    A. 台阶　　　　　B. 栏杆　　　　　C. 散水

    D. 坡道　　　　　E. 栏板

2. 绘制台阶的方法有（ ）。

    A. 智能布置　　　B. 直线绘制　　　C. 点绘制

    D. 三点画弧绘制　E. 矩形

3.2.7
习题答案

3.2.8 建筑面积工程量计算

工作任务

任务单： 建筑面积的清单工程量计算。

3.2.8 建筑面积工程量计算

任务单：

建筑面积的清单工程量计算

1. 任务背景

某工程建筑平面及立面图，现项目部工程预算员接到监理指令，要求在规定时间内申报首层建筑面积指标，并申报首层建筑面积相关的综合脚手架工程的清单工程量。利用工程量计算软件快速完成以上工作任务。

2. 任务分析

（1）资料准备

建筑施工图、《建筑工程建筑面积计算规范》GB/T 50353—2013、《房屋建筑与装饰工程工程量计算规范》GB 50854—2013。

（2）基础能力

构造与识图：

通过识读建筑施工图建施 03、建施 13，可识读建筑面积计算的基本信息，如下：

1）首层层高 4.5m，满足层高 2.2m 计算面积要求，且超过综合脚手架基本层高 3.6m；

2）悬挑雨篷无维护，且雨篷的结构外边线至外墙结构外边线的宽度在 2.10m 以内，属于不计算建筑面积的范围；

3）综合脚手架工程工程量计算未见有建筑面积基础上的增加面积。

（3）国标清单工程量计算规则

建筑面积计算规则（节选），见表 3.2.8-1。

建筑面积计算规则（节选）　　　　　　　表 3.2.8-1

面积规范编号	计算规则
3.0.1	建筑物的建筑面积应按自然层外墙结构外围水平面积之和计算。结构层高在 2.20m 及以上的，应计算全面积；结构层高在 2.20m 以下的，应计算 1/2 面积
3.0.8	建筑物的门厅、大厅应按一层计算建筑面积，门厅、大厅内设置的走廊应按走廊结构底板水平投影面积计算建筑面积。结构层高在 2.20m 及以上的，应计算全面积；结构层高在 2.20m 以下的，应计算 1/2 面积
3.0.16	门廊应按其顶板的水平投影面积的 1/2 计算建筑面积；有柱雨篷应按其结构板水平投影面积的 1/2 计算建筑面积；无柱雨篷的结构外边线至外墙结构外边线的宽度在 2.10m 及以上的，应按雨篷结构板的水平投影面积的 1/2 计算建筑面积
3.0.27	下列项目不应计算建筑面积： 1. 与建筑物内不相连通的建筑部件； 2. 骑楼、过街楼底层的开放公共空间和建筑物通道； 3. 舞台及后台悬挂幕布和布景的天桥、挑台等； 4. 露台、露天游泳池、花架、屋顶的水箱及装饰性结构构件； 5. 建筑物内的操作平台、上料平台、安装箱和罐体的平台； 6. 勒脚、附墙柱、垛、台阶、墙面抹灰、装饰面、镶贴块料面层、装饰性幕墙，主体结构外的空调室外机搁板（箱）、构件、配件，挑出宽度在 2.10m 以下的无柱雨篷和顶盖高度达到或超过两个楼层的无柱雨篷； 7. 窗台与室内地面高差在 0.45m 以下且结构净高在 2.10m 以下的凸（飘）窗，窗台与室内地面高差在 0.45m 及以上的凸（飘）窗； 8. 室外爬梯、室外专用消防钢楼梯； 9. 无围护结构的观光电梯； 10. 建筑物以外的地下人防通道，独立的烟囱、烟道、地沟、油（水）罐、气柜、水塔、贮油（水）池、贮仓、栈桥等构筑物

综合脚手架工程的清单计算规则，见表 3.2.8-2。

综合脚手架工程清单计算规则　　　　　　　表 3.2.8-2

编号	项目名称	单位	计算规则
011701001	综合脚手架	m²	按建筑面积计算

（4）软件计算规则应用

通过点击"工程设置"选项卡，在"土建设置"面板中，点击"计算规则"命令，在弹出的窗口中点击"其它"→"建筑面积"，则可查看各种建筑面积相关的计算规则，一般情况下不进行修改，如图 3.2.8-1 所示。

图 3.2.8-1　建筑面积工程量的计算规则

3. 任务实施

在"建模"选项卡下，在导航树中点击"其它"→"建筑面积"，如图 3.2.8-2 所示。

图 3.2.8-2 建筑面积

手工建模建筑面积的基本流程为：在"构件列表"中新建建筑面积→在"属性列表"中修改建筑面积属性→绘制建筑面积。

（1）新建建筑面积

在"构件列表"中点击"新建"的下拉菜单，选择"新建建筑面积"，如图 3.2.8-3 所示。

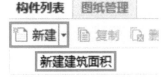

图 3.2.8-3 新建建筑面积

（2）修改建筑面积属性

对照建筑面积计算规范，结合工程图纸，选择建筑面积计算方式，默认为计算全部，可选项为"计算一半"和"不计算"，由于本工程未涉及计算一半面积的部分，此处不做修改，如图 3.2.8-4 所示。

（3）绘制建筑面积

常用的绘制建筑面积有三种执行命令：点、直线、矩形。

1）点

在已经建立剪力墙或砌体墙等线性构件的封闭区域内绘制建筑面积，可点击"绘图"面板中的"点"命令进行绘制，如图 3.2.8-5 所示。

图 3.2.8-4 建筑面积属性列表

图 3.2.8-5 "点"命令

2）直线、矩形

在未能实现线性封闭区域内绘制建筑面积，可使用"直线"或"矩形"命令，方法同其他面式构件，此处不做赘述。

4. 清单套用

建筑面积的清单如图 3.2.8-6 所示。

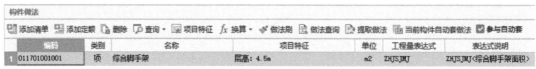

图 3.2.8-6　"综合脚手架"清单

5. 汇总清单工程量

建筑面积清单工程量，如表 3.2.8-3。

表 3.2.8-3

建筑面积清单汇总表

序号	编码	项目名称	单位	工程量明细
措施项目				
1	011701001001	综合脚手架 层高:4.5m	m²	695.5464

总结拓展

1. 建筑面积相关属性定义

在实际工程项目中，会有多种相关建筑面积计算，如计算全部、计算1/2、综合脚手架增加计算部分、不计算建筑面积部分等内容，可根据实际需要分别定义建筑面积，并在属性列表中选择对应正确的建筑面积计算方式，如图3.2.8-7所示。

图 3.2.8-7　建筑面积相关属性定义

2. 阳台有关建筑面积的规范应用

在主体结构内的阳台，应按其结构外围水平面积计算全面积；在主体结构外的阳台，应按其结构地板水平投影面积计算1/2面积。

如阳台一部分在主体结构内，另一部分在主体结构外，应分别计算建筑面积，属于主体结构内的计算全面积，属于主体结构外的计算1/2面积。

课后练习题

一、判断题

1. 层高低于2.2m的设备层不计算建筑面积。（　　）

2. 穿过建筑物的通道，不计算建筑面积。（　　）

3. 层高是指上下两层之间的净高。（　　）

4. 按楼板结构分层叫自然层。（　　）

5. 建筑物的水平交通空间叫走廊。（　　）

6. 挑出建筑物外墙的水平交通空间叫挑廊。（　　）

二、单选题

1. 定额中的建筑物檐高是指（　　）至建筑物檐口底的高度。

A. 自然地面　　　　B. 设计室内地坪　　　　C. 设计室外地坪　　　　D. 原地面

2. 以下有关建筑面积计算错误的是（　　）。

A. 在主体结构外的阳台应按其结构底板水平投影面积计算1/2面积

B. 建筑物顶部有围护结构的楼梯间、水箱间、电梯机房等，层高在2.20m及以上者应计算全面积

C. 建筑物内的变形缝，应按其自然层合并在建筑物面积内计算

D. 在主体结构内的阳台应按其结构外围水平投影面积计算1/2面积

3. 以下不是按建筑物的自然层计算全建筑面积的是（　　）。

A. 室内楼梯间、通风排气竖井

B. 电梯井、观光电梯井、垃圾道

C. 提物井、管道井、附墙烟囱

D. 无围护结构的观光电梯

4. 建筑面积计算规范中将层高（　　）作为全计或半计面积的划分界限，这一划分界限贯穿于整个建筑面积计算规范之中。

A. 1.2m　　　　B. 2.1m　　　　C. 2.2m　　　　D. 2.3m

5. 在主体结构外的阳台应按其结构底板水平投影面积的（　　）计算建筑面积。

A. 全面积　　　　B. 1/2　　　　C. 1/4　　　　D. 不计算

6. 外墙外侧有保温隔热层的建筑物，应按保温隔热层的（　　）计算建筑面积。

A. 水平截面积　　　　B. 内边线　　　　C. 中心线　　　　D. 净长线

7. 计算综合脚手架工程量时，除房屋建筑面积外，还应增加定额规定的部分内容的面积，以下（　　）的面积不属于增加的面积范围。

A. 骑楼、过街楼下的人行通道和建筑物通道

B. 建筑物屋顶上或楼层外围的混凝土构架

C. 有墙体、门窗封闭的阳台

D. 宽度在1.5m内的悬挑有盖无柱走廊

3.2.8
习题答案

175

3.3 模型校核

1. 了解模型校核的意义；
2. 熟悉云检查基本内容；
3. 熟悉云指标基本规则。

能力目标

1. 能够利用云检查发现并修复模型基本问题；
2. 能够通过云指标审核工程量，复核模型工程量准确性。

职业道德与素质目标

1. 能够具备认真负责的工作精神；
2. 能够具备勇于开拓的事业心；
3. 能够具备与业务相关其他人员的沟通与协助能力。

造价师说

　　良工锻炼凡几年，铸得宝剑名龙泉。闻名天下的龙泉宝剑是工匠们历经千锤百炼打造而成，一名合格的造价人员也是需要大量的工程计量与计价实践才能锻炼出来的。

3.3.1　云检查

工作任务

任务单：应用云检查修复模型基本问题。

3.3.1　云检查

任务单：

应用云检查修复模型基本问题

1. 任务背景

某工程完成首层算量模型建模，现项目部工程预算员接到监理指令，要求在规定时间内申报修复算量模型问题，并完成首层修复模型的汇总清单工程量。利用工程量计算软件快速完成以上工作任务。

2. 任务分析

（1）资料准备

全套建筑施工图及结构施工图、《建筑工程建筑面积计算规范》GB/T 50353—2013、《房屋建筑与装饰工程工程量计算规范》GB 50854—2013。

（2）基础能力

前序所有章节基础能力综合应用。

（3）软件计算规则应用

通过点击"云应用"选项卡，在"规则下载"面板中，点击"云规则"命令，在弹出的"云规则"窗口中点击指定地区规则进行安装、更新或卸载。首先通过规则列表，可以选择更新、安装全国各地区适配于当前软件的最高版本计算规则；通过点击【安装】按钮，会将对应地区的最新计算规则，自动下载至工具端规则默认安装路径下；通过点击【更新】按钮，会将对应地区的最新计算规则，自动覆盖下载至工具端规则默认安装路径下。如本工程选用北京地区规则，安装成功后，在操作列表下会显示"已安装"，如图3.3.1-1所示。

3. 任务实施

在"云应用"选项卡下，点击"工程审核"面板中的"云检查"命令，如图3.3.1-2所示。

（1）云检查设置

在弹出的"云模型检查"窗口中点击"规则设置"，在"规则设置"窗口中依次设计规则及设定值，通常不需要修改执行默认，然后点击【确定】返回云检查弹窗界面，如图3.3.1-3所示。

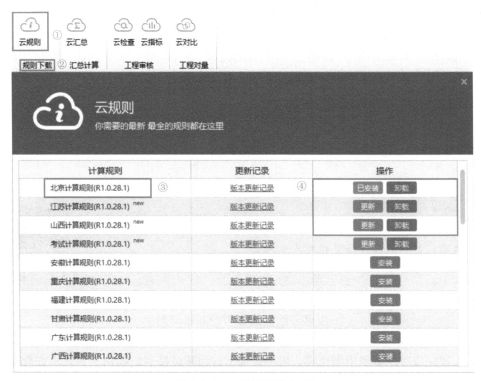

图 3.3.1-1　"云规则"下载

图 3.3.1-2　云检查

图 3.3.1-3　云检查规则设置

在返回"云模型检查"窗口后，有"整楼检查""当前层检查""自定义检查"三种命令，本次任务执行点击"当前层检查"命令，如图3.3.1-4所示，等待云检查任务执行，此时如果发现规则设置等错误可点击"取消检查"，如图3.3.1-5所示。

图3.3.1-4 当前层检查

（2）检查结果及修复

在检查结果中，依次展开可以查看各类错误，如图3.3.1-6所示。

图3.3.1-5 执行当前层检查 图3.3.1-6 云检查错误列表

1）确定错误的修复

依次点击展开错误位置，查看并核对存在错误的依据规则，点击"定位"命令，追踪到错误存在的位置，按照要求进行错误的修复，以首层梁KL8为例，选择"首层"中，"梁KL8（2A）"，选择"依据"，在弹出的"规则设置"窗口中，查看"规则来源"和"规则说明"，了解错误原因后点击【确定】，在选择错误构件边上的"定位"命令，软件自动跳转至错误构件处，如首层梁KL8的错误是缺少下部钢筋，那么可以根据软件提示，直接在"梁平法表格中"输入首层梁KL8的下部钢筋，如图3.3.1-7所示。

图 3.3.1-7　定位错误及修复

图 3.3.1-8　核对确定错误并修复

核对结施-12 梁配筋平面图，⑧轴/Ⓐ-Ⓑ轴，此处梁原为标注下部钢筋为 2Φ18，修复输入对应位置，如图 3.3.1-8 所示，修改完成后，可点击"云检查结果"窗口中的"刷新"命令，改正过的错误将不再显示，如图 3.3.1-9 所示。

2）疑似错误的修复

核对疑似错误，如图元透明度问题，执行系统默认修改，以首层幕墙为例，可以直接选择疑似错误构件边上的"修复"命令，如图 3.3.1-10 所示，在弹出的"修复方案"窗口中点击【确定】即可，如图 3.3.1-11 所示，如果检查出来的疑似问题并不影响工程量，也可不做修改。

图 3.3.1-9　刷新检查结果列表

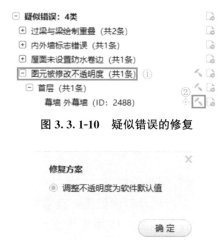

图 3.3.1-10　疑似错误的修复

图 3.3.1-11　修复方案

完成所有错误修复后，重新汇总计算，核对工程量，可以重复"云检查"命令，再次核对模型。

总结拓展

1. 还原功能

在实际应用云检查功能后，针对检查结果逐一进行排查时，对一些问题已经做了忽略处理，再发现忽略列表中的部分问题确实存在错误，需要进行修正。此时，可以使用还原功能，将忽略的内容还原，进一步进行定位，查找问题，进行错误问题修复。

2. 实际工程项目云检查错误的处理

在实际工程项目中，会有云检查错误但是与图纸问题相冲突，此时建议反馈设计方进行图纸问题答疑或者综合解释，而不能直接进行问题修复。

课后练习题

一、判断题

1. 云检查规则及相应参数不可以进行调整。（　　）

2. 云检查结果列表中，已忽略的错误不能恢复至结果列表。（　　）

3. 云检查已修复的错误不可以进行还原。（　　）

二、单选题

1. 云检查功能的检查内容不包括（　　）。

A. 设置合理性　　　B. 规则合理性　　　C. 属性合理性　　　D. 建模和理性

2. 云检查结果错误的处理按钮不包括（　　）。

A. 忽略　　　B. 定位　　　C. 修复　　　D. 反查

3. 云检查结果的检查规则查看应使用（　　）命令。

A. 设置　　　B. 查看　　　C. 规则　　　D. 依据

三、多选题

1. 云检查功能的检查类别有（　　）。

A. 整楼检查　　　B. 当前层检查　　　C. 相邻楼层检查

D. 自定义检查　　　E. 任意检查

2. 云检查检查结果窗体中列表类型有（　　）。

A. 结果列表　　　B. 忽略列表　　　C. 修复列表

D. 校正列表　　　E. 提醒列表

3. 云检查结果列表中检查的错误类型有（　　）。

A. 确定错误　　　B. 不确定错误　　　C. 疑似错误

D. 提醒　　　E. 修复

3.3.1
习题答案

3.3.2　云指标

工作任务

任务单：首层的混凝土及钢筋、墙体、防水、保温、装饰等构件的清单工程量云指标检查。

3.3.2　云指标

任务单：

首层的混凝土及钢筋、墙体、防水、保温、装饰等构件的清单工程量云指标检查

1. 任务背景

某工程首层框架柱、梁、板、墙体、防水、保温、装饰、建筑面积等构件模型已绘制完成并汇总计算，要求利用云指标计算模型的工程量指标，与类似项目工程量指标对比，检查图元构件准确性，审核工程量是否存在较大偏差。利用工程量计算软件快速完成以上工作任务。

2. 任务分析

资料准备：类似项目图纸及指标数据，本项目首层模型绘制完成并汇总计算完成。

3. 任务实施

（1）方法一：按已有类似项目工程指标数据，手动对比

1）通过已完成工程类似项目，测算得工程量指标数据及报警区间设置值，见表 3.3.2-1。

类似项目指标表及报警区间设置值　　　　　　　　　　表 3.3.2-1

指标项	单位	1m² 单位建筑面积指标	报警区间设置值
混凝土	m³	0.4	0.36～0.44
钢筋	kg	42	38～46
砌体	m³	0.2	0.03～0.13
防水	m²	0.15	0.14～0.17
墙体保温	m²	0.7	0.33～0.57
外墙面抹灰	m²	0.7	0.81～0.99
内墙面抹灰	m²	1.9	0.32～0.63
踢脚面积	m²	0.05	0.04～0.06
楼地面	m²	0.89	0.80～0.98
天棚抹灰	m²	0.2	0.02～0.04
吊顶面积	m²	0.75	0.68～0.83
门	m²	0.08	0.07～0.09
窗	m²	0.25	0.23～0.28

2）云指标应用

① 云指标报警值设置

图 3.3.2-1　"云指标"命令

通过点击"云运用"选项卡，在"工程审核"面板中，点击"云指标"命令，如图 3.3.2-1 所示，在弹出的"云指标"窗口中点击"设置报警值"命令，如图 3.3.2-2 所示，在"单工程指标预警"下设置"指标报警值""指标报警值"可根据类似工程指标数据测算适宜的数据区间，再填写

区间数据，如混凝土指标预警值格式为"0.36～0.44"，如图3.3.2-3所示。

图3.3.2-2 "设置预警值"命令

为能便捷准确的检索指标偏差位置，软件中混凝土、钢筋、砌体、防水工程的指标项可以点"⊞"命令展开，则按"部位""楼层""构件"，分别设置对应的报警值，完成后点击【确定】，如图3.3.2-4所示。

图3.3.2-3 单工程指标报警设置	图3.3.2-4 指标报警区分设置

② 指标预警值检索审核

通过已设置的指标预警值，在"工程指标汇总表"面板中，根据提示的颜色检查本工程指标是否超出预警值，如为红色，则为超出预警值上限；如为蓝色，则为超出预警值下限。对超出预警值的构件与类似项目进行图纸对比分析，审核模型绘制是否存在错误，如图 3.3.2-5 所示。

图 3.3.2-5　指标偏差示警

（2）方法二：按已有类似项目模型直接导入对比

用模型对比工程

资料准备：类似项目图纸及首层已建工程量模型，并在项目信息中输入正确的建筑面积，本项目首层模型绘制完成并汇总计算完成。

1）通过点击"云运用"选项卡，在"工程审核"面板中，点击"云指标"命令，在弹出的"云指标"窗口中点击"导入对比工程"命令，如图 3.3.2-6 所示，在弹出的"导入工程"窗口中选择对比工程，点击【打开】，软件自动开始对比，如图 3.3.2-7 所示。

图 3.3.2-6　"导入对比工程"命令

图 3.3.2-7　导入对比工程

2）在"工程指标汇总表"面板中，通过"指标偏差率"，根据提示的颜色检查本工程指标是否超出预警值，如为红色，则为超出预警值上限；如为蓝色，则为超出预警值下限。也可通过"钢筋""混凝土""模板""其它"所属指标表，分别进行检索审核，如图 3.3.2-8 所示。

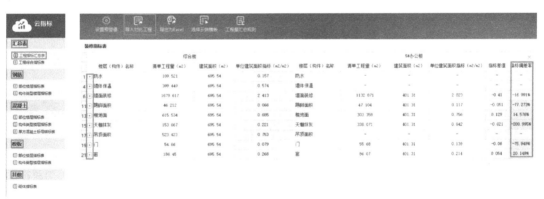

图 3.3.2-8　对比工程数据

总结拓展

工程量指标是对构成工程实体主要构件或要素数量的统计分析，常表述为每平方米的建筑面积中各要素的工程量，即：各要素工程量/对应的建筑面积。各要素主要为钢筋、混凝土、模板、天棚、内墙、外墙等。

在工程量指标统计分析时，应区分不同业态（如住宅、办公楼、厂房等）进行工程量指标数据统计，同业态指标统计越多越精确。在指标对比分析时应注意：

1. 对比的工程项目与拟对比工程项目的结构形式、功能、楼层、层高等基本相近；

2. 对比的工程项目个别特征指标如有较大偏差，应先进行指标修正后，再进行对比；

3. 对比分析后，应进行查找分析偏差原因，判断其准确性，达到检查修正之目的。

了解不同业态的钢筋、混凝土、模板、天棚、内墙、外墙等常用工程指标数据，对工程指标数据经验积累，即可作为指标对比检查之用，也可作为概算指标法的基础数据。

课后练习题

一、单选题

1. 已知业态为25层高层框架结构住宅，地上建筑面积为6500.23m^2，按类似项目指标进行估算，地上钢筋每平方米指标应为（　　）kg/m^2，地上钢筋总量应为（　　）t。

A. 25，150.01　　　　B. 48，312.01　　　　C. 90，580.02　　　　D. 110，715.03

2. 已知柱混凝土工程量为48m^3，钢筋工程量5.97t，则柱每立方米混凝土含钢量应为（　　）kg/m^3。

A. 145.32　　　　　B. 131.26　　　　　C. 124.38　　　　　D. 162.2

二、多选题

1. "1m^2单位建筑面积指标"的计算依据有（　　）。

A. 清单工程量　　　B. 定额工程量　　　C. 建筑面积

D. 首层建筑面积　　E. 总建筑面积

2. 通过《工程指标汇总表》，可以查询到的指标项为（　　）。

A. 混凝土　　　　　B. 钢筋　　　　　　C. 模板

D. 砌体　　　　　　E. 门窗

3.3.2
习题答案

特别提示：试点院校教师及考生可自行组织学练及摸底测试，辅助选拔人才。关于"1+X"工程造价数字化应用职业技能等级证书"1+X学练专区使用方法"，请扫描二维码3.3-拓1进行学习。

3.3-拓1　1+X学练
专区使用方法

模块 4　清单工程量计算及报表

4.1　清单工程量计算

知识目标

1. 了解清单编制说明的主要内容；
2. 了解钢筋报表和土建报表的汇总输出。

能力目标

1. 能够编制简单的清单编制说明；
2. 能够灵活利用报表功能，完成土建和钢筋报表的汇总输出。

职业道德与素质目标

1. 能够热爱祖国、热爱人民、热爱社会主义、热爱本职工作，坚持以为人民服务为宗旨；
2. 能够勤奋、独立，公正、准确地运用计量依据、标准规定，确保咨询成果的质量，增强服务意识；
3. 能够廉洁自律，洁身自爱，勇于承担对社会、对职业的责任，在工程利益和社会利益相冲突时，优先服从社会公众的利益；在自身利益和工程利益不一致时，优先以工程利益为重。

择善而从，革故鼎新。在工作中要注意不断观察他人的工作方法和技巧，学会主动学习并敢于承认自身之不足，学习他人好的技术取长补短，再结合自身的特点勇于创新形成独特的、高效的工作方式。

4.1.1　清单编制说明

1. 清单编制说明

清单编制说明是工程量清单编制的纲领性文件，是对工程量清单的补充解释，主要内容可按项目概况、编制依据、编制范围、其他有关说明等这几部分加以编制。

（1）项目概况主要编制内容应体现项目名称、招标人信息、建设地点、建设规模、工程特征、计划工期、施工现场实际情况等。

（2）编制依据主要为编制本清单所采用的计价和计量规范、国家或省级、行业建设主管部门颁发的计价定额和办法（适用本清单的定额及办法）、建设工程设计文件（需特别注明设计图纸出图日期及版本号）、与建设有关的标准、规范、技术资料；招标文件及答疑；施工现场情况、勘察水文资料、工程特点及常规施工方案。

（3）编制范围应简要概述标段划分原则，清单所包含的各专业工程及不同标段交界面、专业分包工程内容及其总包服务内容（如有），已完成招标工程的交接面等。

（4）其他有关说明主要包含如下方面：

1）对本标段有无暂列金额进行描述，如有应对其计入的金额及在哪个单位工程计入等加以具体说明。

2）对本标段有无暂定主材设备价进行描述，如有应对其主材设备名称及金额加以说明。

3）对专业工程暂估价进行描述，并对暂估价的名称、内容、金额及在哪个单位工程计入加以具体说明。

4）对拟采用的人工价格和材料价格基准期进行说明，可作为材料和人工调差基准期依据。

5）对不可竞争费（如安全文明施工费、规费、税金）所采用计费基数及费率进行说明，现阶段各省对安全文明施工费、规费的计费基数及费率不统一，在编制清单中进行提醒说明，方便投标人快速报价。

6）对工程量清单中特征描述进行统一补充说明，例如抹灰工程均采用预拌砂浆可不在清单中逐条清单描述，统一在清单编制说明中注明。

7）如在编制清单中存在计算规则或工作内容与清单规范不相同时应特别补充说明。

8）对特殊施工工艺或非常规施工方案应进行必要的说明，方便投标人快速报价，减少结算争议。

9）在编标时，若图纸中存在的矛盾或疑问及无法准确计量而需要进行报价的清单等特殊情况，在编制清单中需根据自身方案编制工程量清单并加以说明，方便施工过程控制和结算。

2. 工程量清单编制说明文件

工程量清单编制说明样表：

××工程

工程量清单编制说明

一、项目概况

1. 项目名称：××

2. 项目地点：××

3. 招标人：××

4. 项目情况简要说明：本项目位于××市××区××，占地面积××公顷，本项目设计规模为×××××全地下污水处理厂，包含生物反应池，双层二沉淀池××××等。

5. 招标工期：××。

6. 质量要求：××。

二、编制依据

1. 计价和计量规范：《建设工程工程量清单计价规范》GB 50500—2013、《房屋建筑与装饰工程工程量计算规范》GB 50854—2013、《市政工程工程量计算规范》GB 50857—2013、《园林绿化工程工程量计算规范》GB 50858—2013、《通用安装工程工程量计算规范》GB 50856—2013（按实际采用的计价和计量规范编制）。

2. 计价定额：××年《××省建筑与装饰工程计价定额》、××年《××省安装工程计价定额》、《建筑安装工程工期定额》TY01-89-2016、××××××（按实际采用的定额和办法编制）。

3. ××（设计公司名称）设计的本项目施工图纸（图纸版本号：××版，出图日期：××年××月××日）。

4. 与本工程有关的标准、规范、技术资料。

5. 招标文件及招标答疑。

6. 施工现场情况、地勘水文资料、工程特点及施工方案。

三、编制范围

围墙范围内所有构筑物的工程，含围护结构、桩基、土建、水工构筑物、道路、景观绿化、围堰、防汛墙及相关设施，具体如下：

1. 土方

开挖及回填，开挖按绝对标高 3.0m 计算，回填考虑回填到 3.2m，由于场地施工范围有限，不考虑场地预留需回填土方及后期景观绿化土方。

2. 基坑围护

图纸所示的全部内容。

3. 桩基

图纸所示的全部内容（除已招标的内容）。

4. ××××××

四、其他有关说明

1. 暂列金额：××元。

---

2. 暂定主材设备价：×××元。

3. 专业工程暂估价：×××元。

4. 甲供材料：×××元。

5. 主要材料、设备价格参照××省××市××发布××年××月的建设工程材料信息价格及同期市场价执行。

6. 人工工资单价执行×××文，投标人自行考虑报价。

7. 不可竞争费率见表×.×.×。

8. 其他有关需说明内容如下：

（1）共性问题

1）本项目除清单描述特别注明外均采用预拌砂浆。

2）本项目所有混凝土均按商品混凝土考虑，且不论清单特征有无泵送的描述，投标人应按自行方案在报价中综合考虑商品混凝土输送方式，且不因实际输送方式不同而调整综合单价。

（2）土方工程

本工程土方工程量计算时，现场自然地坪标高按 3.000m（1985 国家高程基准）考虑；结算时，现场自然地坪标高应以甲乙双方认可的实际标高为准。本工程清单中土方开挖按如下方案考虑……

（3）围护工程

1）桩基检测及基坑监测不在本次招标范围内，但各投标人报价需要充分考虑检测、监测的配合费用。

2）钢板桩、型钢支撑使用期限由投标人在满足招标工期要求的情况下综合考虑在报价中。

（4）土建专业

地下箱体、深度处理车间等高大支模（或高支模）费用由投标人根据图纸测算，生物反应池中支模高度约 10.3m，投标人根据图纸和自身的方案报价。

××公司

××年××月××日

4.1.2　单位工程清单工程量汇总及输出

工作任务

任务单：基础、首层、屋面层钢筋和土建清单工程量汇总输出。

任务单：

基础、首层、屋面层钢筋和土建清单工程量汇总输出

1. 任务背景

某工程基础、首层、屋面层等构件模型已绘制完成并汇总计算，要求利用报表功能汇

总输出工程量,按范围统计工程量。

2. 任务实施

(1)钢筋清单工程量汇总输出

通过点击"工程量"选项卡,在"查看报表"面板中,在弹出的窗口中点击"钢筋报表量",在弹出的窗口左侧,可根据需要选择"定额指标""明细表""汇总表"中各类报表,如图 4.1.2-1 所示。

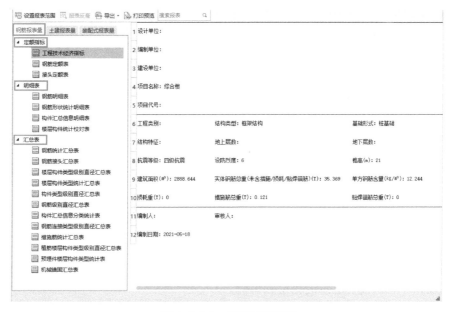

图 4.1.2-1 钢筋工程报表

如需按不同楼层或构件进行工程量分类汇总输出,可点击"钢筋报表量"命令上方的"设置报表范围"命令,在弹出的窗口中勾选需要汇总的楼层和构件,如图 4.1.2-2 所示。

构件选择方式有多种样式,可在"设置报表范围"弹出的窗口中鼠标右键,可根据实际情况选择"全选""全消""全选同名节点""全消同名节点"等功能,如图 4.1.2-3 所示。

图 4.1.2-2 设置报表范围

图 4.1.2-3 构件选择方式

（2）土建工程量汇总输出

1）方法一：根据已套构件做法，用土建工程量报表"清单汇总表"直接汇总输出

通过点击"工程量"选项卡，在"查看报表"面板中，在弹出的窗口中点击"土建报表量"命令，在弹出的窗口左侧选择"清单汇总表"，点击"导出"命令导出到 Excel，如图 4.1.2-4 所示。

图 4.1.2-4　清单汇总表

如需检查报表中数据来源，通过点击报表中"➕"（展开按钮），展开到具体构件，双击鼠标可定位具体的图元构件，查看其计算式。

如需按不同楼层或构件进行工程量分类汇总输出，通过点击"设置报表范围"命令，在弹出的窗口中勾选需要汇总的楼层和构件。

2）方法二：用土建报表量中绘图输入工程量汇总表进行汇总输出

此方法可不定义构件做法，汇总计算完成后通过点击"工程量"选项卡，在"查看报表"面板中，在弹出的窗口中点击"土建报表量"命令，在弹出的窗口左侧选择"绘图输入工程量汇总表"可根据需要查看不同构件的工程量，如图 4.1.2-5 所示。

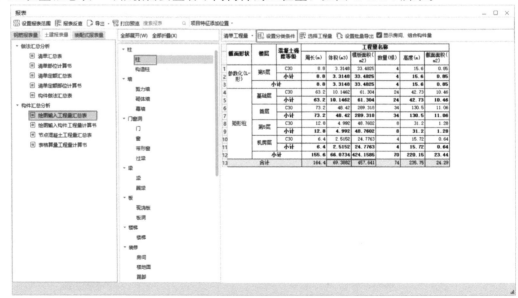

图 4.1.2-5　绘图输入工程量汇总表

　　为方便统计，通过点击"设置分类条件"命令，在弹出的窗口中，对构件"属性名称"按分类需要进行勾选，如图 4.1.2-6 所示。

　　点击【尺寸设置】，还可进行尺寸属性设置，在弹出的窗口中，点击【增加行】，根据清单设置分类，输入相应的"关系符"和"属性值"，如图 4.1.2-7 所示。

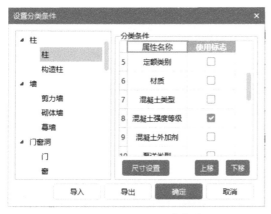

图 4.1.2-6　设置分类条件

图 4.1.2-7　属性值设置

　　在构件尺寸设置完成后，报表已根据设置要求分别显示工程量，点击"导出"命令，即可导出到 Excel，如图 4.1.2-8 所示。

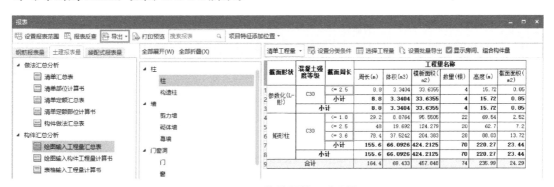

图 4.1.2-8　构件属性尺寸设置

4.2　清单工程量报表

临渊羡鱼，不如退而结网。人们看到造价师在工作中技术娴熟、岗位性质不可或缺、职业被人尊重时，都会羡慕不已。但是每位造价师也像我们一样，是从零学起的。因此，我们需要踏踏实实地学好每一项知识，更要勤勤恳恳地训练好每一步技能。

4.2.1　土建报表量

序号	编码	项目名称	单位	工程量明细
实体项目				
1	010502001001	矩形柱 1. 混凝土种类:商品混凝土 2. 混凝土强度等级:C30	m³	48.42
2	010505001001	有梁板 1. 混凝土种类:商品混凝土 2. 混凝土强度等级:C30	m³	121.5007
3	010506001001	直形楼梯 1. 混凝土种类:商品混凝土 2. 混凝土强度等级:C30	m²	27.903
4	010501005001	桩承台基础 1. 混凝土种类:商品混凝土 2. 混凝土强度等级:C30	m³	99.0234
5	010501004001	满堂基础 1. 混凝土种类:商品混凝土 2. 混凝土强度等级:C30	m³	2.0275
6	010501001001	垫层 1. 混凝土种类:商品混凝土 2. 混凝土强度等级:C15	m³	14.9736
7	010101004001	挖基坑土方 1. 土壤类别:三类土 2. 挖土深度:2m 内 3. 弃土运距:500m	m³	235.8567
8	010401003001	实心砖墙 1. 砖品种、规格、强度等级:实心砖墙 2. 墙体类型:内墙 3. 砂浆强度等级、配合比:水泥砂浆 M5.0	m³	6.5208

续表

序号	编码	项目名称	单位	工程量明细
		实体项目		
9	010402001001	砌块墙 1. 砌块品种、规格、强度等级:200mm 厚蒸压混凝土砌块 2. 墙体类型:外墙 3. 砂浆强度等级:水泥砂浆 M5.0	m³	30.8165
10	010402001002	砌块墙 1. 砌块品种、规格、强度等级:200mm 厚蒸压混凝土砌块 2. 墙体类型:内墙 3. 砂浆强度等级:水泥砂浆 M5.0	m³	109.978
11	010402001003	砌块墙 1. 砌块品种、规格、强度等级:100mm 厚蒸压混凝土砌块 2. 墙体类型:内墙 3. 砂浆强度等级:水泥砂浆 M5.0	m³	4.1047
12	010801001001	木质门 门代号及洞口尺寸:M1522、M1022、M0921	m²	40.08
13	010802001001	金属(塑钢)门 1. 门代号及洞口尺寸:M1524 2. 玻璃品种、厚度:安全玻璃	m²	7.2
14	010802003001	钢质防火门 门代号及洞口尺寸:FM甲 1524	m²	3.6
15	010802003002	钢质防火门 门代号及洞口尺寸:FM 丙 0721、FM 丙 1121	m²	3.78
16	010807001001	金属(塑钢、断桥)窗 1. 窗代号及洞口尺寸:C6233、C1533、C0633、C0833、C1733、C1833 2. 玻璃品种、厚度:安全玻璃	m²	181.17
17	010807001002	金属(塑钢、断桥)窗 1. 窗代号及洞口尺寸:JZC9333 2. 玻璃品种、厚度:安全玻璃	m²	74.3578
18	010807002001	金属防火窗 1. 窗代号及洞口尺寸:FHC 甲 0833、FHC 甲 1533 2. 玻璃品种、厚度:安全玻璃	m²	10.23
19	010503005001	过梁 1. 混凝土种类:商品混凝土 2. 混凝土强度等级:C25	m³	1.1499

序号	编码	项目名称	单位	工程量明细
		实体项目		
20	010503004001	圈梁 1. 混凝土种类:商品混凝土 2. 混凝土强度等级:C25	m³	3.686
21	010502002001	构造柱 1. 混凝土种类:商品混凝土 2. 混凝土强度等级:C25	m³	20.6974
22	011102003001	块料楼地面 1. 素土分层夯实 2. 150mm 厚碎石夯入土中 3. 60mm 厚 C20 混凝土 4. 刷水泥浆道(内掺建筑胶) 5. 20mm 厚 1:3 干硬性水泥砂浆结合层表面撒水泥粉 6. 8~10mm 厚 600mm×600mm 地砖面层,干水泥擦缝	m²	523.3811
23	011102003002	块料楼地面 1. 素土分层夯实 2. 150mm 厚碎石夯入土中 3. 60mm 厚 C20 混凝土 4. 刷水泥浆一道(内掺建筑胶) 5. 1:3 水泥砂浆或细石混凝土,找坡层最薄处 15mm 厚抹平 6. 2mm 厚聚氨酯防水层上翻墙面 1800mm 高 7. 20mm 厚 1:3 干硬性水泥砂浆结合层,表面撒水泥粉 8. 8~10mm 厚 400mm×400mm 地砖面层,干水泥擦缝	m²	32.6418
24	011102003003	块料楼地面 1. 素土分层夯实 2. 150mm 厚碎石夯入土中 3. 60mm 厚 C20 混凝土 4. 刷水泥浆道(内掺建筑胶) 5. 20mm 厚 1:3 干硬性水泥砂浆结合层表面撒水泥粉 6. 8~10mm 厚 900mm×900mm 地砖面层,干水泥擦缝	m²	63.99
25	011105003001	块料踢脚线 1. 墙(柱)面 2. 14mm 厚 1:2 水泥砂浆打底(分层抹灰) 3. 1:1 水泥砂浆粘结层 4. 贴铺 120mm 高踢脚砖	m²	39.4406

续表

序号	编码	项目名称	单位	工程量明细
		实体项目		
26	011204003001	块料墙面 1. 加气混凝土砌块 2. 素水泥浆一道(内掺建筑胶) 3. 9mm 1:3 水泥砂浆打底压实抹平(用专用胶粘贴时要求平整) 4. 1.5mm 厚聚氨酯防水层 5. 5mm 1:2 建筑胶水泥砂浆粘贴层 6. 瓷砖粘结剂贴面砌 8～10mm 厚,本色水泥擦缝	m²	138.1478
27	011302001001	吊顶天棚 成品铝合金板吊顶	m²	523.4235
28	011407001001	墙面喷刷涂料 1. 加气混凝土砌块 2. 8mm 厚1:2 水泥砂浆 3. 12mm 厚1:1:6 水泥灰砂浆底(分层抹灰) 4. 满刮腻子 5. 刷乳胶漆一底二面	m²	1041.6777
29	011407001002	墙面喷刷涂料 乳胶漆外墙面	m²	325.115
30	011407002001	天棚喷刷涂料 1. 现浇混凝土楼板 2. 7mm 厚1:4 水泥砂浆 3. 8mm 厚1:1:6 水泥石灰麻刀砂浆底 4. 刷乳胶漆一底二面	m²	7.2031
31	010903002001	墙面涂膜防水 5mm 厚聚氨酯防水层	m²	135.0818
32	010903002001	墙面涂膜防水 2mm 厚聚氨酯防水层上翻墙面1800mm 高	m²	72.7395
33	010904002001	楼(地)面涂膜防水 2mm 厚聚氨酯防水层	m²	34.8814
34	011001001001	保温隔热屋面 70mm 厚挤塑聚苯板	m²	57.96
35	011001001002	保温隔热屋面 最薄 30mm 厚LC5.0 轻集料混凝土2%找坡层	m²	57.96

序号	编码	项目名称	单位	工程量明细
		实体项目		
36	011001003001	保温隔热墙面 1. 基层墙体 2. 40mm 厚岩棉板 3. 界面剂 4. 一层耐碱网布 5. 涂料饰面	m^2	374.1643
37	011003001001	隔离层 10mm 厚低强度等级砂浆隔离层	m^2	57.96
38	011101006001	平面砂浆找平层 20mm 厚 1：3 水泥砂浆找平层	m^2	57.96
39	010902001001	屋面卷材防水 1. 20mm 厚聚合物砂浆铺卧 2. 3.0mm 厚聚氨酯两遍涂抹,四周上翻 250mm	m^2	65.61
40	010902003001	屋面刚性层 490mm×490mm×40mm,C25 细石混凝土预制板,双向 4φ6	m^2	57.96
41	010507004001	台阶 1. 踏步高、宽:高 150mm、宽 300mm 2. 混凝土种类:商品混凝土 3. 混凝土强度等级:C25	m^2	51.348
42	010507001001	散水、坡道 1. 20mm 厚 1：2.5 水泥砂浆面层压光 2. 60mm 厚 C20 细石混凝土面层 3. 素水泥浆一道(内掺建筑胶) 4. 100mm 厚碎石垫层或 150mm 厚 3：7 灰土 5. 素土夯实	m^2	101.1457
43	010507001002	坡道、散水 1. 30mm 厚花岗石板材(粗麻面)分格尺寸按工程设计 2. 30mm 厚 1：3 干硬性水泥砂浆粘贴 3. 素水泥浆一道 4. 100mm 厚 C15 混凝土 5. 300mm 厚 3：7 灰土(分两步夯实) 6. 素土夯实	m^2	62.63
		措施项目		
1	011701001001	综合脚手架 层高:4.5m	m^2	695.5464

4.2.2 钢筋报表量

汇总信息	汇总信息钢筋总重(kg)	构件名称	构件数量	HPB300	HRB400
柱	7927.797	KZ-1	2		574.448
		KZ-2	2		469.96
		KZ-3	1		285.712
		KZ-4	7		2190.88
		KZ-5	1		310.654
		KZ-6	1		310.654
		KZ-7	2		476.512
		KZ-8	1		362.422
		KZ-9	1		264.941
		KZ-10	1		619.08
		KZ-11	1		441.992
		KZ-12	1		309.356
		KZ-13	1		310.654
		KZ-14	1		310.654
		KZ-15	1		285.712
		TZ1	10		404.166
		合计			7927.797
梁	12590.166	KL1(2A)	1	4.2	334.628
		KL2(2A)	1	6	520.798
		KL3(2A)	1	11.7	647.742
		KL4(2A)	1	10.7	700.798
		KL5(2A)	1	14.6	783.832
		KL6(2A)	1	11.7	669.548
		KL7(2A)	1	5.4	556.245
		KL8(2A)	1	4.2	385.732
		KL9(7B)	1	23.6	910.742
		KL10(7B)	1	27	1250.407
		KL11(7B)	1	27	1191.228
		L1(1A)	2		124.021
		L2(1)	1		44.134
		L3(1A)	1		63.784
		L4(1)	1		61.698
		L5(1A)	2		119.646
		L6(1)	1	3.2	140.371

续表

汇总信息	汇总信息钢筋总重(kg)	构件名称	构件数量	HPB300	HRB400
梁	12590.166	L7(1)	1		70.946
		L8(1)	1		81.108
		L9(1)	1	6	158.158
		L10(1)	1		53.652
		L11(1A)	1		51.388
		L12(1)	1		61.698
		L13(2)	1		29.97
		L14(1)	1		44.134
		L15(5B)	1		172.581
		L16(5B)	1		171.776
		L17(3A)	1		152.015
		L18(3A)	1		145.796
		L19(3A)	1		176.695
		L20(3A)	1		166.364
		L21(7B)	1	25.8	1008.795
		L22(1)	1		10.515
		L23(3A)	1		141.41
		L24(1)	1	5.4	152.637
		L25(2B)	1		149.28
		L26(2B)	1		186.112
		L27(2B)	1		179.692
		L28(1)	1	5.4	203.933
		XL1	1		20.532
		XL2	2		13.261
		XL3	1	8.4	243.186
		XL4	1		15.896
		XL5	1		22.982
		合计		200.3	12389.866
板受力筋	4687.412	B-100	14		4159.782
		B-120	3		527.63
		合计			4687.412
桩承台	4416.116	CT-1	1		541.618
		CT-2	1		688.247
		CT-3	6		743.856
		CT-4	2		648.992
		CT-5	2		486.36

汇总信息	汇总信息钢筋总重(kg)	构件名称	构件数量	HPB300	HRB400
桩承台	4416.116	CT-6	6		661.44
		CT-7	7		645.603
		合计			4416.116
筏板主筋	241.762	电梯基坑筏板	1		241.762
		合计			241.762
砌体通长拉结筋	1064.578	蒸压加气块-200-外墙	11		217.998
		蒸压加气块-200-内墙	30		749.246
		蒸压加气块-100-内墙	6		47.298
		蒸压加气块零星-100-内墙	2		5.62
		混凝土实心砖-200-内墙	4		44.416
		合计			1064.578
过梁	179.383	≤1000	15		75.981
		≤2000	9		103.402
		合计			179.383
圈梁	701.274	QL-1	7		701.274
		合计			701.274
构造柱	3677.444	GZ1	89		3322.396
		GZ2	6		355.048
		合计			3677.444

参 考 文 献

[1] 广联达. 中国首部《数字造价管理白皮书》发布 [J]. 建筑市场与招标投标，2018，148（4）：39-41.

[2] 只飞. 工程造价行业全面步入数字化管理时代——《数字造价管理 2020》助力工程造价行业转型升级浅析 [N]. 中国建设报，2020.

[3] 郭蓉. BIM 在工程造价管理中的应用研究 [J]. 建材发展导向：上，2016（9）：277.

[4] 肖时瑞. 探析 BIM 在工程造价管理中的应用 [J]. 科技风，2018（32）：123.

[5] 何辉，吴瑛. 建筑工程计量与计价 [M]. 北京：中国建筑工业出版社，2021.

[6] 黄梅. 工程造价电算应用教程 [M]. 大连：大连理工大学出版社，2021.

[7] 四川省建设工程造价管理总站，住房和城乡建设部标准定额研究所. 房屋建筑与装饰工程工程量计算规范：GB 50854—2013 [S]. 北京：中国计划出版社，2013.

[8] 住房和城乡建设部标准定额研究所，四川省建设工程造价管理总站. 建设工程工程量清单计价规范：GB 50500—2013 [S]. 北京：中国计划出版社，2013.

[9] 住房和城乡建设部标准定额研究所. 建筑工程建筑面积计算规范：GB/T 50353—2013 [S]. 北京：中国计划出版社，2014.

[10] 中国建筑标准设计研究院. 混凝土结构施工图平面整体表示方法制图规则和构造详图（现浇混凝土框架、剪力墙、梁、板）：16G101-1. 北京：中国计划出版社，2016.

[11] 中国建筑标准设计研究院. 混凝土结构施工图平面整体表示方法制图规则和构造详图（现浇混凝土板式楼梯）：16G101-2. 北京：中国计划出版社，2016.

[12] 中国建筑标准设计研究院. 混凝土结构施工图平面整体表示方法制图规则和构造详图（独立基础、条形基础、筏形基础、桩基础）：16G101-3. 北京：中国计划出版社，2016.

住房和城乡建设部"十四五"规划教材

工程造价数字化应用"1＋X"职业技能等级证书系列教材

建筑工程计量

配套图集

广联达科技股份有限公司　组织编写

何　辉　刘　霞　主　编

中国建筑工业出版社

目 录

图纸目录

序号	建设单位			专 业	建筑	工程编号	AHD2025D802
	工程名称			设计阶段	施工图	日 期	2020.04
号	图 号		图 纸 名 称	数量	规格	折合A1图数	备 注
1	建施-01		建筑施工图设计说明（一）	1	A3		
2	建施-02		建筑施工图设计说明（二）	1	A3		
3	建施-03		一层平面图	1	A3		
4	建施-04		二层平面图	1	A3		
5	建施-05		三层平面图	1	A3		
6	建施-06		四层平面图	1	A3		
7	建施-07		五层平面图	1	A3		
8	建施-08		屋顶层平面图	1	A3		
9	建施-09		立面图（一）	1	A3		
10	建施-10		立面图（二）	1	A3		
11	建施-11		立面图（三）	1	A3		
12	建施-12		剖面图（一）	1	A3		
13	建施-13		剖面图（二）	1	A3		
14	建施-14		LT-2 DT-1楼、电梯布置详图	1	A3		
15	建施-15		LT-1楼梯布置详图	1	A3		
16	建施-16		卫生间布置详图	1	A3		
17	建施-17		墙身节点大样图	1	A3		
18	建施-18		门窗表 门窗大样图	1	A3		
19	建施-19		防火分区示意图	1	A3		

				工程 PROJ		
				专业 JOB		建筑
				子项 SUB.JOB		综合楼
设 计 DESIGNED	2020.7.20			设计阶段 DES.PHASE		施工图
校 核 CHECKED	2020.7.20	图纸目录				
审 核 APPROVED	2020.7.20			AHD2025D802-JZ-02-00		
专业负责人 leader	2020.7.20					
项目负责人 project leader	2020.7.20	比例 SCALE	A4/1:100	版次 ISSUE 第一版	入库日期 DATE	第 张 共 张 SHEET NO.OF

1

建筑施工图设计说明（一）

第一部分　概述

一、设计依据

1. 经有关部门批准的本工程规划设计方案；
2. 建设单位对本工程设计方案的审核意见及设计委托书；
3. 建设单位委托本院进行设计的设计合同；
4. 《建筑内部装修设计防火规范》GB 50222—2017；《建筑设计防火规范(2018版)》GB 50016—2014；《工程建设标准强制性条文(2020版)》；《屋面工程技术规范》GB 50345—2012；《民用建筑设计统一标准》GB 50352—2019；《办公建筑设计标准》JGJ/T 67—2019等。

二、工程概况

1. 综合楼。为二类多层办公建筑，共五层，一层层高为4.5m，二～五层层高为3.9m，建筑高度21.00m。
2. 建筑占地面积 688.92m²，建筑面积3125.05m²。
3. 本工程耐火等级为二级，结构形式为钢筋混凝土框架结构，抗震设防烈度为 6度；设计使用年限50年。
4. 图注单位（除注明外）：尺寸为 mm，角度为°，标高为m。
5. 图中±0.000相当于绝对标高详见总图，定位见总平面图布置图，室内外高差为900mm。

三、一般要求

1. 施工应满足设计要求，遵守我国现行的工程施工，施工过程中需做好隐蔽工程验收记录。
2. 施工前应核对有关专业图纸，并应与有关施工安装单位协调施工程序，做好预件和预留孔洞的工作。
3. 严格按图施工，未经设计单位允许，施工中不得随意修改设计，必要时由设计单位出具书面修改变更通知。
4. 凡上、下水、通风及电气专业管线穿过墙身、楼板等结构构件时，均应预留孔洞，预埋管线和预埋铁件，不得在施工后开凿，影响工程质量。施工过程中，各专业工种密切配合。
5. 预埋、预留铁件均需红丹打底防锈，凡明露者，加罩面油漆二度，颜色除专业工种（通风、水、电）有特殊要求外，均为白色（墙面、顶面同色），吊顶内水构件均涂沥青类防腐剂处理。
6. 所有图纸以标注尺寸为准，比例仅供参考，施工时不得直接测量图纸。楼地面标高指到完成的粉刷面，屋顶标高指到钢筋混凝土结构面，图中大小样不对则，以大样图为准。
7. 凡上、下水、强电管井等，待管线安装后，用与楼板相同耐火等级材料封实。
8. 本工程的砂浆均应采用预拌砂浆，具体详见预拌砂浆对比表。

第二部分　主要工程做法

一、防水工程

1. 保温上人平屋面防水做法，参照国标图集12J201-A3/A4；有保温层不上人屋面做法，参照图集12J201-A17/A8；屋面建筑找坡，相应的女儿墙泛水做法详墙身大样图，屋面保温采用70mm厚挤塑聚苯板。
2. 雨篷：有专业资质厂家二次装修设计。
3. 屋面雨水口做法选用国标 12J201-A19(1)，屋面雨水斗做法选用国标12J201-A20(1)。
4. 雨水管采用U-PVC 100管，位置详见屋面平面图。
5. 屋面泛水做法详国标12J201-A14(2)，女儿墙泛水收头详国标12J201-A13(2)，分隔缝纵横间距不宜大于6m，分隔缝宽20mm，并用密封胶封闭。
6. 透气管出平屋面做法见国标12J201-A22(2)。
7. 卫生间防水做法（自上而下）：
   (1)面层用15mm厚1:2 水泥砂浆找平层，5mm 厚1:1 水泥砂浆贴防滑地砖(或大理石)，120mm高四周做C20混凝土防水带与墙体等宽。
   (2)地面及沿墙脚上翻1800mm高，内墙面刷2mm厚非焦油类氨酯防水涂膜一布三涂。
   (3)15mm厚1：3水泥砂浆找平。
8. 卫生间、平台、台阶比相邻室内楼地面低30mm，并向地漏或雨水口方向做出1.5%泛水坡度，以利排除积水。
9. 屋面防水工程应由具有相应资质的施工队伍施工。

二、墙体工程

1. 墙体材料及厚度：
   外墙墙体：200mm厚A5.0蒸压混凝土砌块墙，用M5.0水泥砂浆砌筑，其构造和技术要求详见结构图。
   内墙：200mm厚(卫生间隔墙采用100)厚A5.0蒸压混凝土砌块墙，用M5.0水泥砂浆砌筑，其构造和技术要求详见结构图。
2. 内墙(蒸压混凝土砌块墙)粉刷做法：
   (1)高级内墙无机涂料饰面；(2)8mm厚1:1:4混合砂浆界面压入160g/m²耐碱涂塑网格布；(3)12mm厚1:1:6混合砂浆刮糙层；(4)界面剂一道；(5)抹灰前墙面湿润；(6)基层墙面。
3. 所有墙体之阳角均做1：2 水泥砂浆护角线高1500mm，宽500mm。
4. 外墙装修的选材与色彩详立面图，业主与设计单位选择后确定。外装修面材料需质地优良、色泽一致、耐老化、耐污染、耐清洗、防水。由承包商提供样品，在大面积施工前做样板，经建设单位与设计单位同意后才可施工。
5. 墙体施工及基层处理均应委托专业厂家进行施工。

---

6. 除有地梁的墙体外，其他墙体在−0.06m 处做防潮层，防潮层为20mm 厚1：2水泥砂浆(内掺5%的防水剂)。
7. 墙体施工及基层处理均应委托专业厂家进行施工。

三、门窗工程

1. 建筑单体除④～⑤轴为玻璃幕墙，其余均为普通窗，玻璃幕墙具体做法由专业资质厂家二次装修设计。
2. 楼梯间外墙上的窗口与两侧门、窗、洞口最近边缘的水平距离不足1m时设置不小于1.0m的防火玻璃耐火极限不小于0.5h。
3. 凡外门窗与墙身交接处空隙，用玻璃棉毡分层填满窗框四周留出8mm深的槽口，用建筑密封青膏封实做防渗水。
4. 幕墙型材为断桥铝合金，玻璃为中空双银Low-E (6mm+12A+6mm)，抗风压强度、水密性、气密性、隔声性能均应满足测试标准。外窗及阳台的气密性等级不低于现行国家标准《建筑外门窗气密、水密、抗风压性能检测方法》GB 7106—2019规定的3级。窗台高度低于800mm的临空窗、加设1100mm高防护栏，详15J403-1(H4/C15)。普通玻璃及安全玻璃选用依据《建筑玻璃应用技术规程》和《建筑安全玻璃管理规定》。
5. 图中单扇玻璃面积大于1.5m²和距地面高1000mm处的落地窗均做安全玻璃。

四、装修及安装工程

1. 地面施工时应先从房间中间开始，向两侧展开，一般房间要求平整，有排水要求的房间应做好泛水。
2. 所有暴露在外的钢构件在涂漆前需做除锈，并涂刷防锈漆二度。
3. 出水口和地漏接口处等一律采用优质水沥青膏封严；所有屋面雨水均为有组织排水，排至室外地面或地下排水管网。
4. 楼梯栏杆详15J403-1(A7a/B18)，防滑条详15J403-1(1/E6)，楼梯扶手做法详见15J403-1(C3/E19)。
5. 楼梯段起始扶手高度从踏步前缘线起及长度大于500mm的水平段扶手高度不低于1050mm。

五、室外工程

1. 散水宽1000mm，做法见一层平面图，按规范设温度缝。与墙体接缝用1：2沥青砂浆嵌缝。
2. 室外台阶做法见一层平面图，与墙体及散水接缝用1：2沥青砂浆嵌缝。

六、其他

1. 本工程每层所有的管线井间的周边预留钢筋，在管线安装施工结束后用与楼板同强度等级同厚度混凝土封闭。
2. 所有重要装修材料均应事先做好样板，经设计和建设单位共同选定后方可定货施工。
3. 楼、地面分隔缝纵横间距不宜大于6m，分隔缝宽20mm，并用密封胶封闭。

第三部分　无障碍设计专篇

一、设计依据

1. 《无障碍设计规范》GB 50763—2012。
2. 《办公建筑设计标准》JGJ/T 67—2019。
3. 《民用建筑设计统一标准》GB 50352—2019。

二、建筑设计

1. 本工程按照《无障碍设计规范》GB 50763—2012要求，设置了无障碍出入口，在门完全开启的状态下，无障碍出入口平台净深度不小于1.5m。
2. 本工程中无障碍卫生间门（1000×2200）为无障碍门，无障碍门做法参见图集12J926(2/E4)，卫生间门开启后留有直径1.5m的轮椅回转空间。

第四部分　消防专篇

一、设计依据

1. 《建筑设计防火规范（2018年版）》GB50016—2014。
2. 《建筑内部装修设计防火规范》GB 50222—2017。
3. 《办公建筑设计标准》JGJ/T 67—2019。

二、工程概况

1. 办公建筑，共五层，一层层高为4.5m，二～五层层高为3.9m，建筑高度21.00m。
2. 建筑占地面积688.92m²，建筑面积3125.05m²。
3. 本工程耐火等级为二级，结构形式为钢筋混凝土框架结构，抗震设防烈度为6度；设计使用年限50年。
4. 图注单位（除注明外）：尺寸为 mm，角度为°，标高为m。

三、总平面布置

建筑物四周均有供消防车通过的道路及场地，宽度>4m，车道上空4.0m以下范围没有障碍物。

四、建筑设计

1. 本工程耐火等级为二级，结构形式为钢筋混凝土框架结构，抗震设防烈度为6度，设计使用年限50年。
2. 本工程为五层钢筋混凝土框架结构，按二级耐火等级设计；非承重外墙和内墙体为200mm厚加气混凝土砌块砖，燃烧性能为不燃性，耐火极限不低于3.00h；楼梯间的墙，燃烧性能为不燃性，耐火极限不低于2.0h；柱体燃烧性能为不燃性，耐火极限不低于2.5h；各部位梁的燃烧性能为不燃性，耐火极限1.50h；楼梯间及屋顶承重构件燃烧性能为不燃性，耐火极限不低于1.0h；吊顶的燃烧性能为难燃性，耐火极限不低于0.25h。
3. 本工程设自动喷水灭火系统；根据《建筑设计范防火规范》表5.3.1规定，防火分区最大允许面积5000m²于该建筑面积3152.05m²，故本工程不划分防火分区且不少于两个消防救援窗。
4. 建筑物设置两个开敞楼梯间，楼梯间一层均有直接对外的安全出口，每层标定最大人数为80人，疏散楼梯宽度根据《建筑设计防火规范》表5.5.21-1规定，疏散净宽度为5.2m大于1.0m，满足规范要求。
5. 本工程总平面及单体设计符合有关消防规范的要求。

五、其他

1. 室内环境污染控制应满足《民用建筑工程环境污染控制规范》GB 50325—2020的要求。
2. 公共部位的灯具设置需经设计人员 认证，以满足建筑环境的美化要求。
3. 本工程每层所有的管线井间的周边预留钢筋在管线安装施工结束后用与楼板同强度等级同厚度混凝土封闭。
4. 所有重要装修材料均应事先做好样板，经设计和施工单位共同选定后方可定货施工。
5. 凡低于900mm高的玻璃及所有玻璃门均采用安全钢化玻璃。玻璃上应设置明显的防撞击警示贴。
6. 门窗玻璃的选用应遵照《建筑玻璃应用技术规程》JGJ 113—2015和《建筑安全玻璃管理规定》。

第五部分　节能设计说明专篇

一、设计依据

1. 《公共建筑节能标准》GB 50189—2015；
2. 《建筑外门窗气密、水密、抗风压性能分级及检测方法》GB/T 7106—2019；
3. 《民用建筑热工设计规范》GB 50176—2016。

二、建筑概况

1. 建筑面积：3122.38m²；2. 建筑高度：24.0m；3. 建筑物朝向：南；4. 建筑外表面积：3176.61m²；5. 建筑体形系数：0.25。

三、围护结构各部位热工性能指标及相应保温隔热技术措施

1. 屋面保温材料：70mm厚挤塑苯板，传热系数：0.42W/(m²·K)；
2. 外墙保温材料：40mm厚岩棉板，传热系数：0.64W/(m²·K)；
3. 外门窗主要物理性能设计指标：气密性6级、水密性3级、抗风压3级；
4. 外窗保温材料：断桥铝窗框Low-E中空SuperSE-I (6mm+12A+6mm)，传热系数：2.20W/(m²·K)。

四、节能设计一览表详见附表

预拌砂浆对比表

部位	预拌砂浆选型	传统砂浆
砌筑砂浆	DMM7.5	Mb7.5　混合砂浆
抹灰砂浆	DPM15.0	1：3　水泥砂浆
	DPM15.0	1：3　水泥砂浆
	DPM10.0	1：1：4　混合砂浆
	DPM5.0	1：1：6　混合砂浆

工程名称	综合楼		日　期	2020.4
图　名	建筑施工图设计说明（一）		图　号	建施-01

建筑施工图设计说明（二）

第四部分　室内装修表

房间名称	楼地面		墙面（柱面）	踢脚	天棚
	地面	楼面			
门厅	地面3		内墙面1	踢脚1	天棚1
各房间	地面1	楼面1	内墙面1	踢脚1	天棚1
卫生间	地面1	楼面2	内墙面2		天棚1
走廊	地面1	楼面2	内墙面1		天棚1
楼梯间	地面1	楼面1	内墙面1	踢脚1	天棚2

第五部分　材料做法表

地面

编号	地面1	地面2	地面3
名称	地砖	防滑地砖地面	地砖
规格	600mm×600mm	400mm×400mm	900mm×900mm
颜色	白色	白色	白色
厚度	238～240mm	259.5～261.5mm	238～240mm
做法	1.8～10mm厚地砖面层，干水泥擦缝 2.20mm厚1:3干硬性水泥砂浆结合层，表面撒水泥粉 3.刷水泥浆一道（内掺建筑胶） 6.60mm厚C20混凝土 7.150mm厚碎石夯入土中 素土分层夯实	1.8～10mm厚地砖面层，干水泥擦缝 2.20mm厚1:3干硬性水泥砂浆结合层，表面撒水泥粉 3.2mm厚聚氨酯防水层，上翻墙面1800mm高 4.1:3水泥砂浆或细石混凝土找坡层最薄处15mm厚抹平 5.刷水泥浆一道（内掺建筑胶） 6.60mm厚C20混凝土 7.150mm厚碎石夯入土中 素土分层夯实	1.8～10mm厚地砖面层，干水泥擦缝 2.20mm厚1:3干硬性水泥砂浆结合层，表面撒水泥粉 3.刷水泥浆一道（内掺建筑胶） 6.60mm厚C20混凝土 7.150mm厚碎石夯入土中 素土分层夯实
备注			

内墙面

编号	内墙面1	内墙面2
名称	乳胶漆墙面	瓷砖墙面
颜色	白色	白色
厚度	20mm	23.5～25.5mm
做法	1.加气混凝土砌块 2.8mm厚1:2水泥砂浆 3.12mm厚1:1:6水泥石灰砂浆底（分层抹灰） 4.满刮腻子 5.刷乳胶漆一底二面	1.加气混凝土砌块 2.素水泥浆一道（内掺建筑胶） 3.9mm1:3水泥砂浆打底压实抹平（用专用胶粘贴时要求平整） 4.1.5mm厚聚氨酯防水层 5.5mm1:2建筑胶水泥砂浆粘结层 6.瓷砖胶粘剂贴面砖8～10mm厚，本色水泥擦缝
备注		

楼面

编号	楼面1	楼面2
名称	地砖	防滑地砖地面
规格	600mm×600mm	400mm×400mm
颜色	白色	白色
厚度	238～240mm	259.5～261.5mm
做法	1.8～10mm厚地砖面层，干水泥擦缝 2.20mm厚1:3干硬性水泥砂浆结合层，表面撒水泥粉 3.刷水泥浆一道（内掺建筑胶） 6.钢筋混凝土楼板	1.8～10mm厚地砖面层，干水泥擦缝 2.20mm厚1:3干硬性水泥砂浆结合层，表面撒水泥粉 3.1.5mm厚聚氨酯防水层 4.1:3水泥砂浆或细石混凝土找坡层最薄处20mm厚抹平 5.刷水泥浆一道（内掺建筑胶） 6.钢筋混凝土楼板
备注		

踢脚

编号	踢脚1
名称	地砖踢脚
规格	H=120mm
颜色	同楼地面
厚度	
做法	1.墙（柱）面 2.14mm厚1:2水泥砂浆（分层抹灰） 3.1:1水泥砂浆粘结层 4.贴铺踢脚砖
备注	

天棚

编号	天棚1	天棚2	吊顶高距地面3m
名称	吊顶	乳胶漆天棚	
规格			
颜色	铝合金本色	白色	
厚度		15mm	
做法	成品铝合金板吊顶	1.现浇混凝土楼板 2.7mm厚1:4水泥砂浆 3.刷2mm厚聚酯防水涂膜 4.8mm厚1:1:6水泥石灰麻刀砂浆底 5.刷乳胶漆一底二面	
备注		第3条只用于厨房天棚	

注：本室内装修表仅供参考，最终装修方案由甲方定。

甲类公共建筑节能设计一览表式

项目名称＿＿＿＿＿＿＿＿＿建设地点＿＿＿＿＿＿＿＿＿建筑面积 3088.49 m²，层数 5 层，高度 21.0 m 计算日期 2020年07月20日

项目		标准限值			可开启面积	计算窗墙比及相应指标限值					标准限值	设计选用及可达标指标				结论是否符合标准	
		传热系数[W/(m²·K)]	太阳得热系数 SHGC	可见光透射比		朝向	C_m	K限值	SHGC	可见光透射比	可开启面积	框料	玻璃品种、厚度、中空尺寸	K值	SHGC	可见光透射比	是	否
窗墙面积比（包括透光幕墙）	$C_m≤0.2$	≤3.5	≤0.44/0.48	≥0.60	30%	东	0.32	2.6	0.40	0.61	所在房间外墙面积的10%	断桥铝窗框	Low-E中空SuperSE-16mm+12A+6mm	2.20	0.44	0.61	□	■
	$0.2<C_m≤0.3$	≤3.0	≤0.40/0.44	≥0.60		南	0.33	2.6	0.40	0.61	所在房间外墙面积的10%	断桥铝窗框	Low-E中空SuperSE-16mm+12A+6mm	2.20	0.44	0.61	□	■
	$0.3<C_m≤0.4$	≤2.6	≤0.35/0.40	≥0.60		西	0.31	2.6	0.40	0.61	所在房间外墙面积的10%	断桥铝窗框	Low-E中空SuperSE-16mm+12A+6mm	2.20	0.44	0.61	□	■
	$0.4<C_m≤0.5$	≤2.4	≤0.35/0.40	≥0.40		北	0.24	2.6	0.40	0.61	所在房间外墙面积的10%	断桥铝窗框	Low-E中空SuperSE-16mm+12A+6mm	2.20	0.44	0.61	□	■
	$0.5<C_m≤0.6$	≤2.2	≤0.30/0.35	≥0.40		—	—	—	—	—								
	$0.6<C_m≤0.7$	≤2.2	≤0.26/0.35	≥0.40		—	—	—	—	—								
	$0.7<C_m≤0.8$	≤2.0	≤0.24/0.30	≥0.40		—	—	—	—	—								
	$C_m>0.8$	≤1.8	≤0.30	≥0.40		—	—	—	—	—								

外门窗、幕墙气密性等级	外门窗6级或7级	幕墙3级	外窗6级，幕墙一级	■	□
屋顶透明部分	屋顶透明面积/屋顶总面积≤20%，K≤2.4，SHGC≤0.3	屋顶透明面积/屋顶面积=—%，K=—，SHGC—，窗框料＿＿＿＿		■	□
屋顶	D>2.5，K≤0.5 D≤2.5，K≤0.4	保温隔热材料 挤塑聚苯板，厚度 70.00 mm，K 0.42，找坡层材料 —，厚度 — mm。		■	□
外墙（包括非透明幕墙）	D>2.5，$K_m≤0.8$ D≤2.5，$K_m≤0.6$	设计选用 外保温■，内保温，自保温，保温材料 岩棉板，厚度 40 mm，K_m 0.64，主墙体材料 加气混凝土砌块，厚度200.00mm。		■	□
底层架空或外挑楼板	K≤0.70	上保温，下保温，保温材料＿＿＿＿，厚度＿＿＿ mm，K＿＿。		□	■
层间楼板	K≤1.5	保温材料＿＿＿＿，厚度＿＿＿ mm，K＿＿。			

其他	建筑朝向	南偏东或西≤15°□，南偏东15°～35°□，南偏西≤15°□，其他■		软件名称	建筑节能设计分析软件 PBECA	版本	—		是否达到节能标准	■	□
	外遮阳	有□，无■，中庭通风，机械通风□，自然通风□，幕墙通风，有开启扇■，机械通风□		权衡判断	能耗指标 kWh/m²	设计建筑	36.04				
	外门	有门斗，旋转，中庭玻璃，其他■，屋顶面层 浅色饰面■ 深色饰面□ 绿化种植□，外墙饰面 浅色饰面■ 深色饰面□				参照建筑	36.23				

工程名称	综合楼	日期	2020.4
图名	建筑施工图设计说明（二）	图号	建施-02

3

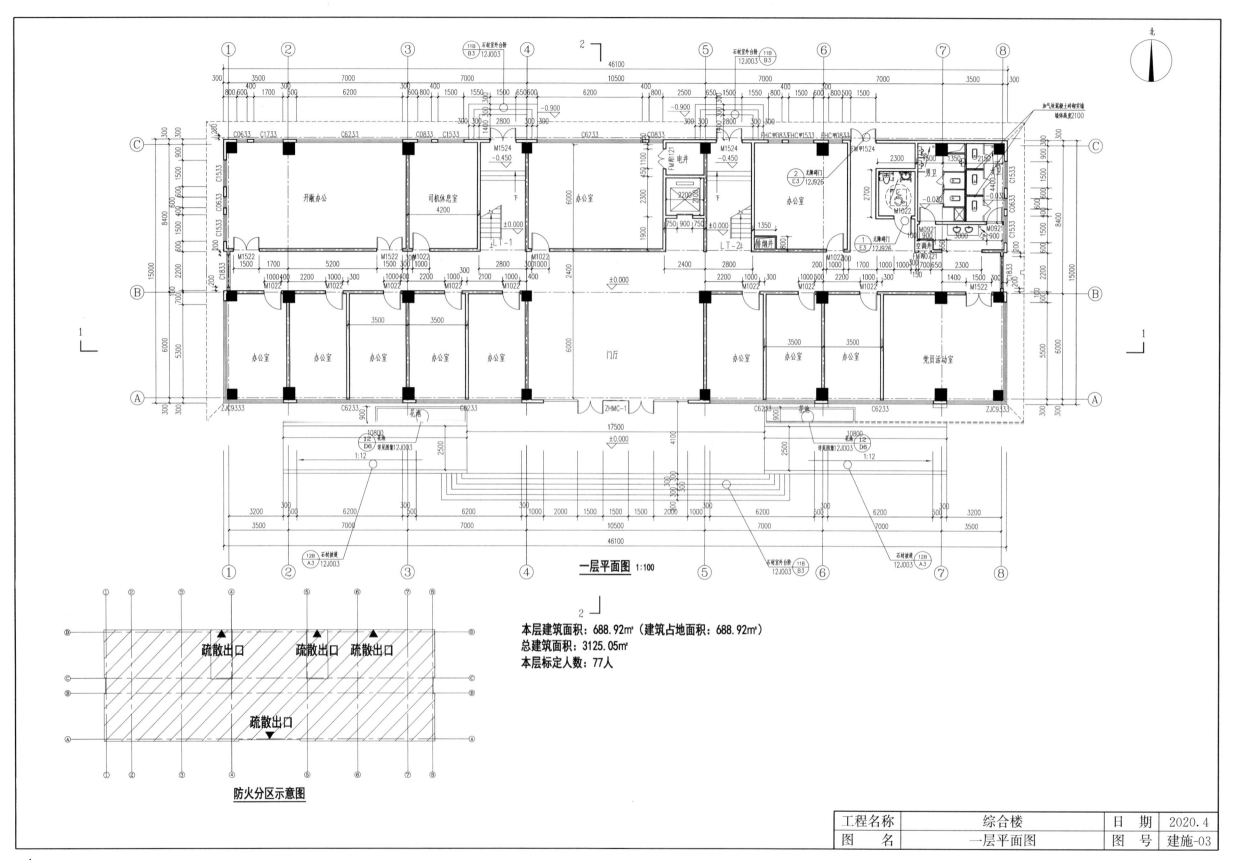

一层平面图 1:100

本层建筑面积：688.92㎡（建筑占地面积：688.92㎡）
总建筑面积：3125.05㎡
本层标定人数：77人

防火分区示意图

工程名称	综合楼	日　期	2020.4
图　名	一层平面图	图　号	建施-03

4

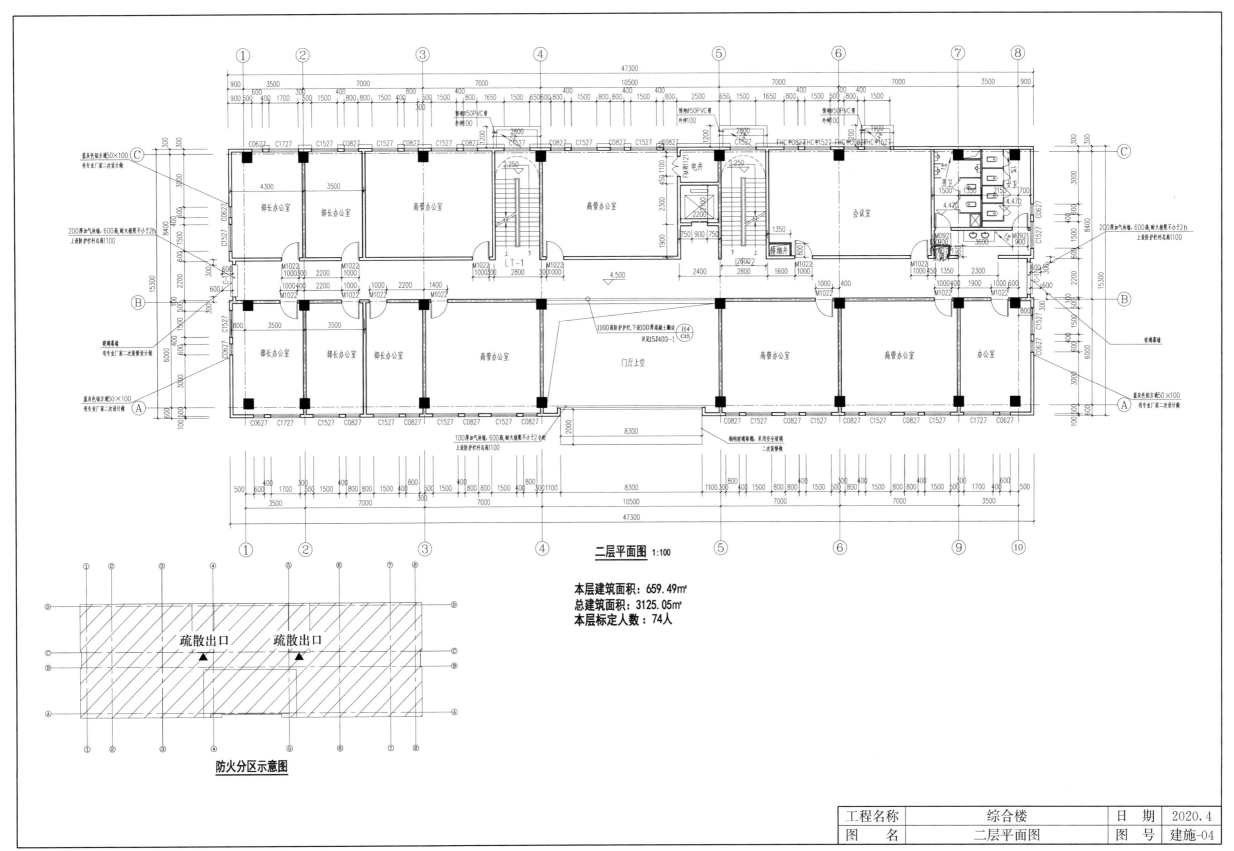

二层平面图 1:100

本层建筑面积：659.49m²
总建筑面积：3125.05m²
本层标定人数：74人

疏散出口 ▲   疏散出口 ▲

防火分区示意图

工程名称	综合楼	日 期	2020.4
图 名	二层平面图	图 号	建施-04

5

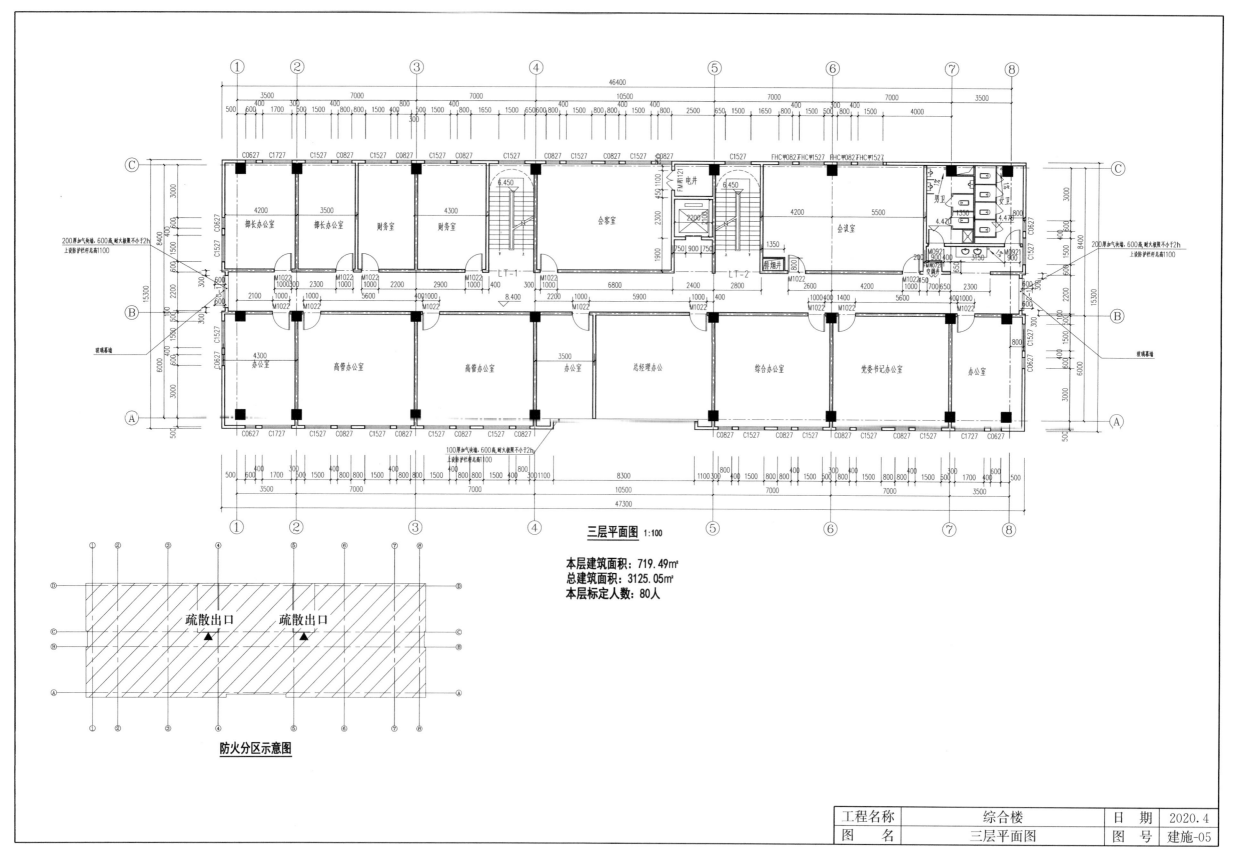

三层平面图 1:100

本层建筑面积：719.49m²
总建筑面积：3125.05m²
本层标定人数：80人

防火分区示意图

疏散出口　疏散出口

| 工程名称 | 综合楼 | 日　期 | 2020.4 |
| 图　名 | 三层平面图 | 图　号 | 建施-05 |

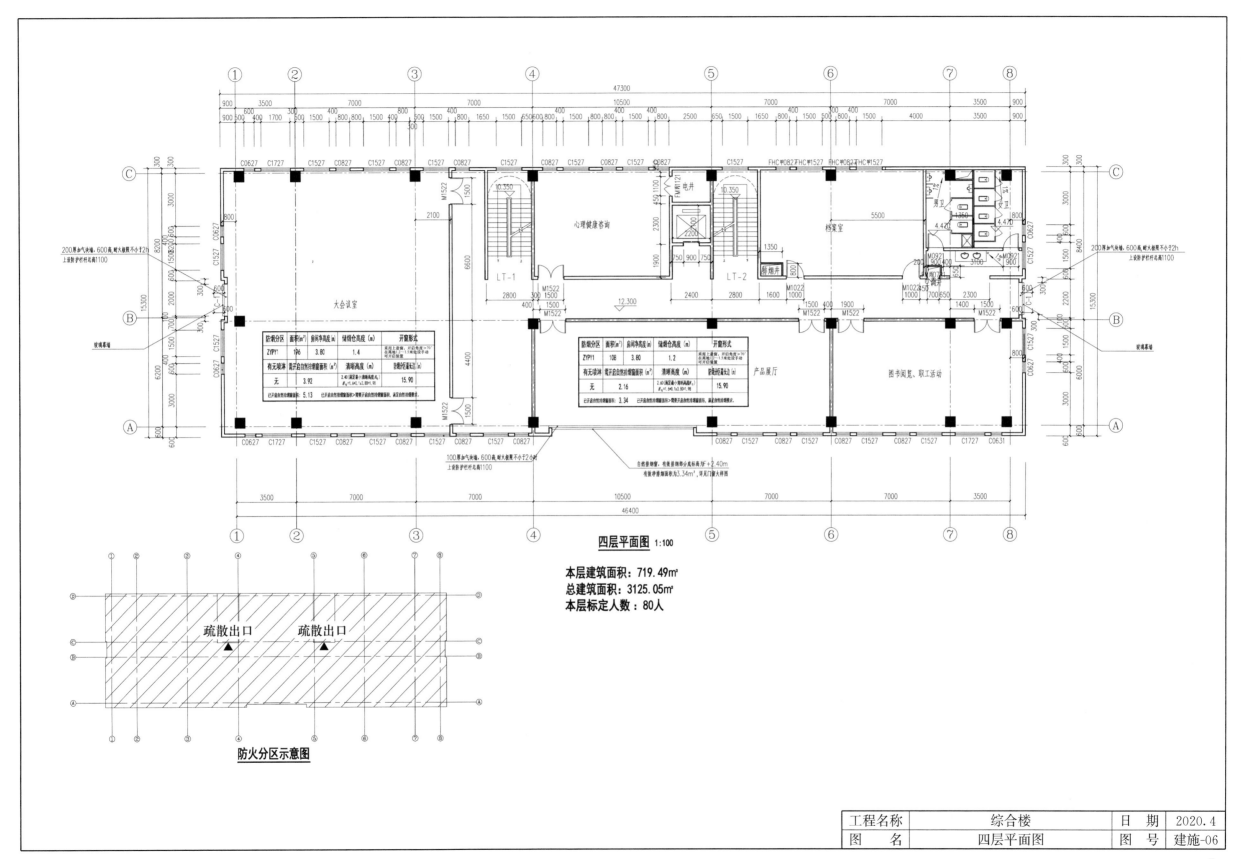

四层平面图 1:100

本层建筑面积：719.49m²
总建筑面积：3125.05m²
本层标定人数：80人

防火分区示意图

工程名称	综合楼	日 期	2020.4
图 名	四层平面图	图 号	建施-06

7

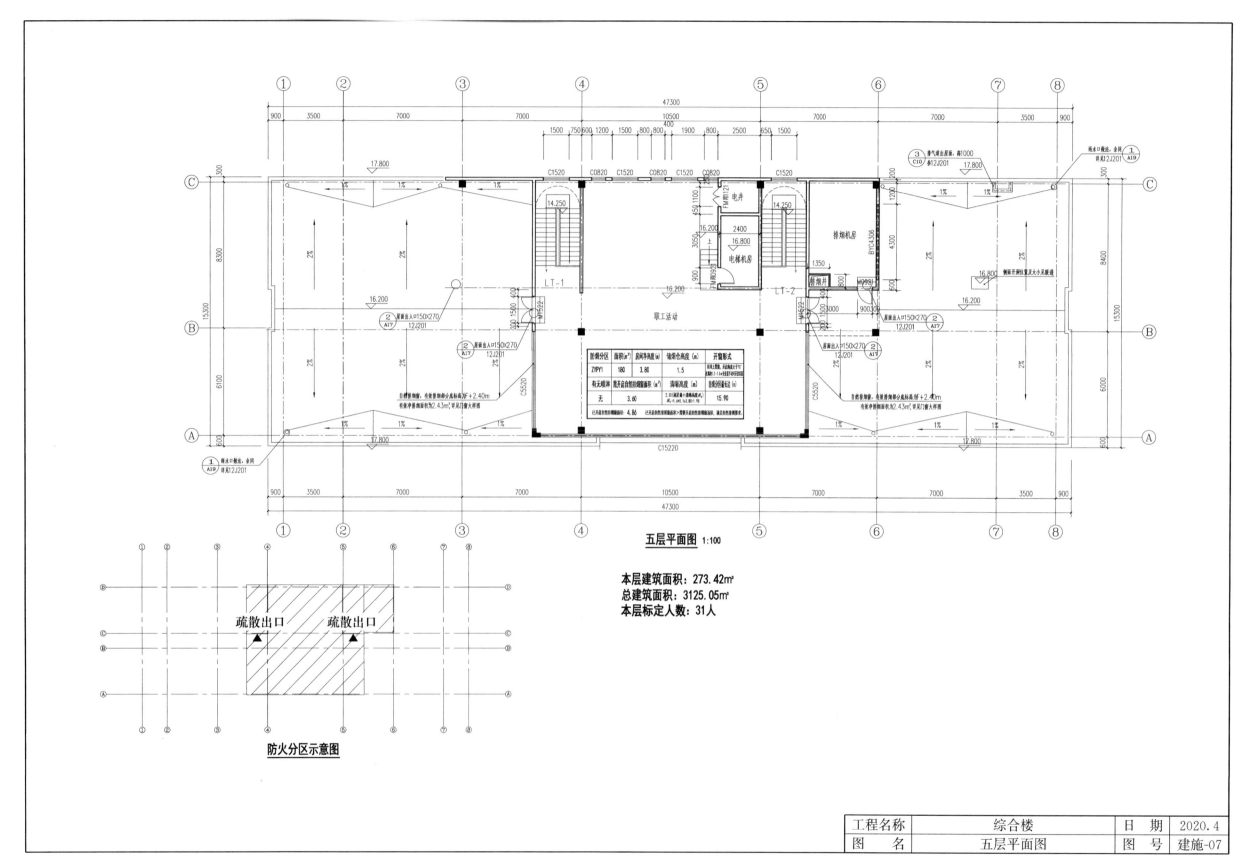

五层平面图 1:100

本层建筑面积：273.42㎡
总建筑面积：3125.05㎡
本层标定人数：31人

防烟分区	面积(㎡)	房间净高度(m)	储烟仓高度(m)	开窗形式
ZYPY1	180	3.80	1.5	采用上悬窗，其总有效可开启面积不小于室内地面积的2-1.1m处且面积不得小于可开启面积的
有无喷淋	能开启自然排烟窗面积	清晰高度(m)	最低设置标高(m)	
无	3.60	2.3X(房屋最小净高度Z) Z内=1.6+0.1x1.5(房)高	15.90	

已开启自然排烟窗面积
已开启自然排烟窗面积为4.86 > 需要启自然排烟面积，满足自然排烟要求。

职工活动

电梯机房

排烟机房

防火分区示意图

疏散出口   疏散出口

工程名称	综合楼	日　期	2020.4
图　名	五层平面图	图　号	建施-07

8

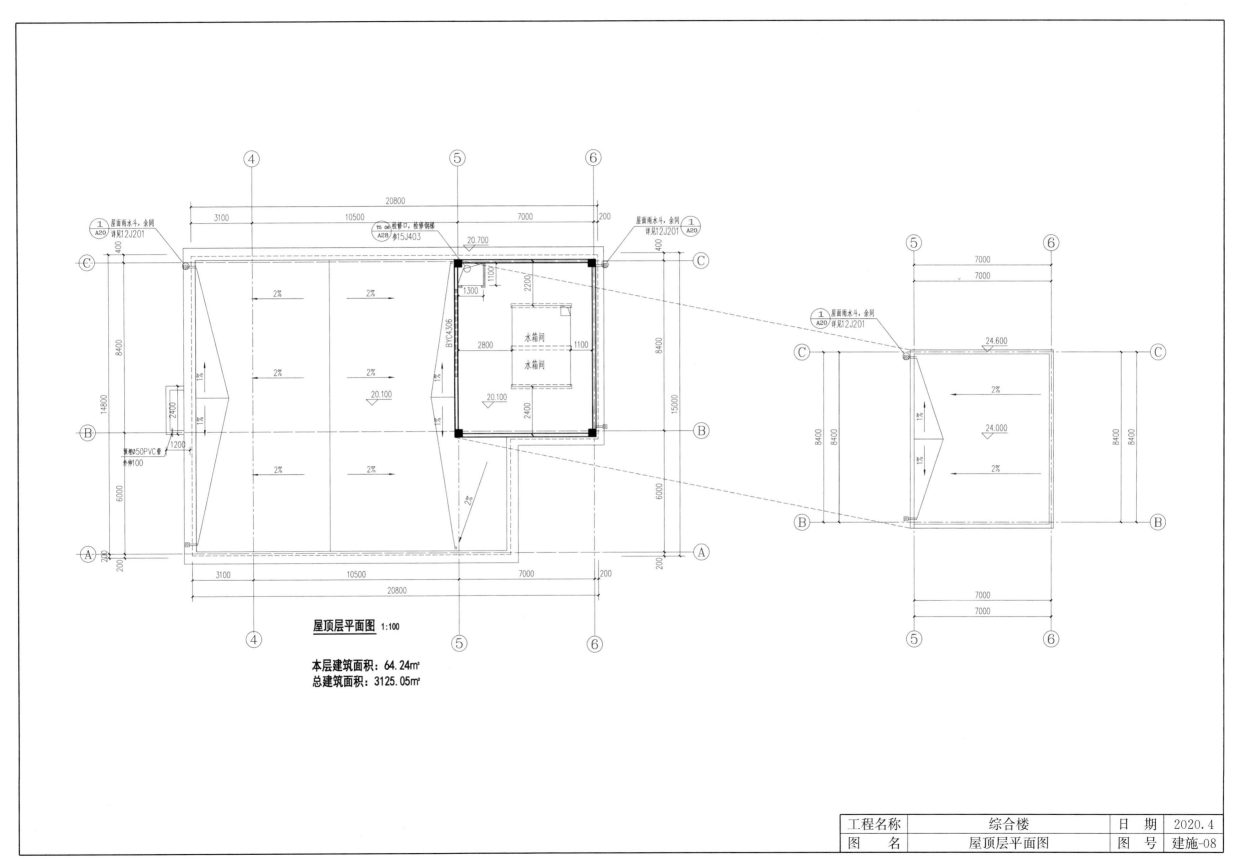

屋顶层平面图 1:100

本层建筑面积：64.24㎡
总建筑面积：3125.05㎡

水箱间
水箱间

工程名称	综合楼	日　期	2020.4
图　名	屋顶层平面图	图　号	建施-08

9

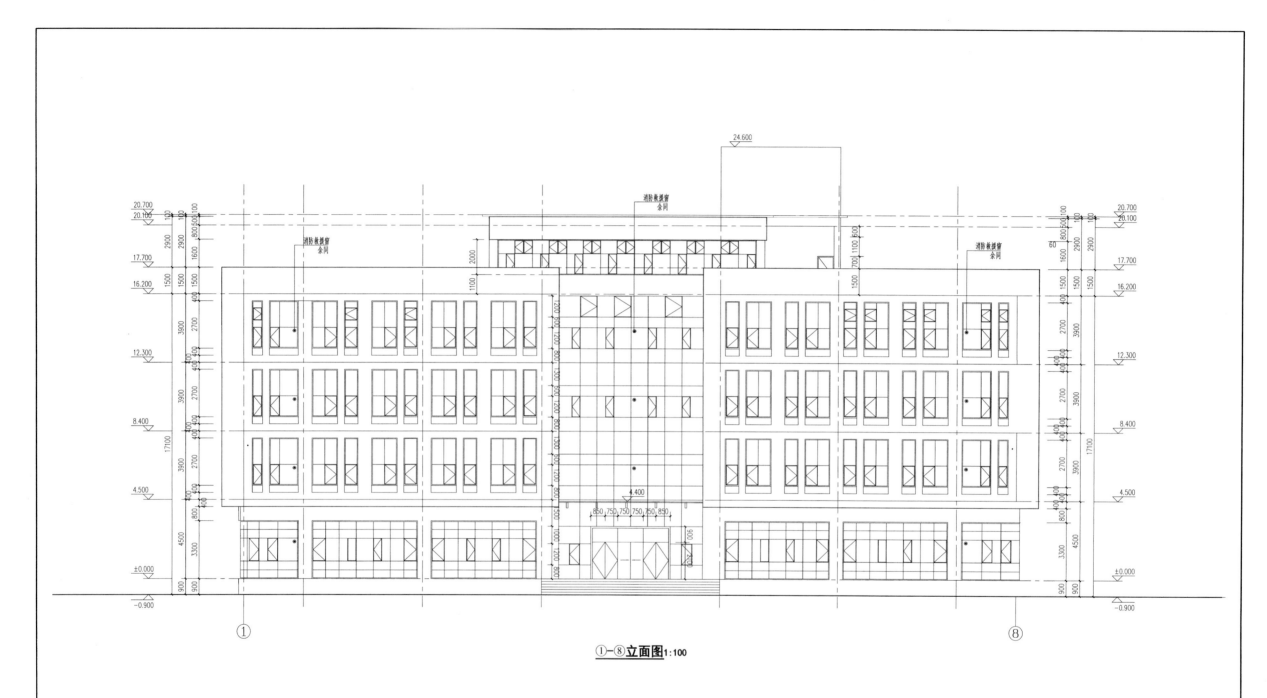

①—⑧立面图 1:100

外立面全部为乳胶漆

工程名称	综合楼	日　期	2020.4
图　名	立面图（一）	图　号	建施-09

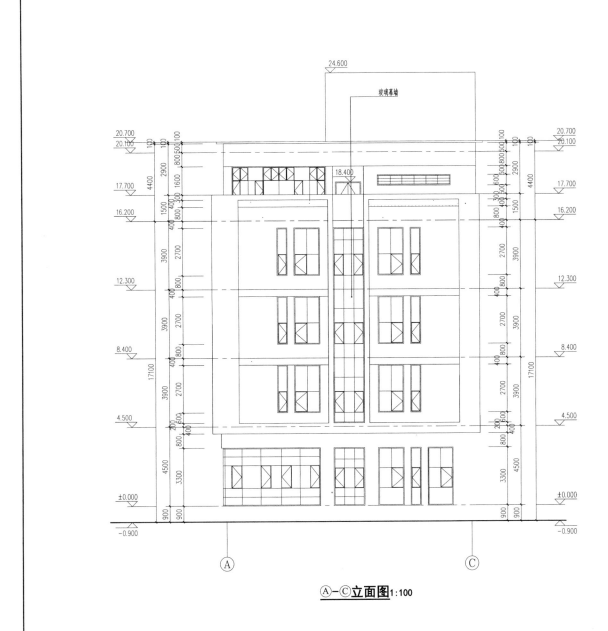

Ⓐ-Ⓒ立面图 1:100

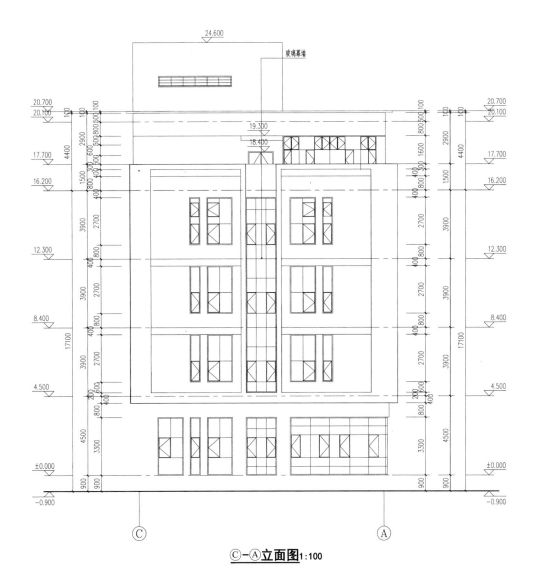

Ⓒ-Ⓐ立面图 1:100

外立面全部为乳胶漆

工程名称	综合楼	日 期	2020.4
图 名	立面图（二）	图 号	建施-10

11

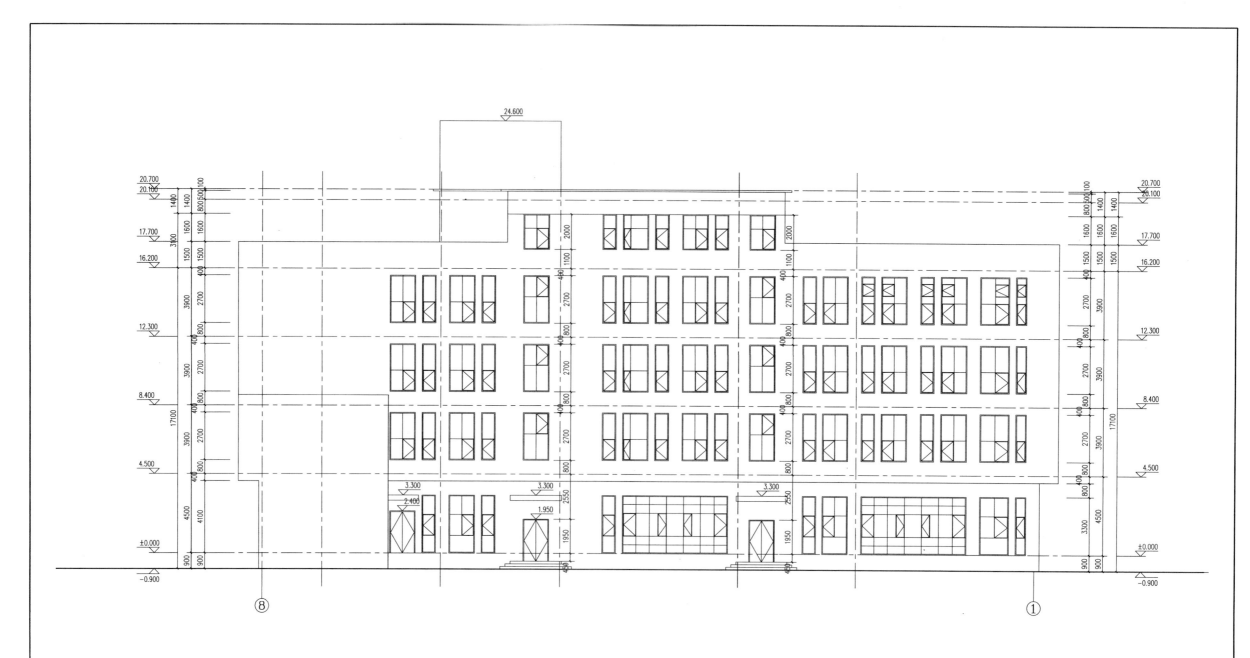

⑧—① **立面图** 1:100

外立面全部为乳胶漆

| 工程名称 | 综合楼 | 日 期 | 2020.4 |
| 图 名 | 立面图（三） | 图 号 | 建施-11 |

12

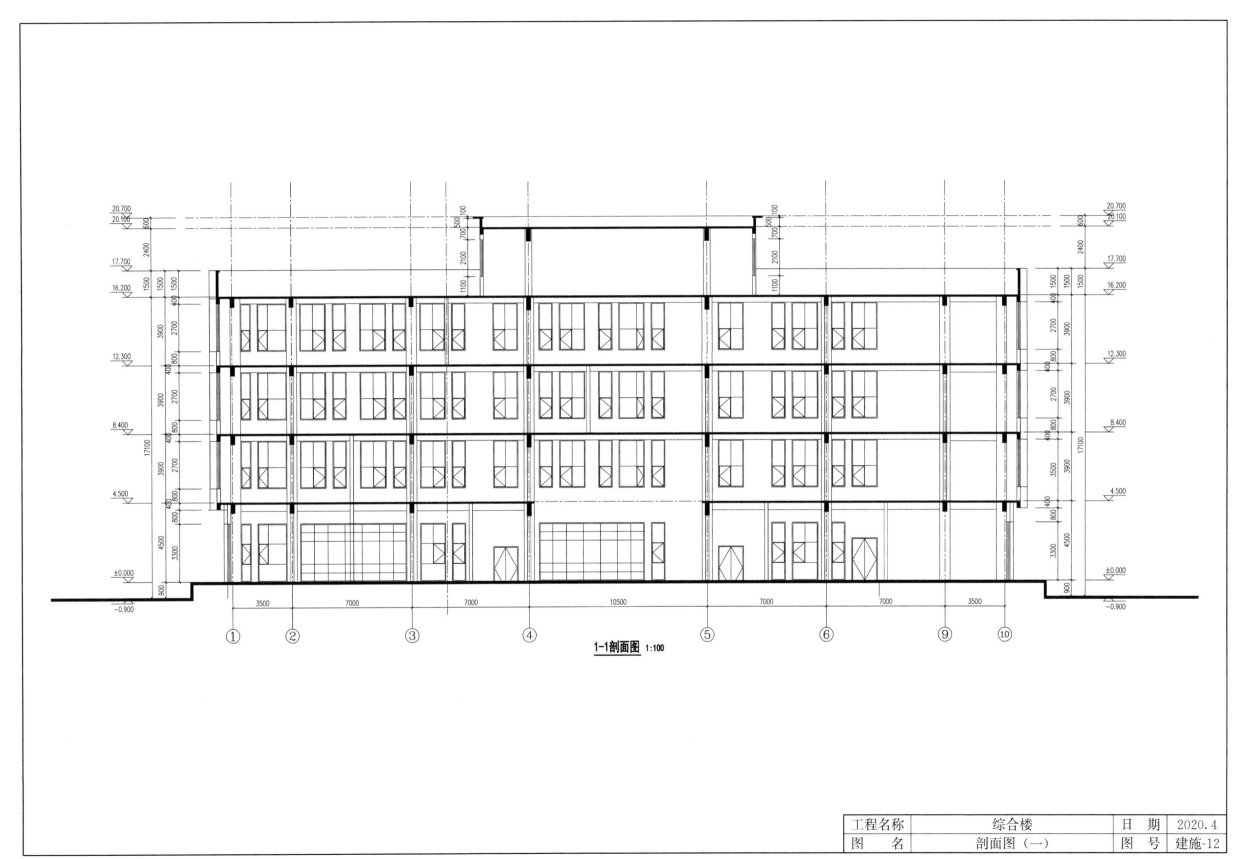

1-1剖面图 1:100

| 工程名称 | 综合楼 | 日 期 | 2020.4 |
| 图 名 | 剖面图（一） | 图 号 | 建施-12 |

13

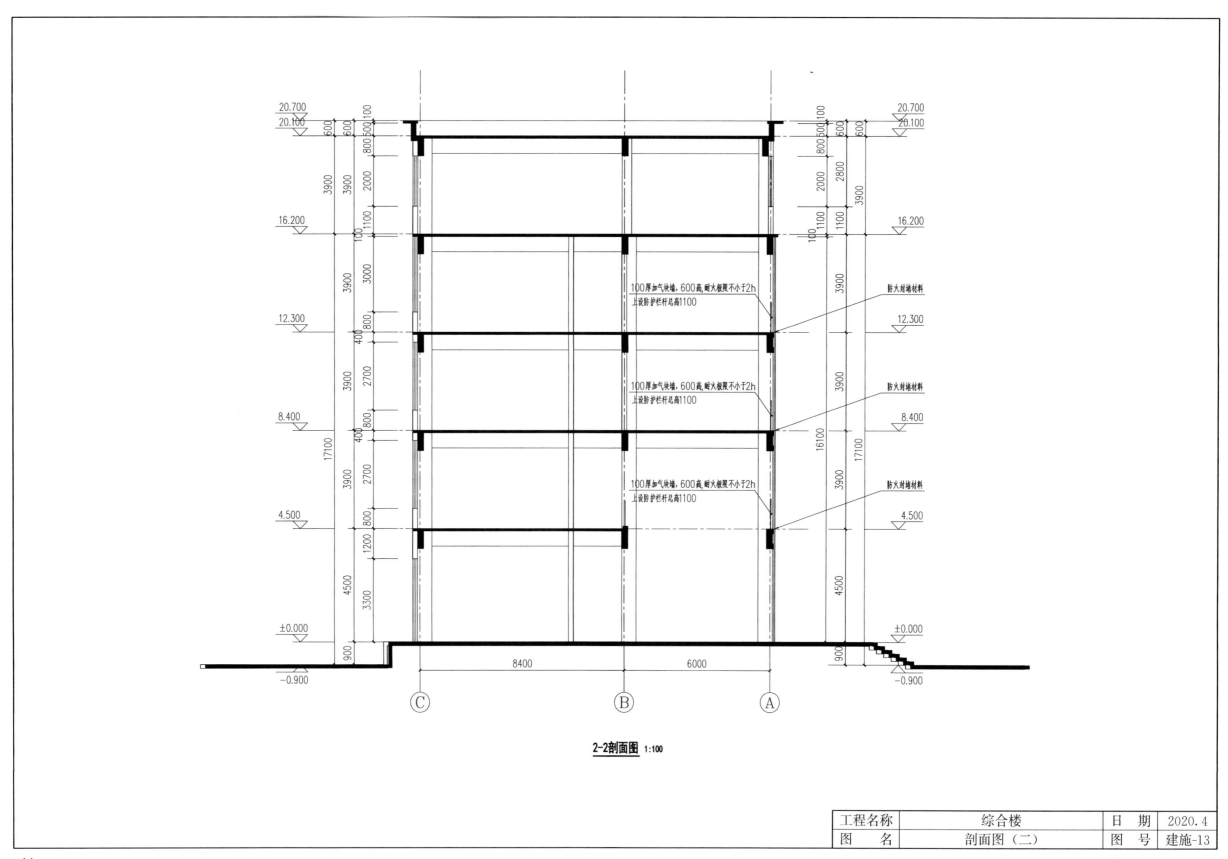

2-2剖面图 1:100

| 工程名称 | 综合楼 | 日　期 | 2020.4 |
| 图　名 | 剖面图（二） | 图　号 | 建施-13 |

14

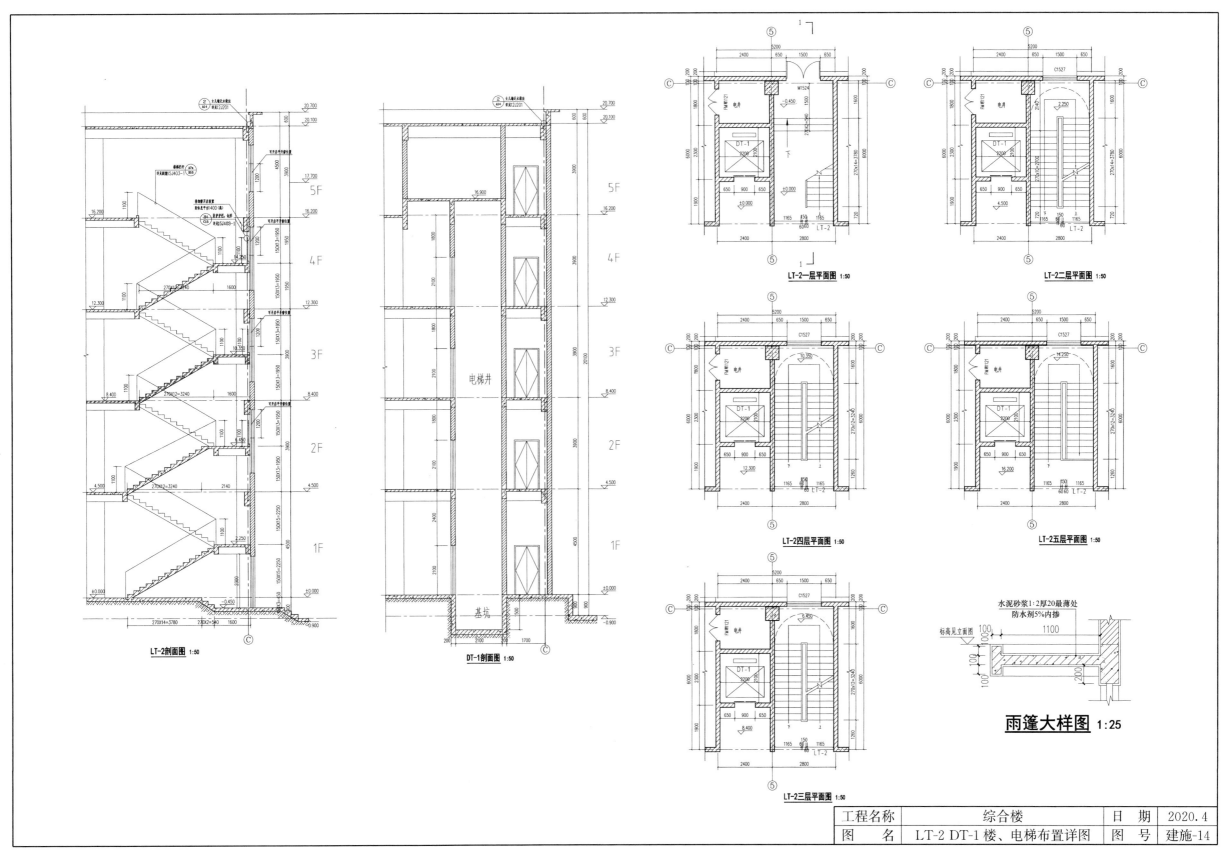

LT-2 剖面图 1:50

DT-1剖面图 1:50

LT-2一层平面图 1:50

LT-2二层平面图 1:50

LT-2四层平面图 1:50

LT-2五层平面图 1:50

LT-2三层平面图 1:50

雨篷大样图 1:25

水泥砂浆1:2厚20最薄处
防水剂5%内掺

工程名称	综合楼	日 期	2020.4
图 名	LT-2 DT-1 楼、电梯布置详图	图 号	建施-14

15

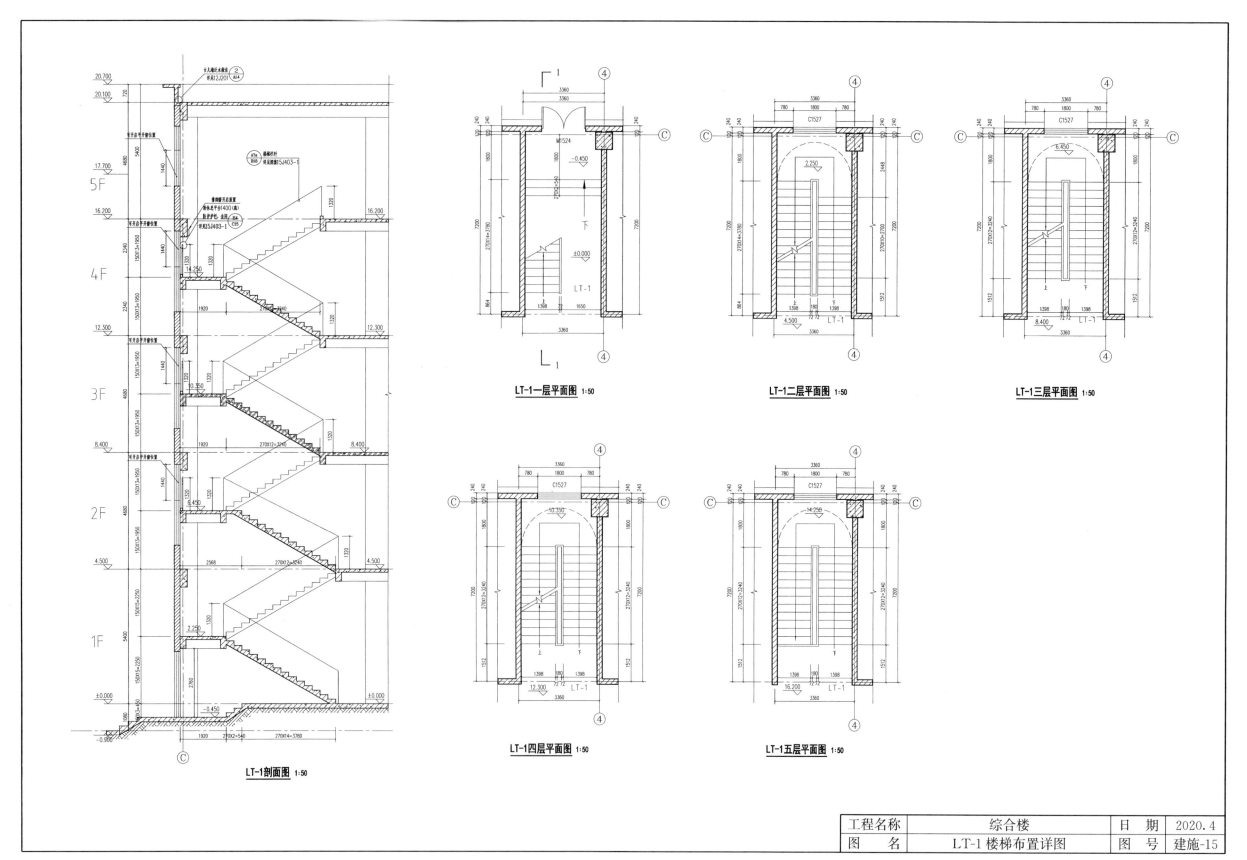

LT-1剖面图 1:50

LT-1一层平面图 1:50

LT-1二层平面图 1:50

LT-1三层平面图 1:50

LT-1四层平面图 1:50

LT-1五层平面图 1:50

工程名称	综合楼	日　期	2020.4
图　名	LT-1楼梯布置详图	图　号	建施-15

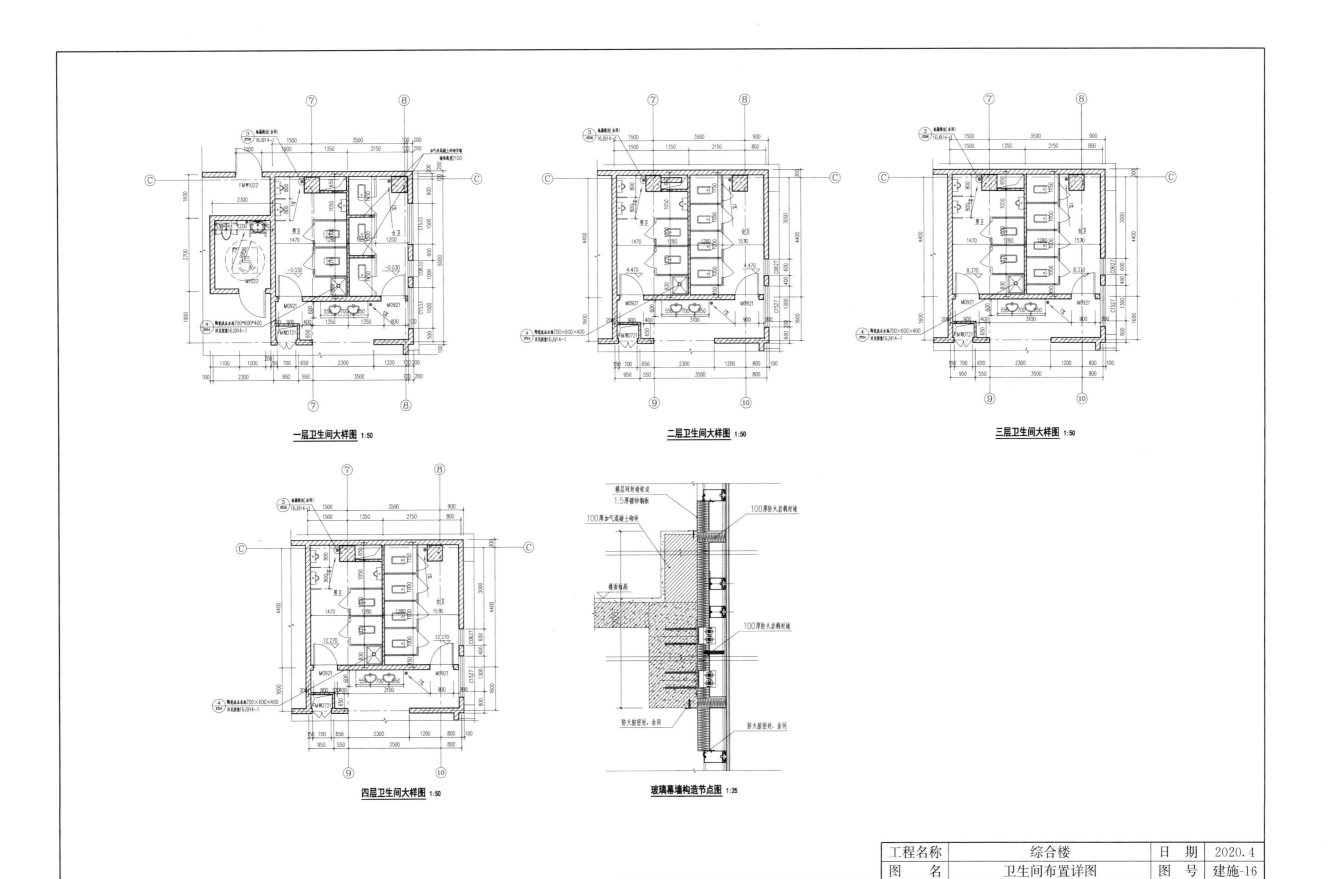

一层卫生间大样图 1:50

二层卫生间大样图 1:50

三层卫生间大样图 1:50

四层卫生间大样图 1:50

玻璃幕墙构造节点图 1:25

工程名称	综合楼	日　期	2020.4
图　名	卫生间布置详图	图　号	建施-16

17

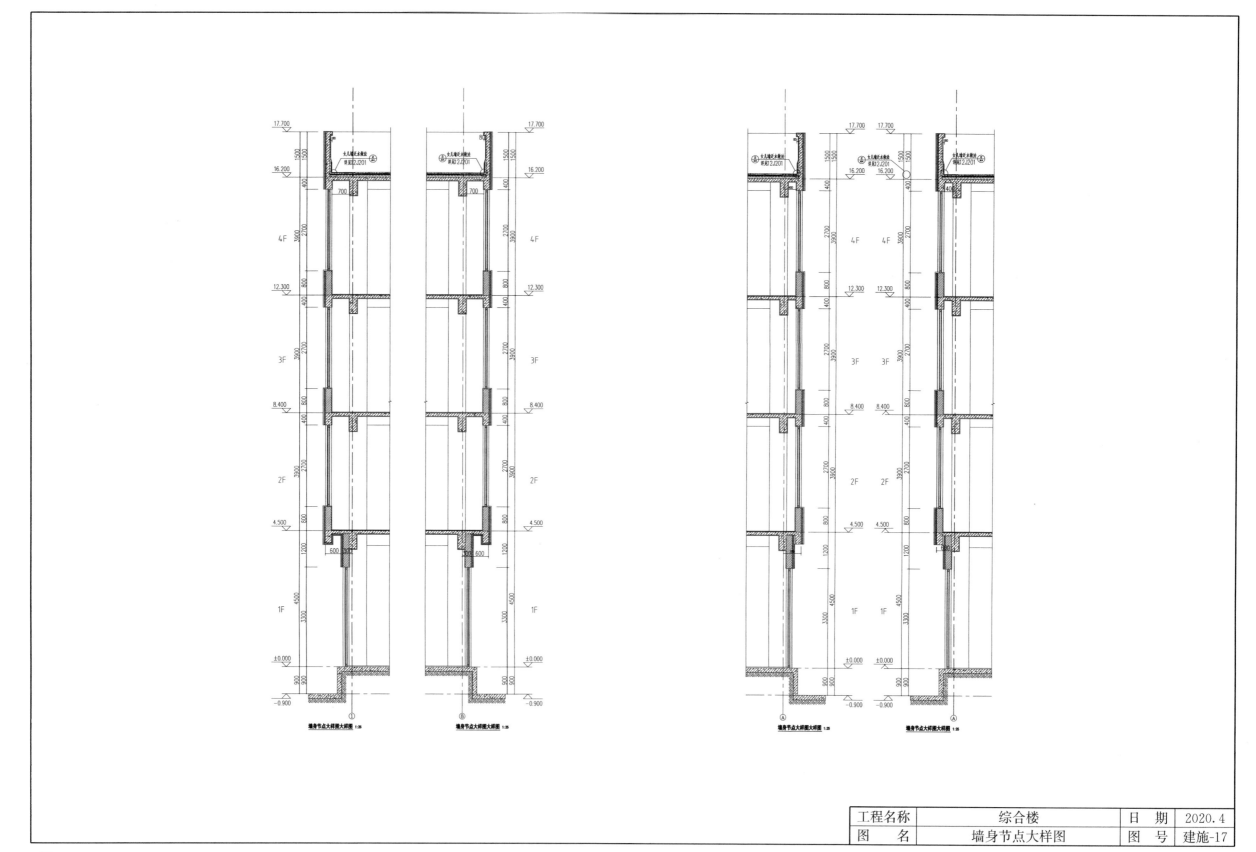

墙身节点大样图 1:25　墙身节点大样图 1:25　　墙身节点大样图 1:25　墙身节点大样图 1:25

18

工程名称	综合楼	日　期	2020.4
图　名	墙身节点大样图	图　号	建施-17

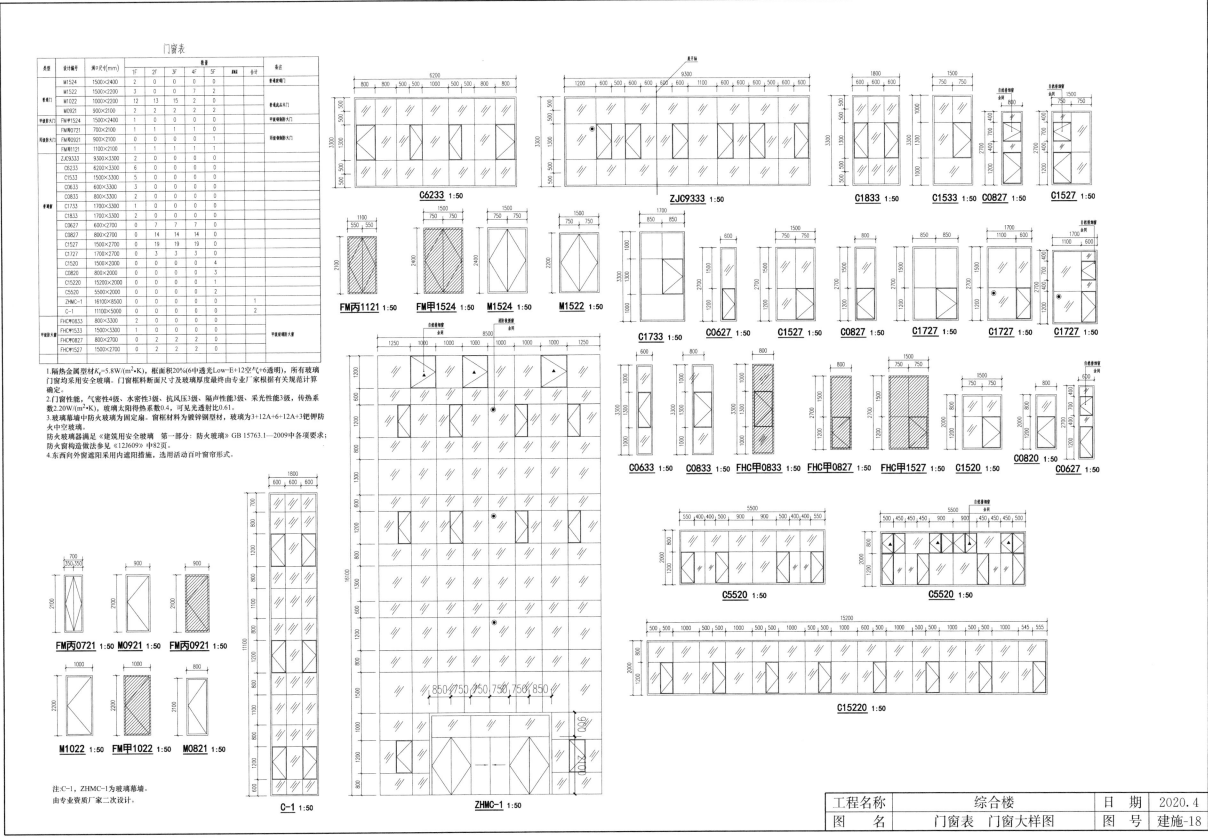

门窗表

类型	设计编号	洞口尺寸(mm)	1F	2F	3F	4F	5F	RM	合计	备注
普通门	M1524	1500×2400	2	0	0	0	0			普通玻璃门
	M1522	1500×2200	3	0	0	7	2			
	M1022	1000×2200	12	13	15	2	0			普通玻璃木门
	M0921	900×2100	2	2	2	2	2			
甲级防火门	FM甲1524	1500×2400	1	0	0	0	0			甲级钢制防火门
丙级防火门	FM丙0721	700×2100	1	1	1	1	0			丙级钢制防火门
	FM丙0921	900×2100	0	1	0	0	1			
	FM丙1121	1100×2100	1	1	1	1	0			
普通窗	ZJC9333	9300×3300	2	0	0	0	0			
	C6233	6200×3300	6	0	0	0	0			
	C1533	1500×3300	5	0	0	0	0			
	C0633	600×3300	3	0	0	0	0			
	C0833	800×3300	2	0	0	0	0			
	C1733	1700×3300	1	0	0	0	0			
	C1833	1700×3300	2	0	0	0	0			
	C0627	600×2700	0	7	7	7	0			
	C0827	800×2700	0	14	14	14	0			
	C1527	1500×2700	0	19	19	19	0			
	C1727	1700×2700	0	3	3	3	0			
	C1520	1500×2000	0	0	0	0	4			
	C0820	800×2000	0	0	0	0	3			
	C15220	15200×2000	0	0	0	0	2			
	C5520	5500×2000	0	0	0	0	2			
	ZHMC-1	16100×8500	0	0	0	0	0		1	
	C-1	11100×5000	0	0	0	0	0		2	
甲级玻璃防火窗	FHC甲0833	800×3300	2	0	0	0	0			甲级玻璃防火窗
	FHC甲1533	1500×3300	1	0	0	0	0			
	FHC甲0827	800×2700	0	2	2	2	0			
	FHC甲1527	1500×2700	0	2	2	2	0			

1.隔热金属型材K_t=5.8W/(m²·K),框面积20%(6中透光Low-E+12空气+6透明),所有玻璃门窗均采用安全玻璃。门窗框料断面尺寸及玻璃厚度最终由专业厂家根据有关规范计算确定。

2.门窗性能:气密性4级、水密性3级、抗风压3级、隔声性能3级、采光性能3级,传热系数≥2.20W/(m²·K),玻璃太阳得热系数0.4,可见光透射比0.61。

3.玻璃幕墙中防火玻璃为固定扇。窗框材料为镀锌钢型材,玻璃为3+12A+6+12A+3钯钾防火中空玻璃。
防火玻璃器满足《建筑用安全玻璃 第一部分:防火玻璃》GB 15763.1—2009中各项要求;防火窗构造做法参见《12J609》中82页。

4.东西向外窗遮阳采用内遮阳措施,选用活动百叶窗帘形式。

注:C-1、ZHMC-1为玻璃幕墙。
由专业资质厂家二次设计。

工程名称	综合楼	日 期	2020.4
图 名	门窗表 门窗大样图	图 号	建施-18

19

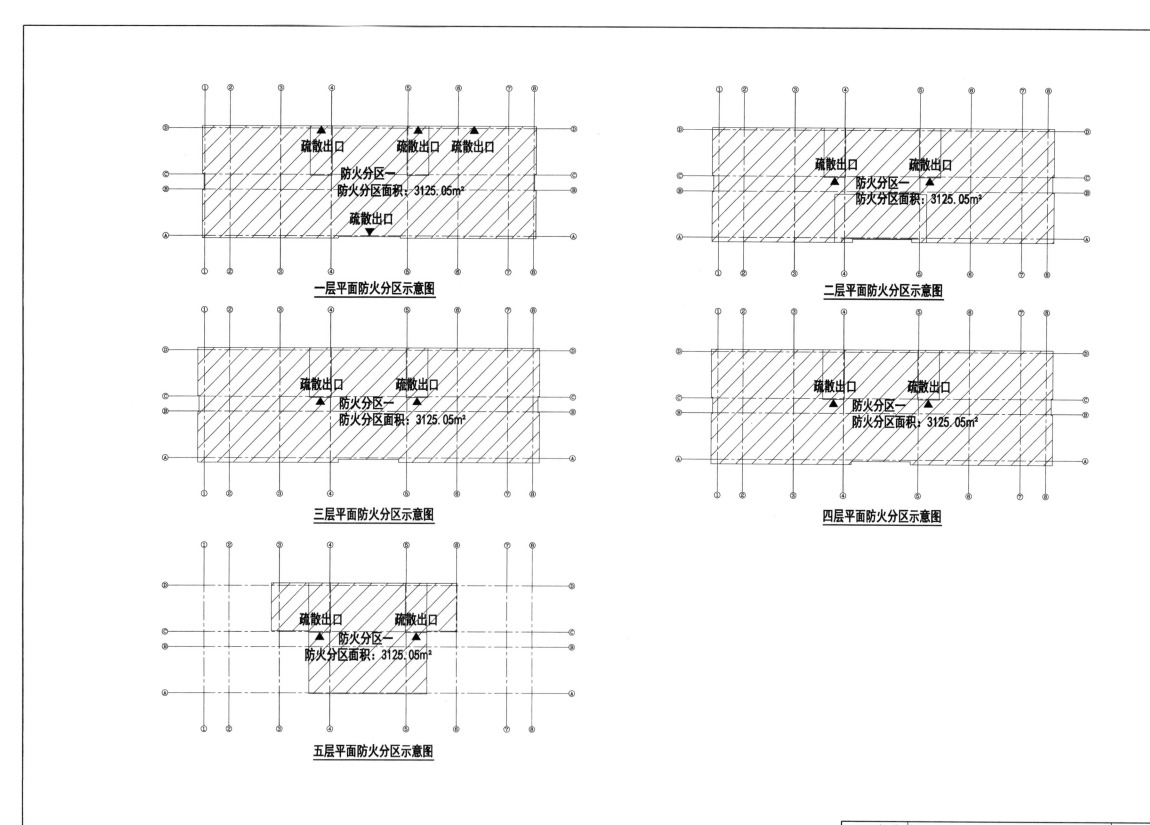

一层平面防火分区示意图

二层平面防火分区示意图

三层平面防火分区示意图

四层平面防火分区示意图

五层平面防火分区示意图

| 工程名称 | 综合楼 | 日　期 | 2020.4 |
| 图　名 | 防火分区示意图 | 图　号 | 建施-19 |

20

图纸目录

<table>
<tr><td colspan="10" align="center">图纸目录</td></tr>
<tr><td>序</td><td>建设单位</td><td></td><td>专 业</td><td>结构</td><td colspan="2">工程编号</td><td colspan="3">AHD2025D802</td></tr>
<tr><td rowspan="2"></td><td>工程名称</td><td></td><td>设计阶段</td><td>施工图</td><td colspan="2">日 期</td><td colspan="3">2020.04</td></tr>
<tr><td>号</td><td>图 号</td><td>图 纸 名 称</td><td>数量</td><td>规格</td><td colspan="2">折合A1图数</td><td colspan="3">备 注</td></tr>
<tr><td>1</td><td>结施-01</td><td>结构设计总说明(一)</td><td>1</td><td>A3</td><td></td><td></td><td></td><td></td><td></td></tr>
<tr><td>2</td><td>结施-02</td><td>桩位平面布置图</td><td>1</td><td>A3</td><td></td><td></td><td></td><td></td><td></td></tr>
<tr><td>3</td><td>结施-03</td><td>桩基结构说明及电梯基坑详图</td><td>1</td><td>A3</td><td></td><td></td><td></td><td></td><td></td></tr>
<tr><td>4</td><td>结施-04</td><td>承台平面布置图</td><td>1</td><td>A3</td><td></td><td></td><td></td><td></td><td></td></tr>
<tr><td>5</td><td>结施-05</td><td>承台详图</td><td>1</td><td>A3</td><td></td><td></td><td></td><td></td><td></td></tr>
<tr><td>6</td><td>结施-06</td><td>基础顶-4.470m柱配筋</td><td>1</td><td>A3</td><td></td><td></td><td></td><td></td><td></td></tr>
<tr><td>7</td><td>结施-07</td><td>4.470-8.370m柱配筋</td><td>1</td><td>A3</td><td></td><td></td><td></td><td></td><td></td></tr>
<tr><td>8</td><td>结施-08</td><td>8.370-12.270m柱配筋</td><td>1</td><td>A3</td><td></td><td></td><td></td><td></td><td></td></tr>
<tr><td>9</td><td>结施-09</td><td>12.270-16.170m柱配筋</td><td>1</td><td>A3</td><td></td><td></td><td></td><td></td><td></td></tr>
<tr><td>10</td><td>结施-10</td><td>16.170-20.100m柱配筋、20.100-24.000m柱配筋</td><td>1</td><td>A3</td><td></td><td></td><td></td><td></td><td></td></tr>
<tr><td>11</td><td>结施-11</td><td>-1.000m梁配筋</td><td>1</td><td>A3</td><td></td><td></td><td></td><td></td><td></td></tr>
<tr><td>12</td><td>结施-12</td><td>4.470m梁配筋</td><td>1</td><td>A3</td><td></td><td></td><td></td><td></td><td></td></tr>
<tr><td>13</td><td>结施-13</td><td>8.370m梁配筋</td><td>1</td><td>A3</td><td></td><td></td><td></td><td></td><td></td></tr>
<tr><td>14</td><td>结施-14</td><td>12.270m梁配筋</td><td>1</td><td>A3</td><td></td><td></td><td></td><td></td><td></td></tr>
<tr><td>15</td><td>结施-15</td><td>16.170m梁配筋</td><td>1</td><td>A3</td><td></td><td></td><td></td><td></td><td></td></tr>
<tr><td>16</td><td>结施-16</td><td>20.100m梁配筋、24.000m梁配筋</td><td>1</td><td>A3</td><td></td><td></td><td></td><td></td><td></td></tr>
<tr><td>17</td><td>结施-17</td><td>4.470m板配筋</td><td>1</td><td>A3</td><td></td><td></td><td></td><td></td><td></td></tr>
<tr><td>18</td><td>结施-18</td><td>8.370m板配筋</td><td>1</td><td>A3</td><td></td><td></td><td></td><td></td><td></td></tr>
<tr><td>19</td><td>结施-19</td><td>12.270m板配筋</td><td>1</td><td>A3</td><td></td><td></td><td></td><td></td><td></td></tr>
<tr><td>20</td><td>结施-20</td><td>16.170m板配筋</td><td>1</td><td>A3</td><td></td><td></td><td></td><td></td><td></td></tr>
<tr><td>21</td><td>结施-21</td><td>20.100m板配筋、24.000m板配筋</td><td>1</td><td>A3</td><td></td><td></td><td></td><td></td><td></td></tr>
<tr><td>22</td><td>结施-22</td><td>LT-1结构详图</td><td>1</td><td>A3</td><td></td><td></td><td></td><td></td><td></td></tr>
<tr><td>23</td><td>结施-23</td><td>LT-2结构详图</td><td>1</td><td>A3</td><td></td><td></td><td></td><td></td><td></td></tr>
</table>

			工程 PROJ	
			专业 JOB	结构
设 计 DESIGNED	2020.07.14	图纸目录	子项 SUB.JOB	综合楼
校 核 CHECKED	2020.07.14		设计阶段 DES.PHASE	施工图
审 核 APPROVED	2020.07.14			
专业负责人 leader	2020.07.14		AHD2025D802-JG-02-00	

| 项目负责人 project leader | 2020.07.14 | 比例 SCALE | A4/1:100 | 版次 ISSUE | 第一版 | 入库日期 DATE | | 第 张 共 张 SHEET NO.OF |

结构设计总说明

一、设计总则

1. 本工程为五层混凝土框架结构。
2. 建筑结构的安全等级为二级。耐火等级为二级。柱耐火极限2.5h，梁耐火极限1.5h，楼板耐火极限1.0h。主体结构的设计使用年限为50年。
3. 建筑抗震设防类别为丙类。抗震设防烈度为6度。设计基本地震加速度值为0.05g。地震分组为第一组；建筑场地类别为Ⅲ类。抗震等级为三级。
4. 地基基础设计等级为丙级。基础采用桩基础。
5. 标高以米计，其余尺寸以毫米计。设计±0.000所对应的绝对标高为61.200m。
6. 砌体结构施工质量控制等级为B级。基础部分与室外环境类别为二（a）类；其余为一类。
7. 工程施工时必须严格按照现行的施工及验收规范规定执行。
8. 除特别注明外，本工程各部分活荷载均为根据建筑图所注明使用用途，按建筑结构荷载规范确定。在使用过程中，未经技术鉴定或设计许可，不得随意改变结构的设计使用用途和使用环境，并不得在梁板上增设建筑图中未设置的墙体和设备。
9. 本工程设计文件须经过施工图审查部门的审核，取得许可后方可进行施工。

二、设计依据及资料

1. 《建筑结构可靠性设计统一标准》GB 50068-2018
2. 《建筑结构荷载规范》GB 50009-2012
3. 《混凝土结构设计规范(2015年版)》GB 50010-2010
4. 《建筑抗震设计规范(附条文说明)(2016年版)》GB 50011-2010
5. 《砌体结构设计规范》GB 50003-2011
6. 《建筑地基基础规范》GB 50007-2011
7. 河南省××地质勘察设计有限公司提供的《岩土工程勘察报告》
8. 基本风压：$\omega_0=0.40kN/m^2$ (50年)，基本雪压：$S_0=0.5kN/m^2$ (100年)
9. 计算软件采用中国建筑科学研究院PKPM-CAD工程部编制的10版PKPM10-V4 "STS"和"JCCAD"进行上部结构计算和基础计算。
10. 楼面活荷载(kN/m^2)：

无特殊注明楼面	走廊、楼梯间	公共卫生间	排配机房	上人屋面	不上人屋面	电梯机房
2.0	3.5	2.5	6.0	2.0	0.5	7.0

三、材料选用

1. 混凝土等级：

基础垫层	桩基承台	电梯基坑	基础梁	楼梯	梯柱	构造柱	圈、过梁(压顶梁)
C15	C30	C30	C30	C30	C30	C30	C25 C25

结构混凝土耐久性的基本要求：

环境类别	最大水胶比	最低混凝土强度等级	最大氯离子含量	最大碱含量
一	0.60	C20	0.30	不限制
二a	0.55	C25	0.20	
二b	0.50	C30	0.15	3.0
三a	0.45	C35	0.15	
三b	0.40	C40	0.10	

2. 钢筋：热轧钢筋(抗震部位的纵筋均采用带肋钢筋)
Φ为HPB300(Q300) $f_y=270N/mm^2$
Φ为HRB335(20MnSi) $f_y=300N/mm^2$
Φ为HRB400(20MnSiV、20MnSiNb、20MnTi) $f_y=360N/mm^2$

框架和楼梯梯段的纵向受力钢筋，其抗拉强度实测值与屈服强度实测值的比值不应小于1.25；钢筋的屈服强度实测值与屈服强度标准值的比值不应大于1.3，且钢筋在最大拉力下的总伸长率实测值不应小于9%。在施工中，当需要以强度等级较高的钢筋代替原设计中的纵向受力钢筋时，应按照钢筋受拉承载力设计值相等的原则换算，并应满足最小配筋率要求。

3. 墙体

地上部分墙体均采用蒸压混凝土砌块，砌块强度等级A5.0，采用M5水泥砂浆砌筑；地下部分采用烧结页岩实心砖实心砖砌筑，砌块等级MU10，采用M5水泥砂浆砌筑。详询建筑。墙体砌块自重不大于$10kN/m^3$。砖砌体砌筑控制等级B级。砂浆均应采用预拌砂浆。

四、构造规定

1. 混凝土保护层厚度(mm)：为最外层钢筋外边缘至混凝土表面的距离。

环境类别	板、墙、壳	梁、柱、杆
一	15	20
二a	20	25
二b	25	35
三a	30	40
三b	40	50

混凝土强度等级不大于C25时，表中保护层厚度数值应增加5mm。钢筋混凝土基础设置垫层时，基础中钢筋的混凝土保护层厚度应从垫层顶面算起，且不应小于40mm。
2. 钢筋锚固长度l_a、l_{aE}(mm)：参见图集16G101-1中P58。
3. 钢筋搭接长度l_l、l_{lE}(mm)：参见图集16G101-1中P60、61。
4. 混凝土门窗洞口过梁选用表：

门窗洞口跨度L(mm)	过梁尺寸(宽×高)	下部正钢筋	上部负钢筋	箍筋
L≤1000	200×120	3Φ10		Φ6@150(分布)
1000<L≤2000	200×200	3Φ12	2Φ8	Φ8@200
2000<L≤3000	200×300	3Φ14	2Φ10	Φ8@150
3000<L≤4000	200×400	3Φ16	2Φ12	Φ8@150

过梁两端支承长度为250mm；当门窗洞口边设侧壁柱时，应在柱侧边相应位置处预留过梁纵筋，纵筋伸入柱内500mm，外伸500mm，与过梁钢筋搭接焊接。

五、施工时，应密切配合建筑、工艺、电气、给水排水、暖通等专业，并做好预留预埋工作。

六、基础部分

1. 根据岩土工程勘察报告，本工程建筑场地类别为Ⅲ类，属于抗震一般地段，采用桩基础。桩基持力层采用第五层黏土层，桩进入此层不小于1m。桩极限侧阻力与极限端阻力标准值如下：

土层编号	土层名称	极限侧阻力标准值(kPa)	极限端阻力标准值(kPa)
①	填土		
②	粉质黏土	54	
③	粉质黏土	50	
④	粉质黏土	70	1500(L≤9)1700(9<L≤16)
⑤	粉质黏土	53	2300(9<L≤16)

2. 基础施工中须仔细核对勘察报告，如遇地质情况与勘察报告不符，应及时通知勘察部门及设计单位，研究确定后方可继续施工。基础施工时及时通知有关单位进行验桩(槽)。
3. 基坑开挖时施工单位应做好降水和支护工作，避免扰动持力层。应制定可靠的施工组织设计，确保安全。施工时必须严格执行国家现行的有关规范和规程。
4. 基础施工完成并验收后，应及时回填。回填土应采用素土及灰土、级配砂石分层夯实，不得采用淤泥、耕土以及含有有机物的土壤。承台周边回填土的压实系数不小于0.94。承台底设100mm厚素混凝土垫层，垫层每边比承台和基础梁宽100mm。
5. 防雷接地做法见电气图纸。应密切配合建筑、工艺、给水排水等专业，做好预留预埋工作。

七、上部结构

1. 现浇楼板中所示板筋从梁边起算。
2. 构造柱下端锚入地梁内，上端锚入顶部圈梁及框梁内。构造柱设墙柱拉结筋，并须先砌墙后浇构造柱，墙顶留马牙槎。未注明构造柱为GZ1。构造柱上下端500范围内箍筋加密。填充墙与框架柱连接时，柱内伸出拉结筋，沿墙高设2Φ6@500沿墙全长贯通设置。楼梯间填充墙，采用钢丝网砂浆面层加强。
3. 墙长超过5m时，墙顶与梁应可靠拉结，墙高超过4m时，其中部或洞口顶部与柱连接的全长贯通设，其断面为墙宽配筋×200(四角)，4Φ14，Φ6@200，墙长大于2倍层高，墙中设构造柱。
4. 窗台处设置钢筋混凝土窗台板见详图，每边入墙不少于600mm。
5. 宽度小于2000mm的门窗洞口需做现浇混凝土门(窗)框，过梁尺寸见左表。
6. 框架梁柱平法表示施工图说明
(1) 图中有关梁，柱平面标注构造详见《混凝土结构施工平面整体表示方法制图规则和构造详图(现浇混凝土框架、剪力墙、梁、板)》16G101-1
(2) 框架柱的纵向钢筋在节点处的连接构造见图集(16G101-1)第63~69页。
(3) 框架柱箍筋加密区范围见图集(16G101-1)第65页。
(4) 框架梁纵向钢筋构造见图集(16G101-1)第84~87、90页。
(5) 框架梁箍筋加密区、附加箍筋、吊筋构造见图集(16G101-1)第88页。
(6) 非框架配筋构造见图集(16G101-1)第89、91页。
7. 主次梁交接处，次梁两侧在主梁相应位置每侧箍筋加密为3根，直径与肢数同原主梁箍筋间距50mm。主次梁相交处，梁高的为主梁。

八、该工程基础工程属于危大分项工程，施工单位应组织编制专项施工方案，施工时应做好现场的基坑支护，分层阶梯堆土等安全管理工作，确保施工安全。

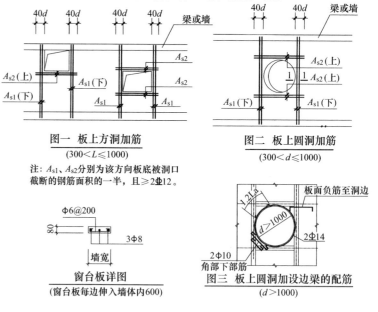

图一 板上方洞加筋
(300<L≤1000)

图二 板上圆洞加筋
(300<d≤1000)

注：A_{s1}，A_{s2}分别为该方向板底被洞口截断的钢筋面积的一半，且≥2Φ12。

窗台板详图
(窗台板每边伸入墙体内600)

图三 板上圆洞加设边梁的配筋
(d>1000)

工程名称	综合楼	日 期	2020.4
图 名	结构设计总说明(一)	图 号	结施-01

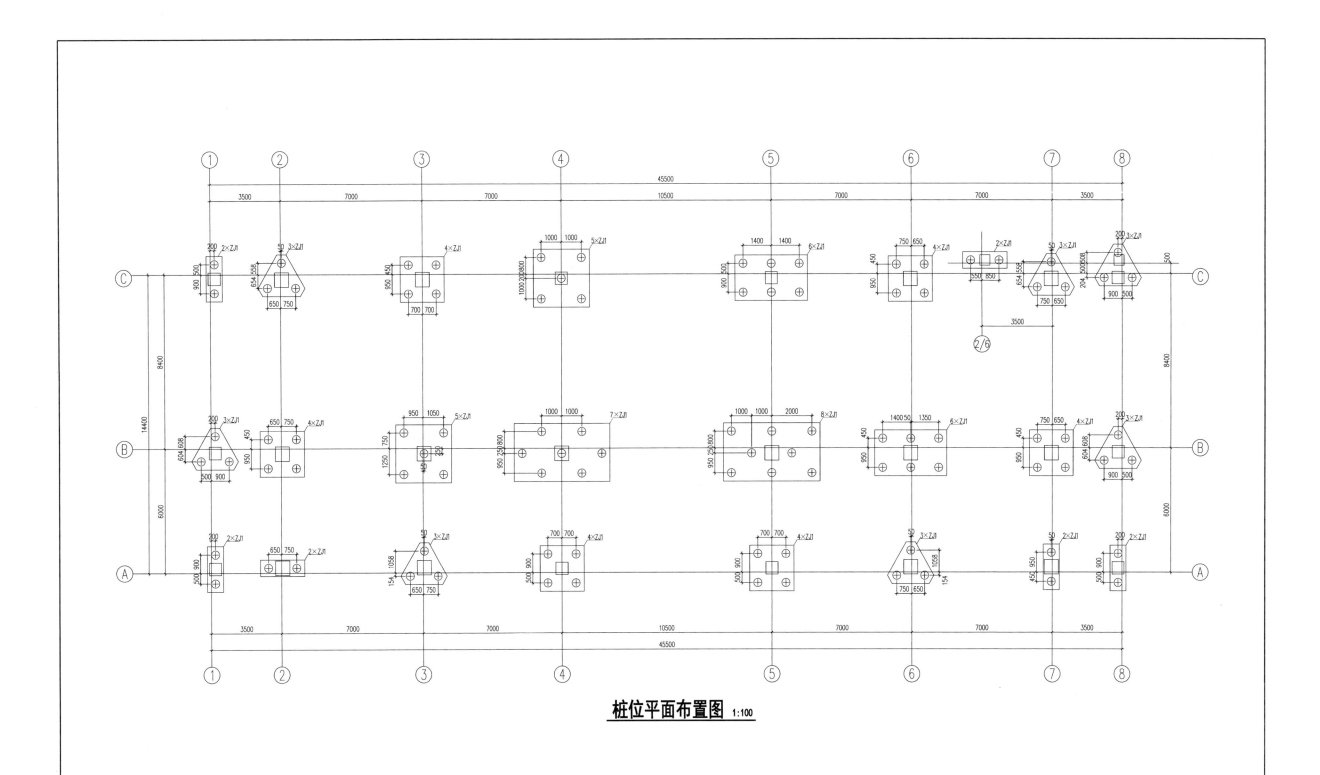

桩位平面布置图 1:100

| 工程名称 | 综合楼 | 日 期 | 2020.4 |
| 图 名 | 桩位平面布置图 | 图 号 | 结施-02 |

23

桩 基 设 计 说 明

1. 本工程基础采用预应力高强混凝土管桩（PHC桩）。
2. 桩基为摩擦端承桩。设计等级为丙级。
3. 标高与桩长以米(m)计，其余以毫米(mm)计。
4. 桩选用：柱下基础桩ZJ1为PHC 400 95 AB，桩尖为锥形钢桩尖，参见图集10G409中P39。桩必须采用专业厂家的合格产品。详细构造和施工要求见该图集。不截桩桩顶与承台连接详图见10G419中P41，截桩桩顶与承台连接详图见10G419中P42。
5. ZJ1桩端持力层选择第5层黏土，该层极限桩端阻力标准值q_{pk}=2300kPa，桩端全断面进入持力层不得小于1.0m，平均有效桩长约16m。施工时应根据地质报告和桩位核算桩长，仔细配桩以保证设计要求的进入持力层深度。
6. 设计取用的ZJ1单桩竖向承载力特征值R_a=750kN。单桩竖向极限承载力标准值（静压用）为1500kN。单桩竖向承载力特征值最终取值以单桩静载试验为准。终极取值按桩长和坍落度共同控制。
7. 本工程沉桩方式选择静压法沉桩。沉桩机可参见图集10G409。打桩设备机具选择应与本工程桩承载力要求相匹配。
8. 施工前应先试打2根桩，根据试打情况验证可行性并确定合理的沉桩控制数据和终锤标准。施工具体要求应按现行规范和规程处理（可参见10G409图集中总说明）。如试桩承载力不满足，设计单桩承载力要求则应通知设计单位，处理后方可继续施工。
9. 施工桩时应采用跳打。按勘探点位预计相应位置桩的总长，选用合理的桩节组合，以使接桩次数尽量少。
10. 桩基础施工和检测须严格按《建筑地基基础工程施工质量验收标准》《建筑基桩检测技术规范》《预应力钢筋混凝土管桩施工技术规程》的有关规定执行。误差应在允许范围内。
11. 桩基施工时应考虑上部土层土质软弱，机具行走时可能产生地面沉陷，对已经完成的桩将产生挤偏甚至折断的不利影响。应加强桩位的检测，加强对已沉桩的位移观测和对邻近建筑物的观测和监护。施工时应及时检查桩身偏位和破损情况，及时补桩，避免过早撤离造成补桩困难。施工完毕须检测合格后方可进行下一道工序。在施工中应控制每天最多沉桩数，确定合理的沉桩速率和沉桩顺序。
12. 本工程应采用静载试验对工程桩单桩竖向承载力进行检测，静载检测数量取总桩数的1%且不少于3根，并全数对桩身质量进行检测。
13. 图中桩长根据地勘计算，实际终止沉桩以达到设计承载力为标准。
14. 本工程地下水位较高。施工时应采取切实有效的方法做好排水降水工作，并加强基槽验收工作。施工中如遇问题请及时与设计单位联系，商定解决办法后再继续施工。
15. 垫层混凝土采用C15。
16. 桩顶进入承台深度为50mm。
17. 未注明桩顶标高为-1.75m，±0.000标高为62.200m(综合楼±0.000标高为62.500m，计算基础时取62.200m)。

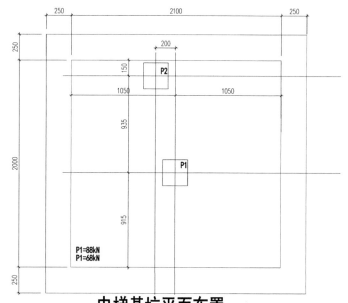

电梯基坑平面布置 1:20

电梯基坑说明：
1. 电梯基坑混凝土强度等级C30；抗渗等级P6；垫层混凝土C15。
2. 钢筋保护层厚度为30mm。
3. 电梯基坑内抹1:2水泥砂浆加5%防水剂，厚20mm但应在电梯设备安装后进行。
4. 浇缓冲器混凝土墩时应在电梯安装人员指导下制作，在每个混凝土墩底部须预留4Φ14外伸500mm。缓冲器混凝土墩定位参厂家提供的设备图纸。
5. 电梯井道里轨道预埋件参厂家提供的设备图纸预埋。
6. 基坑须待电梯定货后，核对厂方提供的设备图纸后方可施工。
7. 电梯井道墙体采用实心混凝土砖墙。
8. 电梯基坑防水处理见建筑图。
9. 本次设计为1T客梯。

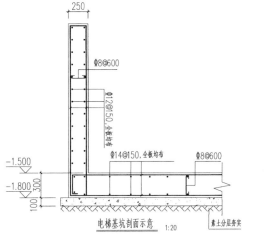

电梯基坑剖面示意 1:20

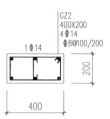

GZ2 1:20

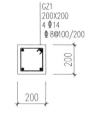

GZ1 1:20

未注明构造柱均为此
未注明均沿轴线居中布置

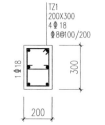

TZ1 1:20

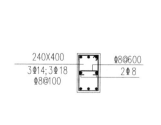

TL3 1:20

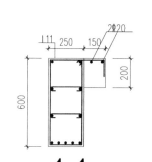

1-1 1:20

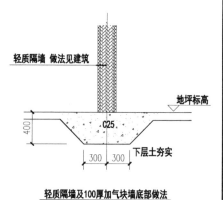

轻质隔墙及100厚加气块墙底部做法

工程名称	综合楼	日 期	2020.4
图 名	桩基结构说明及电梯基坑详图	图 号	结施-03

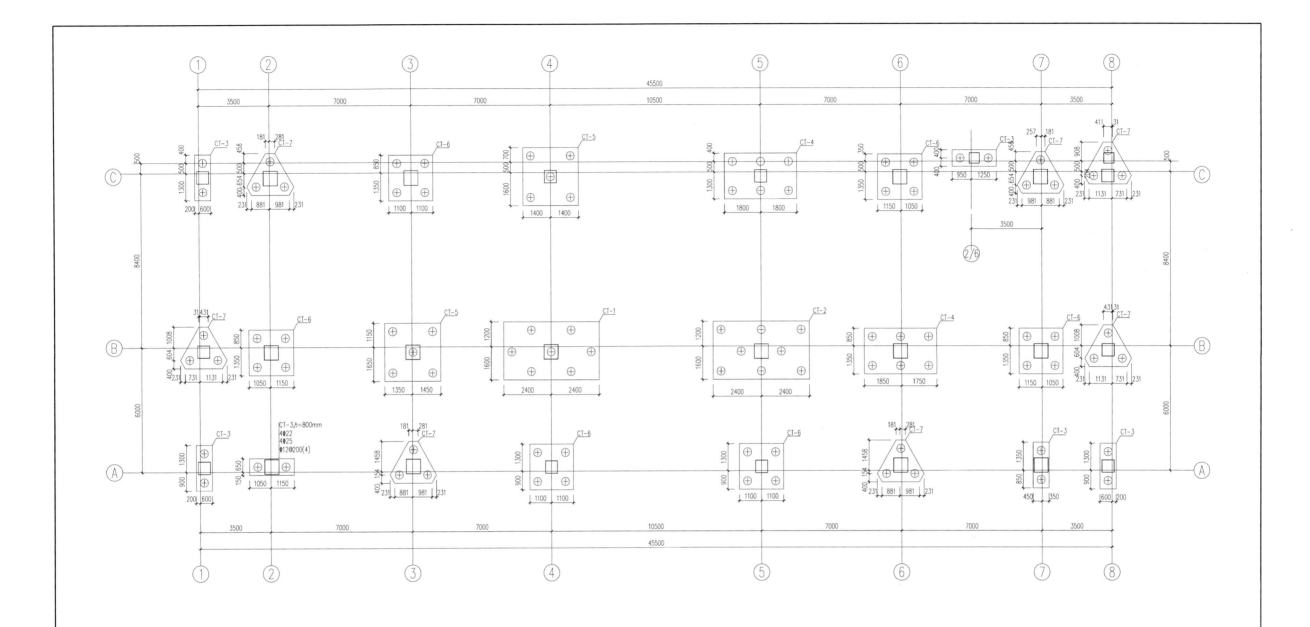

图纸说明

1. 承台混凝土等级C30。其下素混凝土垫层为C15混凝土。承台配筋见详图，垫层厚100mm，每边伸出100mm。
2. 框架柱纵筋锚入承台底。角部钢筋顶部弯折10d。
3. 桩平面定位以桩位布置平面图为准。承台平面定位见承台平面布置图。
4. 未注明承台顶均沿轴线居中布置，标高均为-1.000m(绝对标高62.200m)。
5. 承台与地梁一起浇筑。承台浇筑前注意地梁钢筋的预留预埋，无误后方可浇筑。

工程名称	综合楼	日 期	2020.4
图 名	承台平面布置图	图 号	结施-04

25

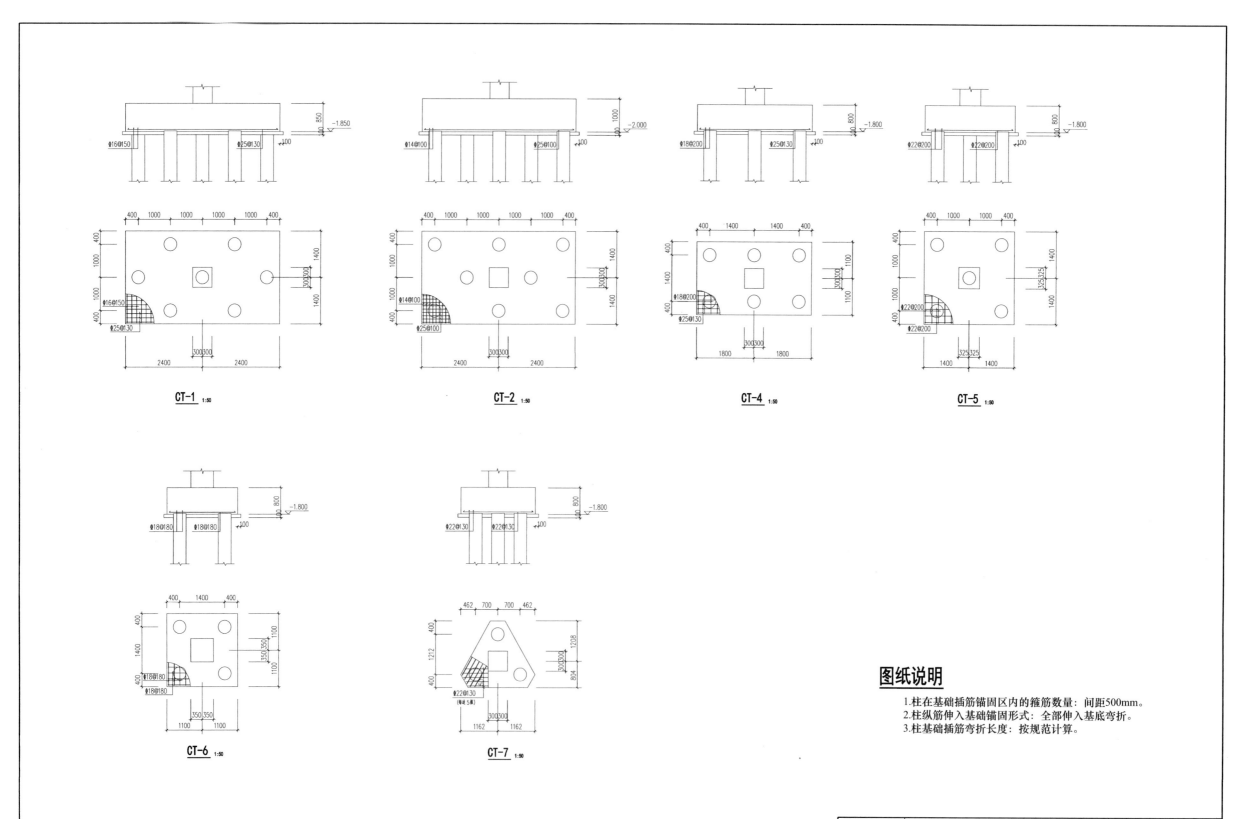

CT-1 1:50

CT-2 1:50

CT-4 1:50

CT-5 1:50

CT-6 1:50

CT-7 1:50

图纸说明

1.柱在基础插筋锚固区内的箍筋数量：间距500mm。
2.柱纵筋伸入基础锚固形式：全部伸入基底弯折。
3.柱基础插筋弯折长度：按规范计算。

工程名称	综合楼	日 期	2020.4
图 名	承台详图	图 号	结施-05

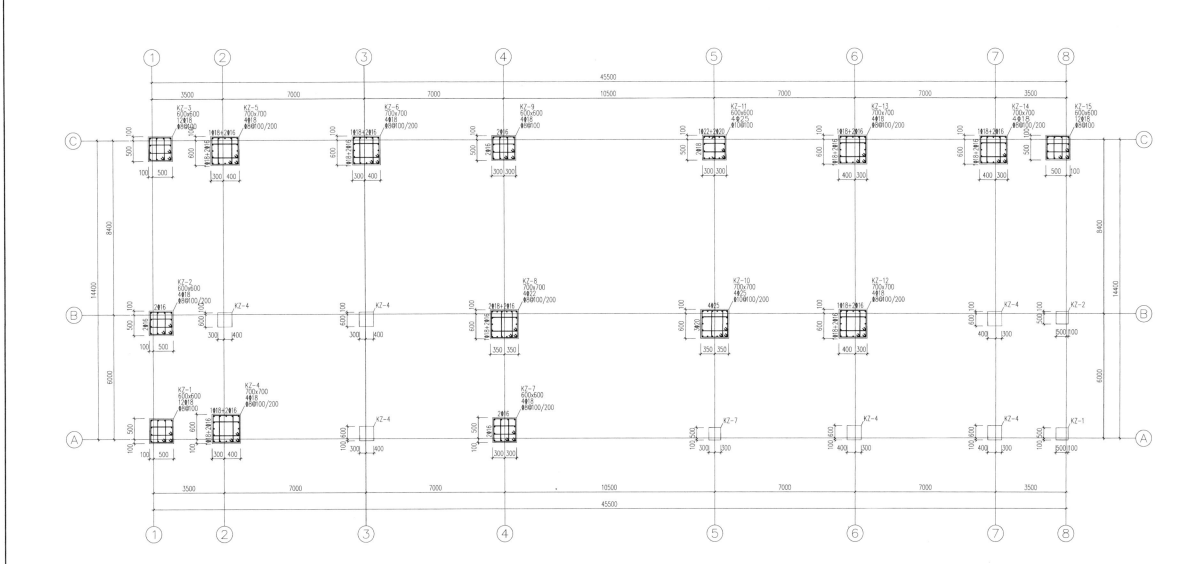

基础顶-4.470m柱配筋 1:100

图纸说明

   1.柱采用C30混凝土，钢筋采用HRB400。
   2.±0.000以下柱及角柱箍筋全长加密。
   3.楼梯间框架柱箍筋全高加密。
   4.柱平法表示方法详见16G101。

工程名称	综合楼	日　期	2020.4
图　名	基础顶－4.470m柱配筋	图　号	结施-06

27

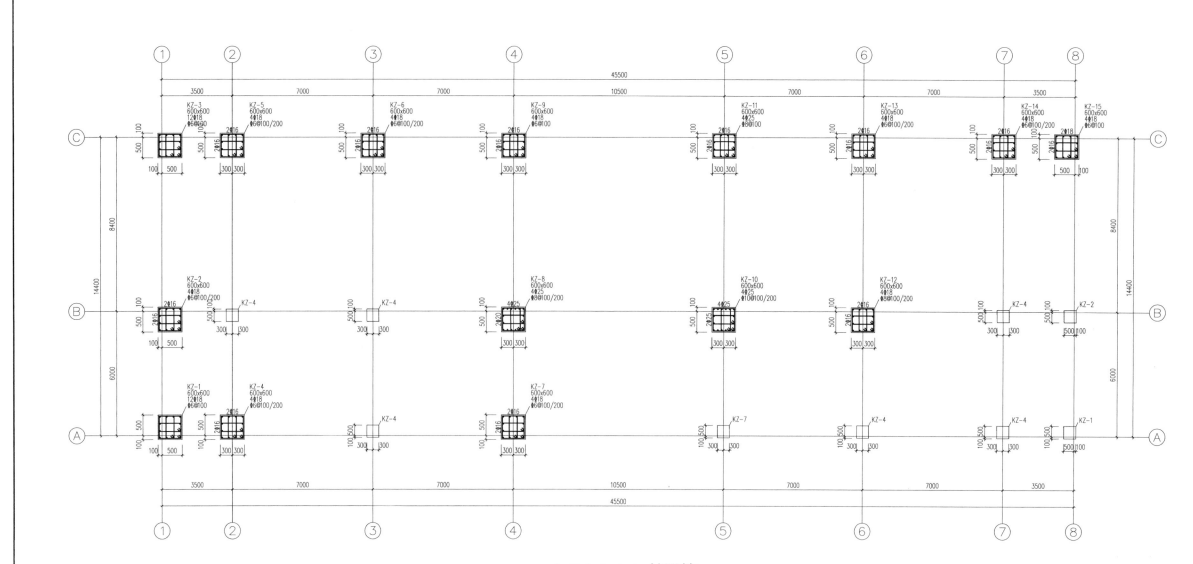

4.470-8.370m柱配筋 1:100

图纸说明

    1.柱采用C30混凝土，钢筋采用HRB400。
    2.±0.000以下柱及角柱箍筋全长加密。
    3.楼梯间框架柱箍筋全高加密。
    4.柱平法表示方法详见16G101。

工程名称	综合楼	日　期	2020.4
图　名	4.470－8.370m柱配筋	图　号	结施-07

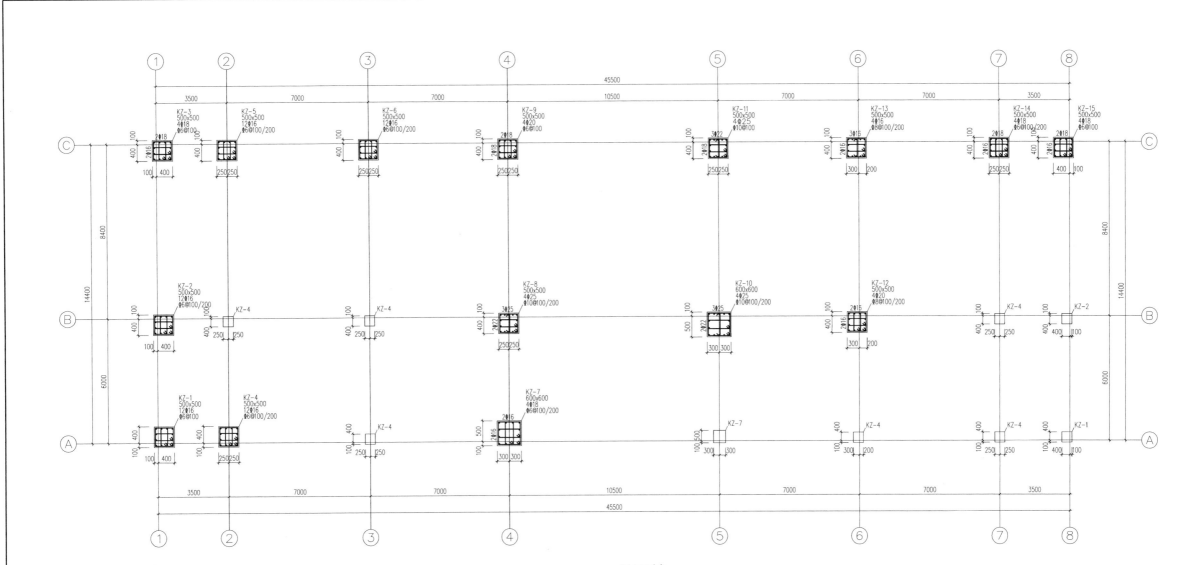

8.370-12.270m柱配筋 1:100

图纸说明

1.柱采用C30混凝土，钢筋采用HRB400。
2.±0.000以下柱及角柱箍筋全长加密。
3.楼梯间框架柱箍筋全高加密。
4.柱平法表示方法详见16G101。

工程名称	综合楼	日　期	2020.4
图　名	8.370－12.270m 柱配筋	图　号	结施-08

29

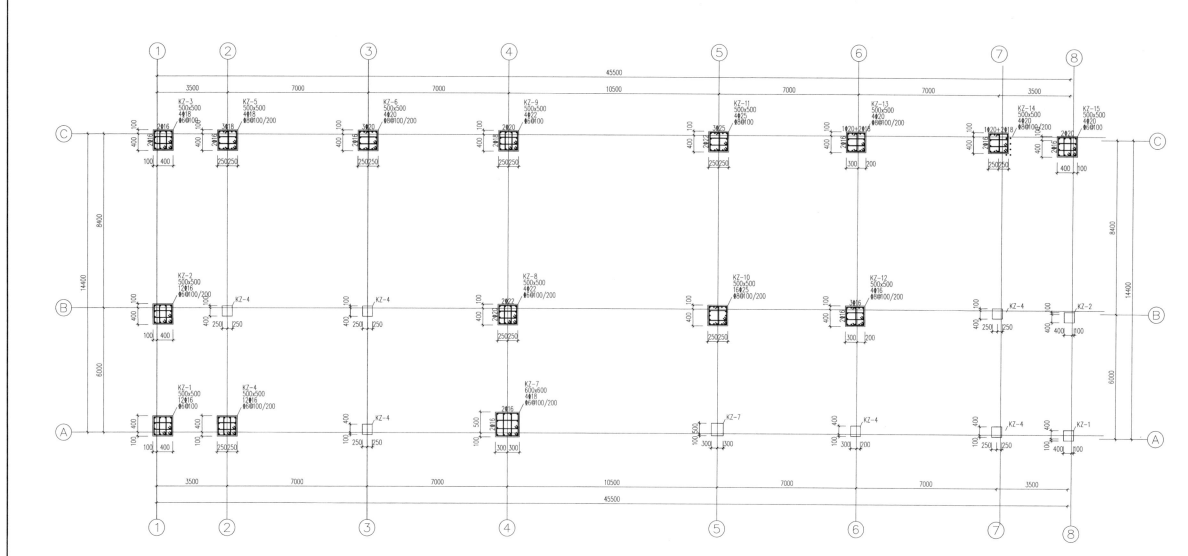

12.270-16.170m柱配筋 1:100

图纸说明

　1.柱采用C30混凝土，钢筋采用HRB400。
　2.±0.000以下柱及角柱箍筋全长加密。
　3.楼梯间框架柱箍筋全高加密。
　4.柱平法表示方法详见16G101。

工程名称	综合楼	日　期	2020.4
图　名	12.270-16.170m柱配筋	图　号	结施-09

30

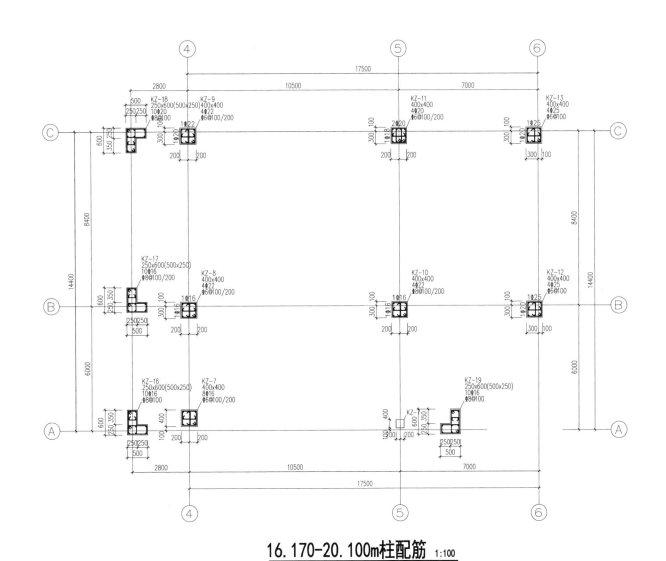

16.170-20.100m柱配筋 1:100

20.100-24.000m柱配筋 1:100

图纸说明

　　1.柱采用C30混凝土，钢筋采用HRB400。
　　2.±0.000以下柱及角柱箍筋全长加密。
　　3.楼梯间框架柱箍筋全高加密。
　　4.柱平法表示方法详见16G101。

工程名称	综合楼	日　期	2020.4
图　名	16.170－20.100m柱配筋、 20.100－24.000m柱配筋	图　号	结施-10

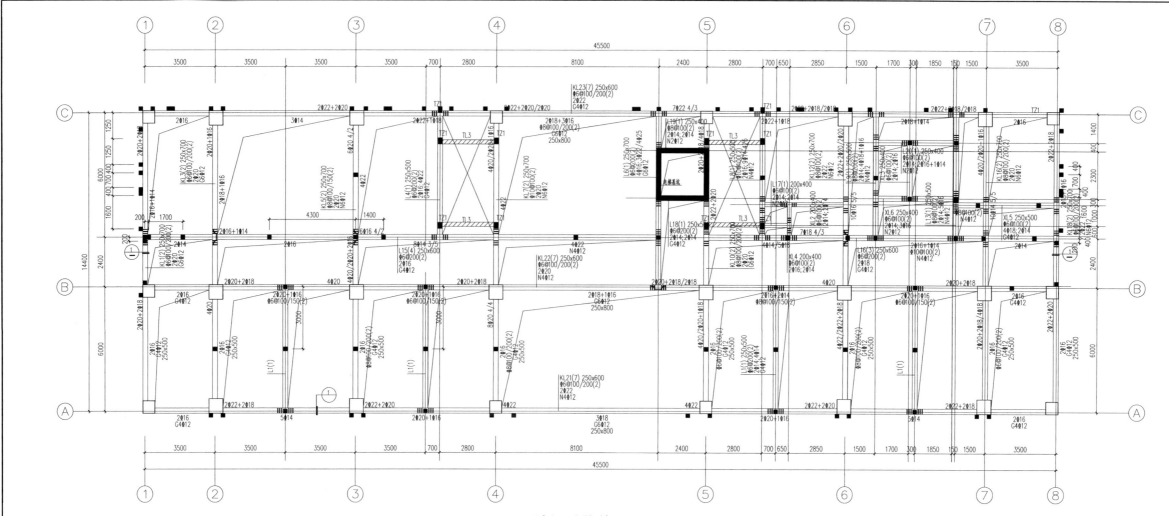

−1.000m地梁结构施工图 1:100

梁顶绝对标高61.200m

层高表

层号	标高H(m)	层高h(m)	梁、板混凝土等级
设备间屋面	24.000		C30
屋面	20.100	3.900	C30
5	16.170	3.930	C30
4	12.270	3.900	C30
3	8.370	3.900	C30
2	4.470	3.900	C30
1	−0.030	4.500	C30
−1	基础顶面		

图纸说明

1. 梁采用C30混凝土，钢筋采用HRB400。
2. 遇次梁主梁箍筋加密处每边各3根直径及肢数见主梁箍筋。
3. 未注吊筋均为2Φ14。
4. 梁平法表示方法详见16G101。
5. 地梁梁顶跟承台顶齐平(避让电梯基坑放深承台除外)，地梁与承台一起浇筑。

工程名称	综合楼	日 期	2020.4
图 名	−1.000m 梁配筋	图 号	结施-11

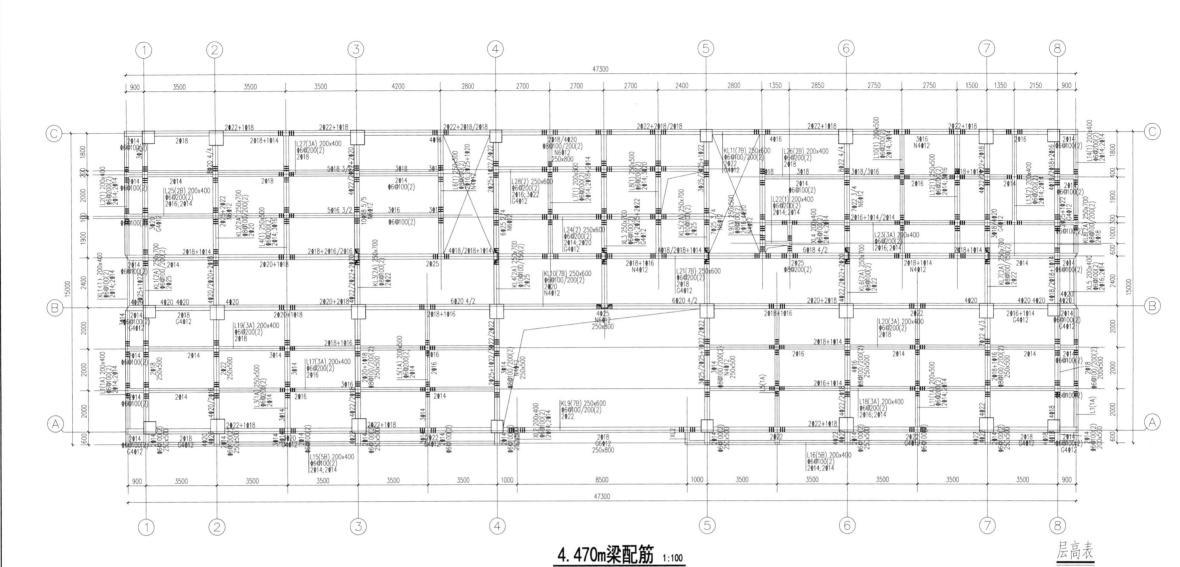

4.470m梁配筋 1:100

图纸说明
1. 梁采用C30混凝土，钢筋采用HRB400。
2. 遇次梁主梁箍筋加密处每边各3根直径及肢数见主梁箍筋。
3. 未注吊筋均为2⚌14。
4. 梁平法表示方法详见16G101。

层高表

层号	标高H(m)	层高h(m)	梁、板混凝土等级
设备间屋面	24.000		C30
屋面	20.100	3.900	C30
5	16.170	3.930	C30
4	12.270	3.900	C30
3	8.370	3.900	C30
2	4.470	3.900	C30
1	−0.030	4.500	C30
−1	基础顶面		

工程名称	综合楼	日 期	2020.4
图 名	4.470m 梁配筋	图 号	结施-12

33

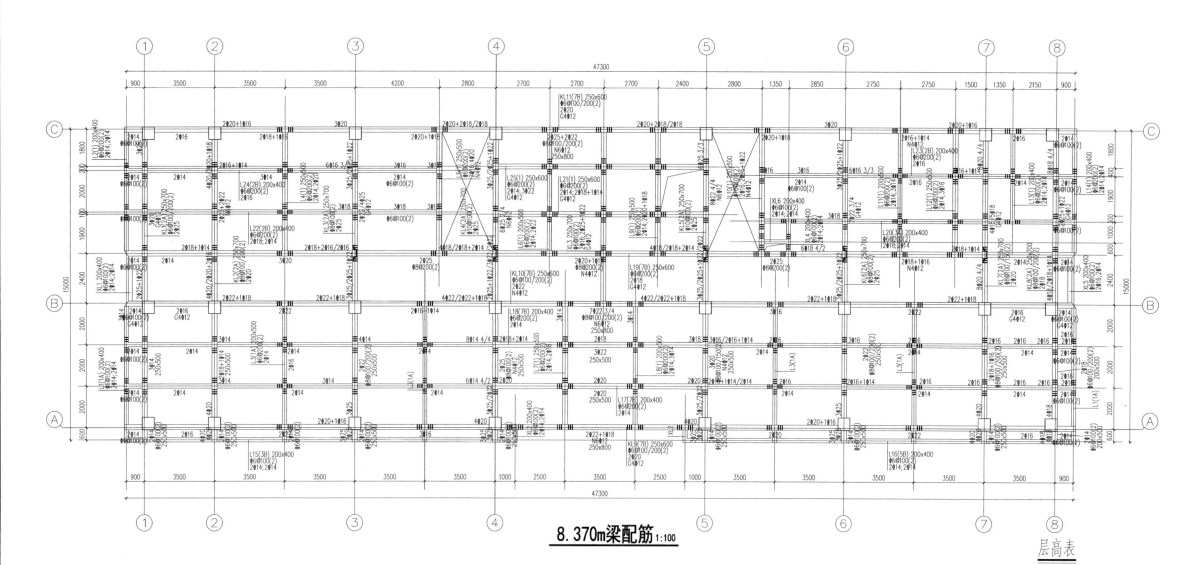

8.370m梁配筋 1:100

图纸说明

1. 梁采用C30混凝土，钢筋采用HRB400。
2. 遇次梁主梁箍筋加密处每边各3根直径及肢数见主梁箍筋。
3. 未注吊筋均为2Φ14。
4. 梁平法表示方法详见16G101。

层高表

层号	标高H(m)	层高h(m)	梁、板混凝土等级
设备间屋面	24.000		C30
屋面	20.100	3.900	C30
5	16.170	3.930	C30
4	12.270	3.900	C30
3	8.370	3.900	C30
2	4.470	3.900	C30
1	-0.030	4.500	C30
-1	基础顶面		

工程名称	综合楼	日 期	2020.4
图 名	8.370m 梁配筋	图 号	结施-13

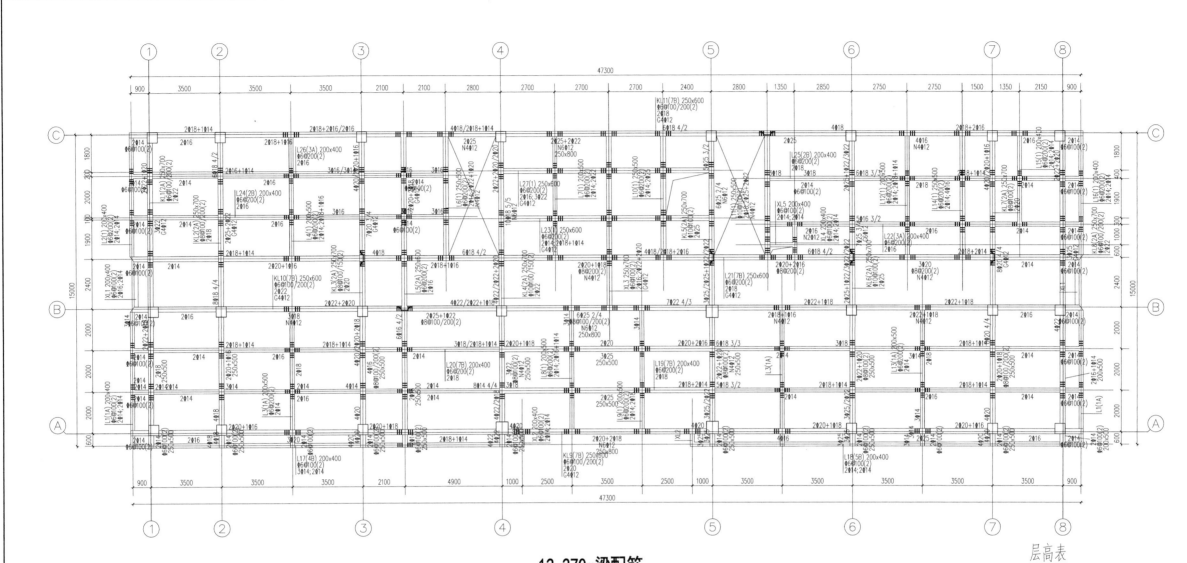

12.270m梁配筋 1:100

图纸说明

1.梁采用C30混凝土，钢筋采用HRB400。
2.遇次梁主梁箍筋加密处每边各3根直径及肢数见主梁箍筋。
3.未注吊筋均为2Φ14。
4.梁平法表示方法详见16G101。

层高表

层号	标高H(m)	层高h(m)	梁、板混凝土等级
设备间屋面	24.000		C30
屋面	20.100	3.900	C30
5	16.170	3.930	C30
4	12.270	3.900	C30
3	8.370	3.900	C30
2	4.470	3.900	C30
1	−0.030	4.500	C30
−1	基础顶面		

工程名称	综合楼	日 期	2020.4
图 名	12.270m 梁配筋	图 号	结施-14

35

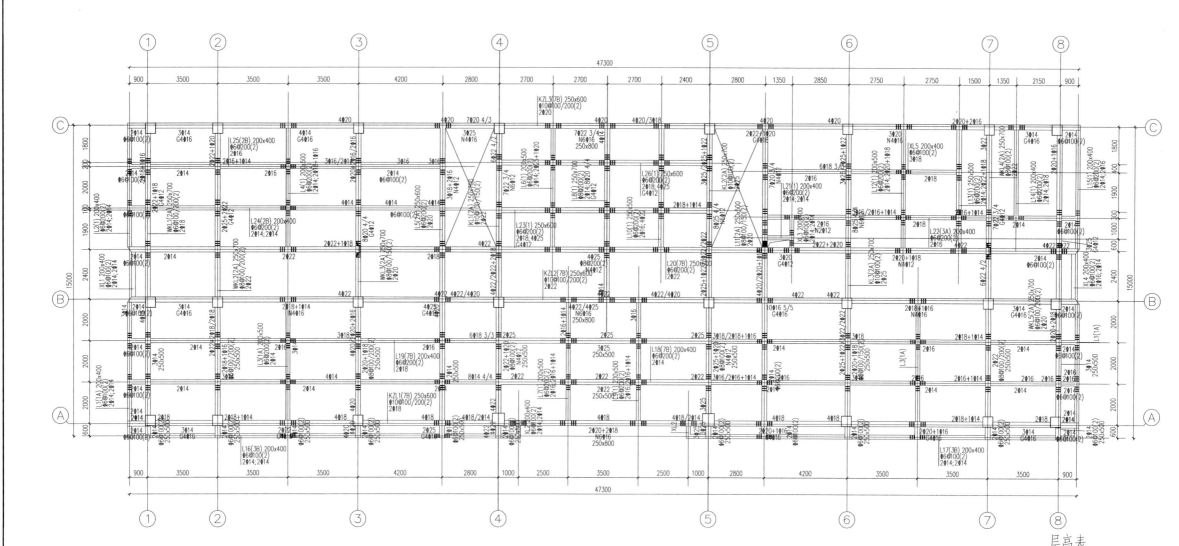

16.170m梁配筋 1:100

图纸说明

1. 梁采用C30混凝土，钢筋采用HRB400。
2. 遇次梁主梁箍筋加密处每边各3根直径及肢数见主梁箍筋。
3. 未注吊筋均为2Φ14。
4. 梁平法表示方法详见16G101。

层高表

层号	标高H(m)	层高(m)	梁、板混凝土等级
设备间屋面	24.000		C30
屋面	20.100	3.900	C30
5	16.170	3.930	C30
4	12.270	3.900	C30
3	8.370	3.900	C30
2	4.470	3.900	C30
1	-0.030	4.500	C30
-1	基础顶面		

工程名称	综合楼	日 期	2020.4
图 名	16.170m梁配筋	图 号	结施-15

36

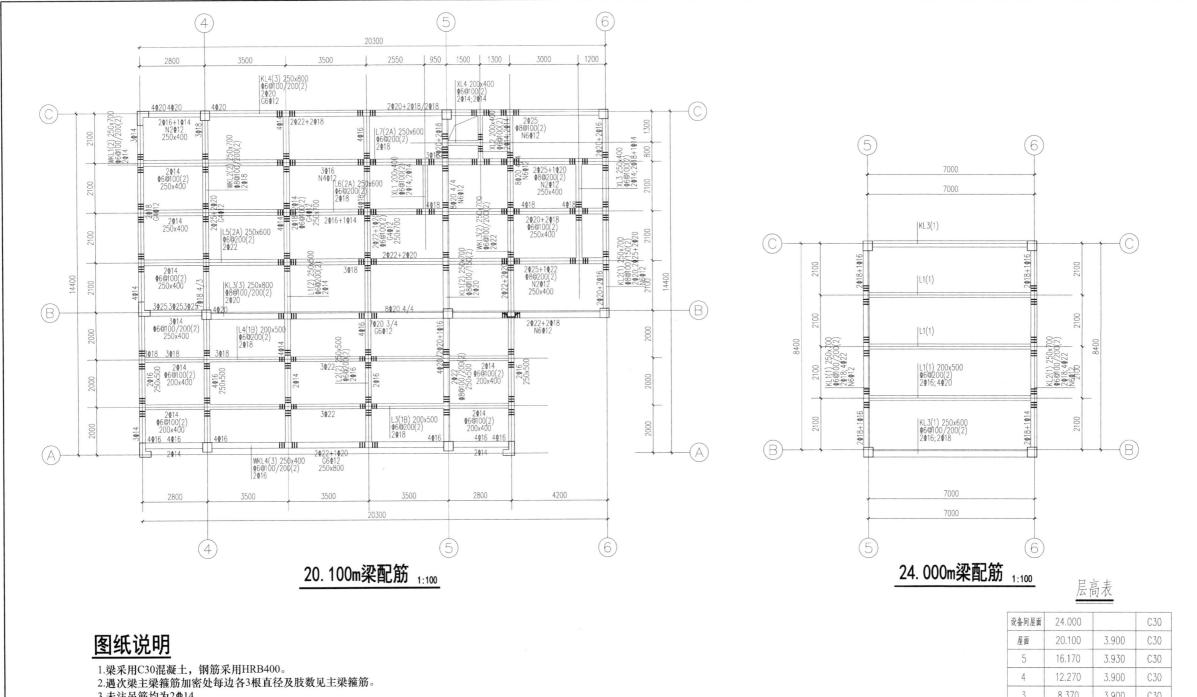

20.100m梁配筋 1:100

24.000m梁配筋 1:100

图纸说明

1. 梁采用C30混凝土，钢筋采用HRB400。
2. 遇次梁主梁箍筋加密处每边各3根直径及肢数见主梁箍筋。
3. 未注吊筋均为2Φ14。
4. 梁平法表示方法详见16G101。

层高表

层号	标高 *H*(m)	层高 *h*(m)	梁、板混凝土等级
设备间屋面	24.000		C30
屋面	20.100	3.900	C30
5	16.170	3.930	C30
4	12.270	3.900	C30
3	8.370	3.900	C30
2	4.470	3.900	C30
1	-0.030	4.500	C30
-1	基础顶面		

工程名称	综合楼	日 期	2020.4
图 名	20.100m梁配筋、24.000m梁配筋	图 号	结施-16

37

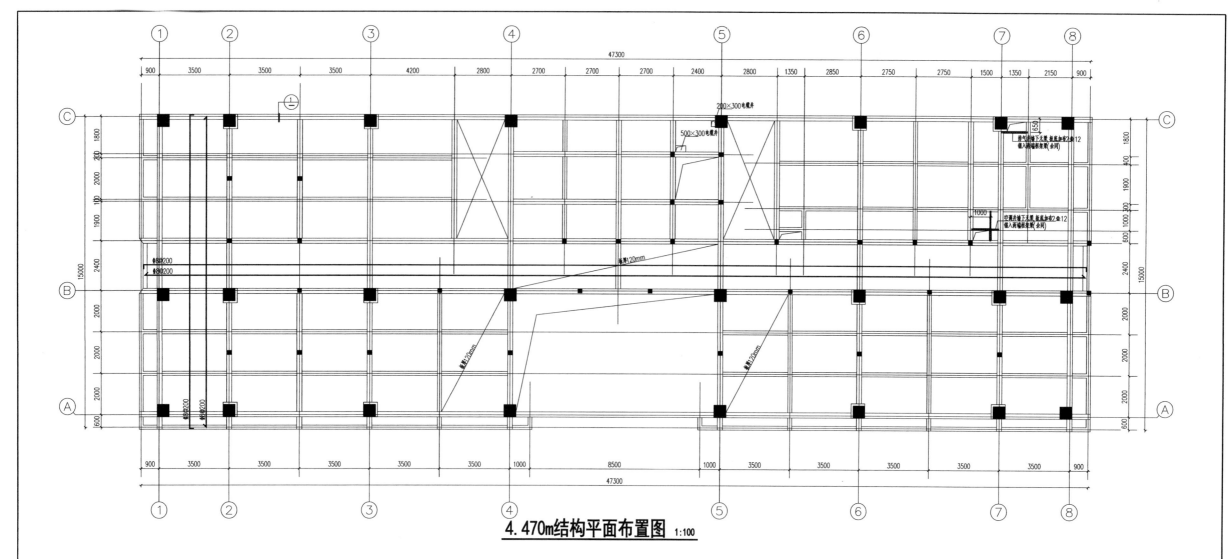

4.470m结构平面布置图 1:100

层高表 on the right

层高表

	标高H(m)	层高h(m)	梁、板 混凝土等级
设备间屋面	24.000		C30
屋面	20.100	3.900	C30
5	16.170	3.930	C30
4	12.270	3.900	C30
3	8.370	3.900	C30
2	4.470	3.900	C30
1	-0.030	4.500	C30
-1	基础顶面		
层号	标高H(m)	层高h(m)	梁、板 混凝土等级

图纸说明

1. 板采用C30混凝土，钢筋采用HRB400，未注明板厚均为100mm。
2. 板钢筋均双层双向拉通布置，图中所示额外加筋为洞边加强筋。
3. 卫生间楼梯降板50mm。
4. 标注方法见图集16G101-1。
5. 女儿墙钢筋锚固入屋面梁内。
6. 屋面现浇女儿墙每隔12m设伸缩缝一道，缝宽20mm，缝内填玛琋脂。
7. 电梯机房底板应在甲方确定电梯厂家后，二次设计后方可浇筑。

工程名称	综合楼	日 期	2020.4
图 名	4.470m 板配筋	图 号	结施-17

38

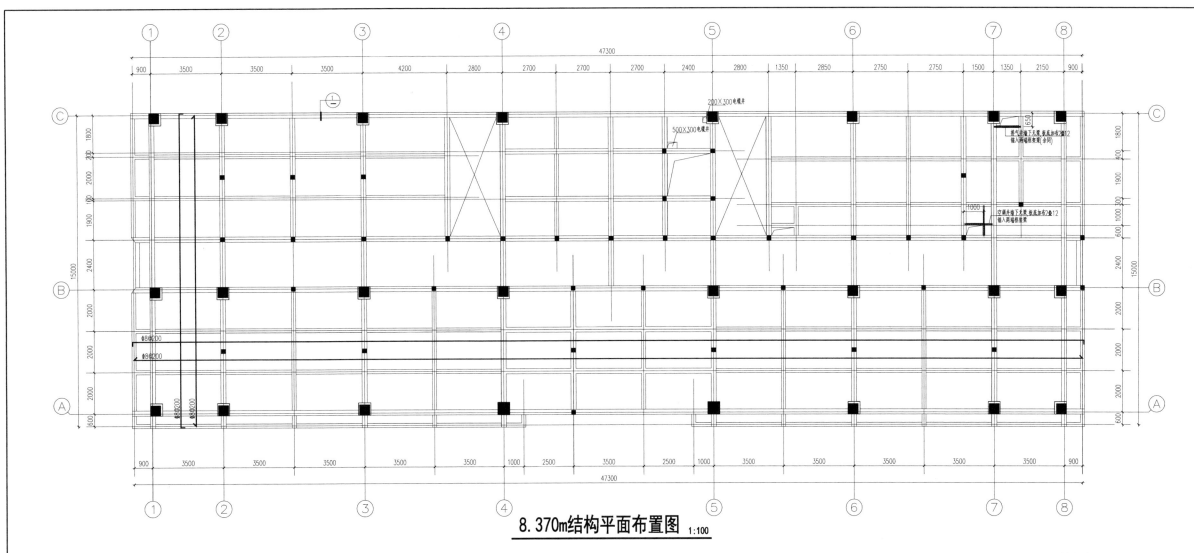

8.370m结构平面布置图 1:100

图纸说明

1.板采用C30混凝土，钢筋采用HRB400，未注明板厚均为100mm。
2.板钢筋均双层双向拉通布置，图中所示额外加筋为附加支座负筋。
3.卫生间楼板降板50mm。
4.标注方法见图集16G101-1。
5.女儿墙钢筋锚固入屋面梁内。
6.屋面现浇女儿墙每隔12m设伸缩缝一道，缝宽20mm，缝内填玛琋脂。
7.电梯机房底板应在甲方确定电梯厂家后，二次设计后方可浇筑。

层高表

层号	标高H(m)	层高h(m)	梁、板混凝土等级
设备间屋面	24.000		C30
屋面	20.100	3.900	C30
5	16.170	3.930	C30
4	12.270	3.900	C30
3	8.370	3.900	C30
2	4.470	3.900	C30
1	-0.030	4.500	C30
-1	基础顶面		

工程名称	综合楼	日 期	2020.4
图 名	8.370m 板配筋	图 号	结施-18

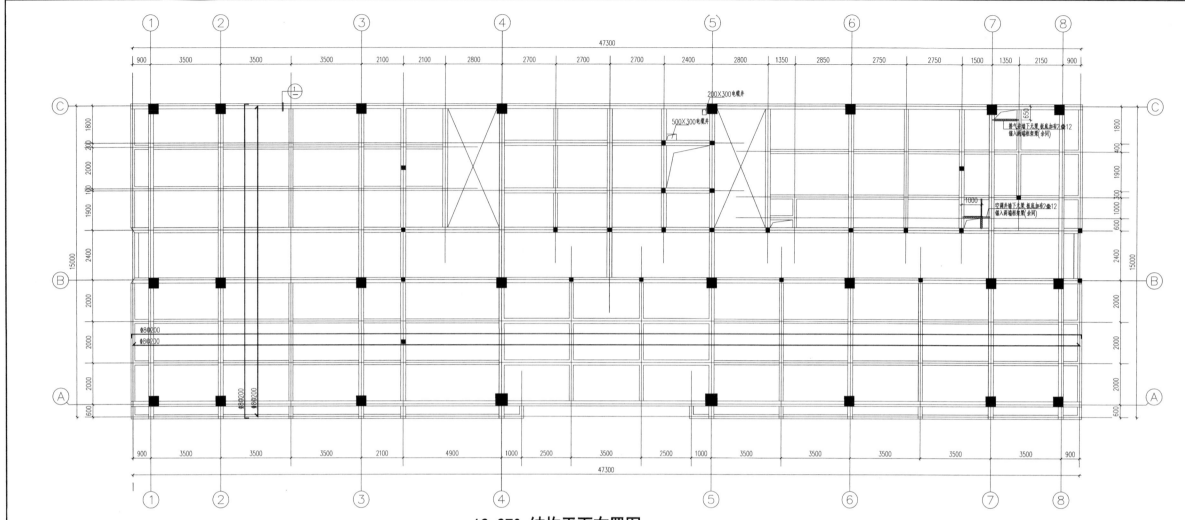

12.270m结构平面布置图 1:100

图纸说明

1. 板采用C30混凝土，钢筋采用HRB400，未注明板厚均为100mm。
2. 板钢筋均双层双向拉通布置，图中所示额外加筋为附加支座负筋。
3. 卫生间楼板降板50mm。
4. 标注方法见图集16G101-1。
5. 女儿墙钢筋锚固入屋面梁内。
6. 屋面现浇女儿墙每隔12m设伸缩缝一道，缝宽20mm，缝内填玛琋脂。
7. 电梯机房底板应在甲方确定电梯厂家后，二次设计后方可浇筑。

层高表

层号	标高 h(m)	层高 h(m)	梁、板混凝土等级
设备间屋面	24.000		C30
屋面	20.100	3.900	C30
5	16.170	3.930	C30
4	12.270	3.900	C30
3	8.370	3.900	C30
2	4.470	3.900	C30
1	-0.030	4.500	C30
-1	基础顶面		

工程名称	综合楼	日 期	2020.4
图 名	12.270m 板配筋	图 号	结施-19

40

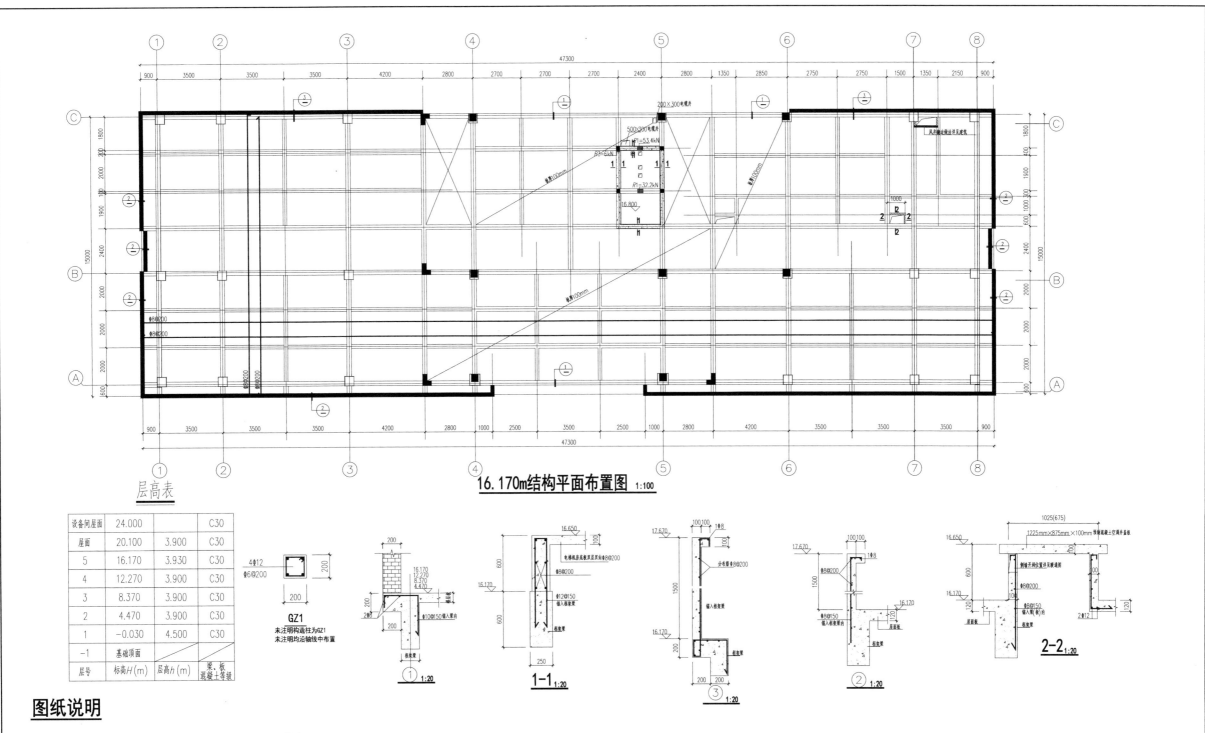

16.170m结构平面布置图 1:100

层高表

设备间屋面	24.000		C30
屋面	20.100	3.900	C30
5	16.170	3.930	C30
4	12.270	3.900	C30
3	8.370	3.900	C30
2	4.470	3.900	C30
1	-0.030	4.500	C30
-1	基础顶面		
层号	标高H(m)	层高h(m)	梁、板混凝土等级

GZ1
未注明构造柱为GZ1
未注明均沿轴线中布置

① 1:20

1-1 1:20

③ 1:20

② 1:20

2-2 1:20

图纸说明

1.板采用C30混凝土，钢筋采用HRB400，未注明板厚均为100mm。
2.板钢筋均双层双向拉通布置，图中所示额外加筋为附加支座负筋。
3.卫生间楼板降板50mm。
4.标注方法见图集16G101-1。
5.女儿墙钢筋锚固入屋面梁内。
6.屋面现浇女儿墙每隔12m设伸缩缝一道，缝宽20mm，缝内填玛琋脂。
7.电梯机房底板应在甲方确定电梯厂家后，二次设计后方可浇筑。

工程名称	综合楼	日 期	2020.4
图 名	16.170m 板配筋	图 号	结施-20

41

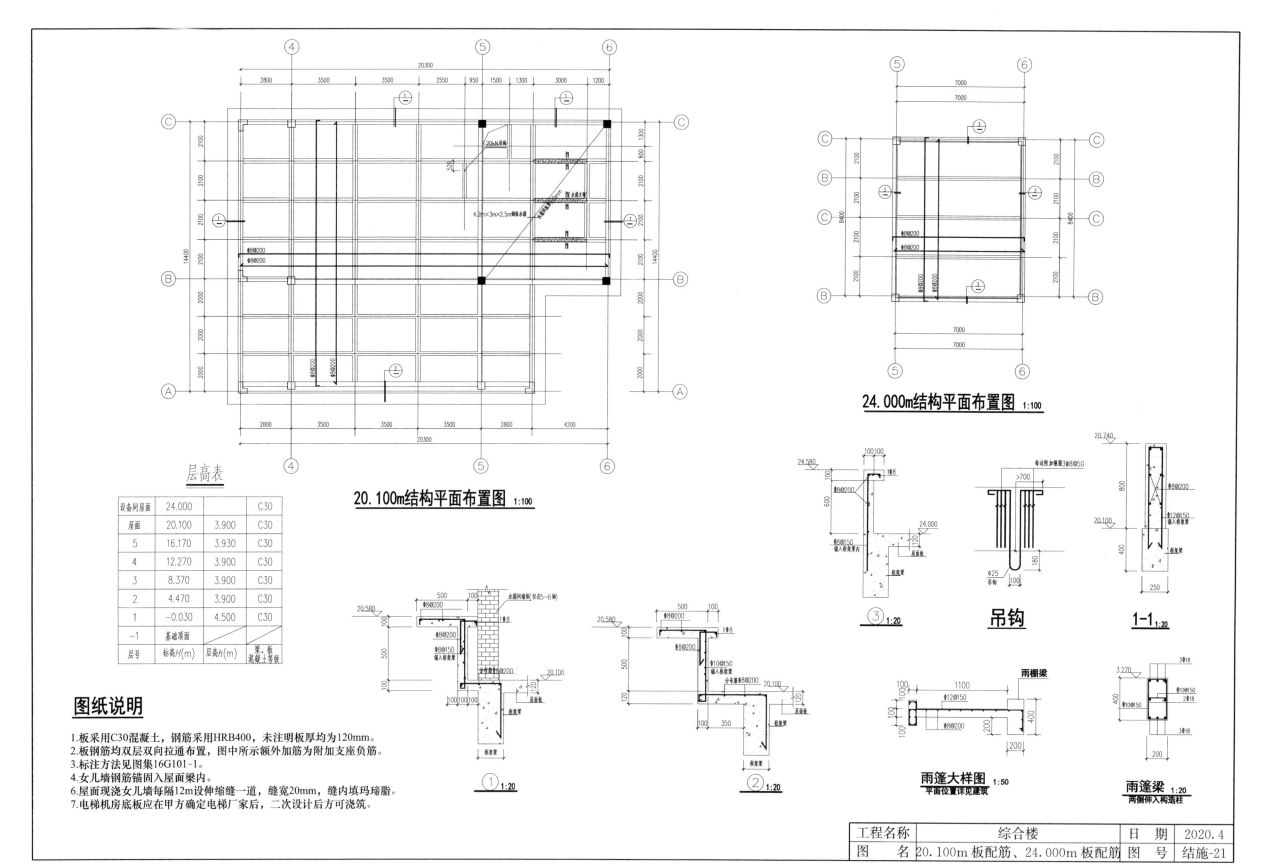

图纸说明

1. 板采用C30混凝土，钢筋采用HRB400，未注明板厚均为120mm。
2. 板钢筋均双层双向拉通布置，图中所示额外加筋为附加支座负筋。
3. 标注方法见图集16G101-1。
4. 女儿墙钢筋锚固入屋面梁内。
5. 屋面现浇女儿墙每隔12m设伸缩缝一道，缝宽20mm，缝内填玛碲脂。
6. 电梯机房底板应在甲方确定电梯厂家后，二次设计后方可浇筑。

层高表

层号	标高H(m)	层高h(m)	梁、板混凝土等级
设备间屋面	24.000		C30
屋面	20.100	3.900	C30
5	16.170	3.930	C30
4	12.270	3.900	C30
3	8.370	3.900	C30
2	4.470	3.900	C30
1	-0.030	4.500	C30
-1	基础顶面		

20.100m结构平面布置图 1:100

24.000m结构平面布置图 1:100

吊钩

1-1 1:20

③ 1:20

① 1:20

② 1:20

雨篷大样图 1:50
平面位置详见建筑

雨篷梁 1:20
两侧伸入构造柱

工程名称	综合楼	日期	2020.4
图 名	20.100m板配筋、24.000m板配筋	图 号	结施-21

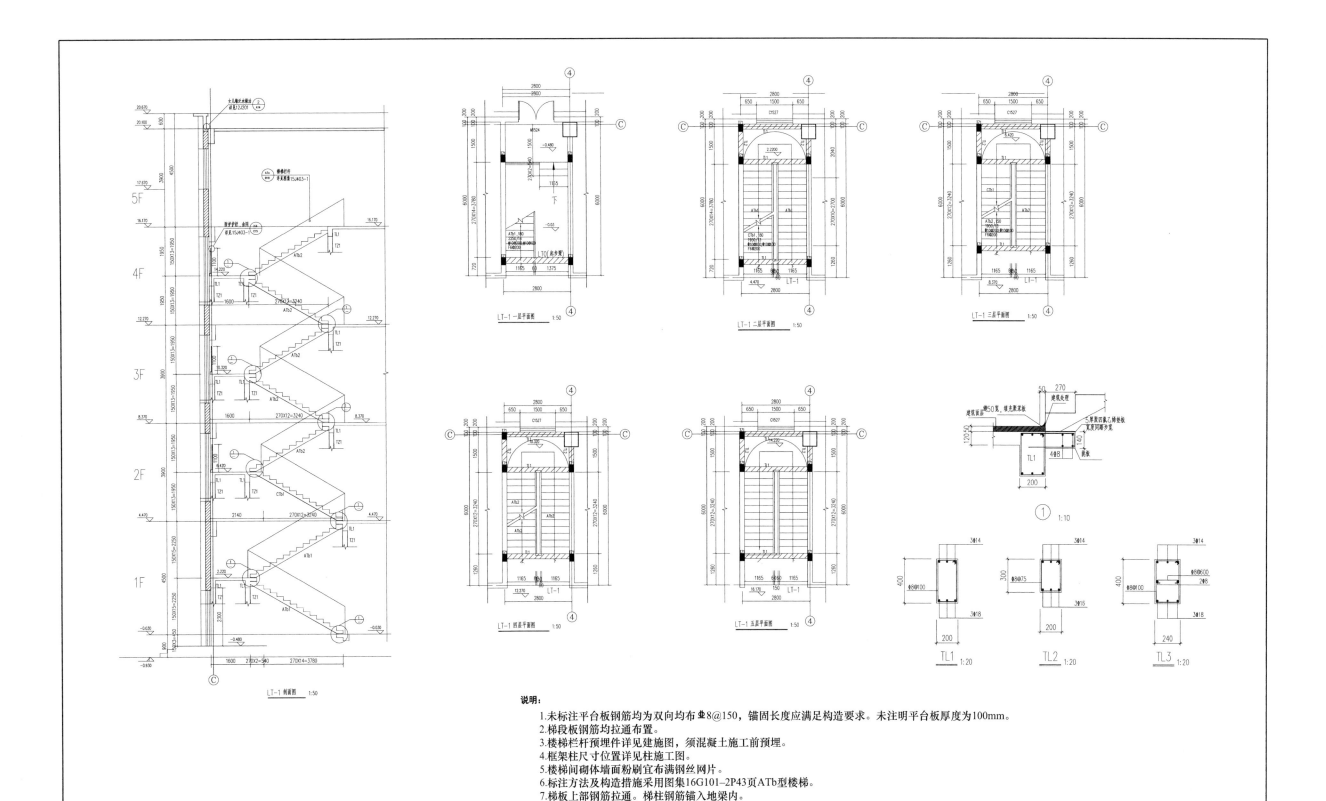

说明:
1. 未标注平台板钢筋均为双向均布±8@150,锚固长度应满足构造要求。未注明平台板厚度为100mm。
2. 梯段板钢筋均拉通布置。
3. 楼梯栏杆预埋件详见建施图,须混凝土施工前预埋。
4. 框架柱尺寸位置详见柱施工图。
5. 楼梯间砌体墙面粉刷宜布满钢丝网片。
6. 标注方法及构造措施采用图集16G101-2P43页ATb型楼梯。
7. 梯板上部钢筋拉通。梯柱钢筋锚入地梁内。

| 工程名称 | 综合楼 | 日 期 | 2020.4 |
| 图 名 | LT-1结构详图 | 图 号 | 结施-22 |

43

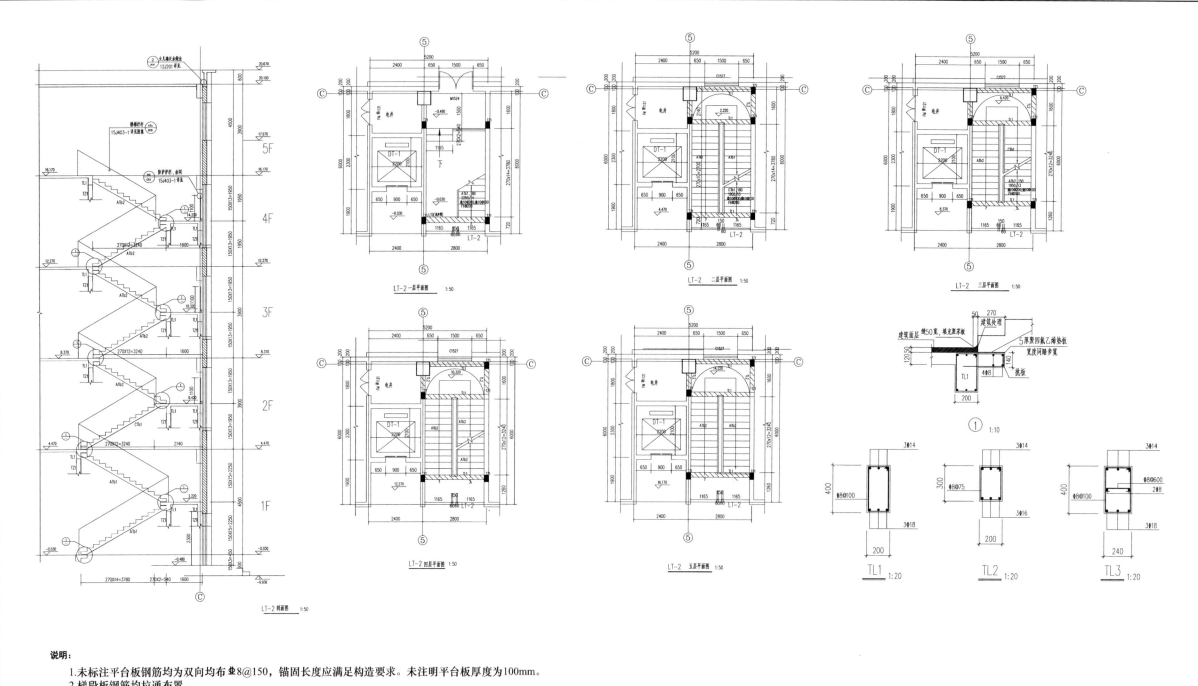

说明:
1. 未标注平台板钢筋均为双向均布 ⊈8@150，锚固长度应满足构造要求。未注明平台板厚度为100mm。
2. 梯段板钢筋均拉通布置。
3. 楼梯栏杆预埋件详见建施图，须混凝土施工前预埋。
4. 框架柱尺寸位置详见柱施工图。
5. 楼梯间砌体墙面粉刷宜布满钢丝网片。
6. 标注方法及构造措施采用图集16G101-2P43页ATb型楼梯。
7. 梯板上部钢筋拉通。梯柱钢筋锚入地梁内。

| 工程名称 | 综合楼 | 日 期 | 2020.4 |
| 图 名 | LT-2 结构详图 | 图 号 | 结施-23 |